高等学校数字媒体技术专业系列教材

Web前端开发
与项目实践

魏慧　胡沁涵　编著

U0387536

清华大学出版社

北　京

内 容 简 介

本书以项目式的教学方式，合理组织 HTML、CSS 和 JavaScript 知识点的学习，引导读者循序渐进地学习 Web 前端相关开发技术。

全书共 9 个项目，分别是网页入门、个人简历、个人博客、企业网站首页、用户注册页面、酒店客房预订网站、视频播放网站、在线订餐页面和快递柜取件页面。每个项目划分成若干任务，以任务驱动的方式展开介绍，项目的前几个任务介绍项目所需掌握的知识点，后面若干任务对项目进行分析，并介绍相关实现方法。

本书既可以作为高等院校计算机、数字媒体等专业本科生的网页设计课程的教材，同时也可以作为 Web 前端开发初学者的参考读物。

图书在版编目 (CIP) 数据

Web 前端开发与项目实践 / 魏慧，胡沁涵编著 . —北京：清华大学出版社，2023.7（2024.9重印）
高等学校数字媒体技术专业系列教材
ISBN 978-7-302-63346-4

Ⅰ . ① W… Ⅱ . ①魏… ②胡… Ⅲ . ①网页制作工具—高等学校—教材 Ⅳ . ① TP393.092.2

中国国家版本馆 CIP 数据核字 (2023) 第 063520 号

责任编辑：刘向威
封面设计：文 静
版式设计：文 静
责任校对：韩天竹
责任印制：宋 林

出版发行：清华大学出版社
       网 址：https://www.tup.com.cn，https://www.wqxuetang.com
       地 址：北京清华大学学研大厦 A 座 邮 编：100084
       社 总 机：010-83470000 邮 购：010-62786544
       投稿与读者服务：010-62776969，c-service@tup.tsinghua.edu.cn
       质 量 反 馈：010-62772015，zhiliang@tup.tsinghua.edu.cn
印 装 者：三河市铭诚印务有限公司
经 销：全国新华书店
开 本：185mm×260mm 印 张：25.5 字 数：559 千字
版 次：2023 年 9 月第 1 版 印 次：2024 年 9 月第 2 次印刷
印 数：1501～2500
定 价：79.00 元

产品编号：086666-01

移动互联网时代，基于 HTML5 技术的 Web 应用得到快速发展，传统设计已经无法满足多元化需求，网页设计人才缺口巨大。本书旨在培养 Web 前端开发技术人才，为后续复杂的 Web 应用、移动应用开发打下坚实的基础。

Web 前端开发涉及的知识和技术广泛，具有很强的操作性和综合实践性，本书强调实践教学，并且兼顾理论知识。在项目导向和任务驱动模式下，本书内容围绕职业活动，从实际出发，模拟真实工作情境，采用"逆向推导"的思维方法，根据实际工作任务讲解相关理论知识，重在培养学生的职业岗位能力。同时通过 9 个项目，由浅及深、较为全面地介绍 Web 前端开发的相关理论，包括 HTML5、CSS3 和 ECMAScript 中最新定义的标准。

本书适用于零基础读者。"授之以鱼，不如授之以渔"。知识在不断地更新变化，要及时掌握新知识，学习的方式方法尤为重要。本书通过项目教学引导读者入门，旨在引导读者掌握 Web 前端开发的基本方法和技巧。

本书主要特色是源代码教学、项目导向和任务驱动、分阶段教学。

1. 源代码教学

本书侧重源代码教学，突出介绍 HTML、CSS、JavaScript，使读者能够熟练使用 HTML 代码设计网站内容，使用 CSS 设计页面样式，使用 JavaScript 实现网站的动态性。希望读者通过学习，能做到"知其然，知其所以然"。

2. 项目导向和任务驱动

本书重点突出项目式教学，书中 9 个项目从个人到企业，从 PC 端到移动端，涵盖了目前常见的 Web 应用场景。每个项目搭载若干任务，以任务驱动学习，由浅及深、较为全面地介绍 Web 前端开发的相关知识及技巧。本书注重知识内容的实用性和综合性，侧重实用设计方法、设计技能和设计过程的讲述。

3. 分阶段教学

本书内容共 5 篇，分别是开篇、个人网站设计篇、企业网站设计篇、行业网站设计篇以及响应式网站设计篇。分阶段的教学内容使读者能在不同的阶段掌握不同的技能要求，以适应不同的岗位需求。

- 开篇：旨在让读者建立起网页设计技术的基本认识，使读者能够搭建并制作一个简单的网站。
- 个人网站设计篇：侧重静态网页的基础教学，重点介绍 HTML 与 CSS 的基础知识。通过该篇的学习，可使读者掌握界面风格较为简单的静态网页设计方法。
- 企业网站设计篇：侧重静态网页的进阶教学，重点介绍 HTML 与 CSS 的进阶知识。通过该篇的学习，使读者能够设计出界面风格更复杂、灵活的网页。
- 行业网站设计篇：侧重动态网页的教学，重点介绍 HTML 与 JavaScript 的相关知识。通过该篇的学习，使读者可以掌握交互性网站的设计方法，为今后复杂的 Web 应用开发的学习打好基础。
- 响应式网站设计篇：该篇属于拓展知识，主要介绍如何利用主流的前端开发技术快速设计出适应不同设备的网站。

本书项目 1、2、6、7 由魏慧编写，项目 4、5、8、9 由胡沁涵编写，项目 3 由魏慧、胡沁涵共同编写，由魏慧负责统稿。本书的编写得到苏州大学计算机科学与技术学院和苏州城市学院的大力支持。由于作者水平有限，不足之处在所难免，恳请广大读者和同行提出宝贵意见，在此深表感谢！

作　者

2023 年 1 月于苏州大学

目　录

企业网站设计篇

行业网站设计篇

响应式网站设计篇

开 篇

任务描述与技能要求

随着互联网的飞速发展，获取信息的渠道从传统媒体（纸媒、电媒）发展到了网媒。人们一方面通过网站发布资讯、提供网络服务，另一方面通过浏览器访问网站获取资讯、选择网络服务。那么什么是网站？它又是如何实现资讯的发布、向公众提供服务的呢？本项目将介绍 Web 网站相关技术的基本概念——网页三剑客 HTML、CSS、JavaScript，以及制作网站所需的基础知识。通过本项目的学习，读者将建立起对这些技术的基本认识，知道这些技术分别起到什么作用，并能够利用工具 Visual Studio Code 搭建并运行一个简单的网站。

任务 1-1　基本概念

> **知识目标：**
> - 了解 HTML 的概念
> - 了解 CSS 样式的概念
> - 了解 JavaScript 的概念

导语

HTML、CSS、JavaScript 是 Web 前端开发最基础、最重要的技术。HTML 用于描述网页内容，CSS 用于规划页面的布局和样式，JavaScript 提供实现网页交互的逻辑编程。本任务将向读者简单介绍这三大技术，旨在使读者建立起对 Web 前端开发初步的概念。

知识点

1. HTML 概述

HTML（hyper text mark-up language，超文本标记语言）是一种用来描述网页的通用标记语言。网页本质上即超文本标记语言，使用标签来描述网页中的图像、文本、音频、视频等元素，然后通过浏览器解析，最终得到人们所看到的页面。HTML 并不是程序语言，它是一种规范的、标准的、结构化的标记语言，符合标记语言的语法规则，每个标签均有严格的语义。

HTML 具有平台无关性，无论是 Windows 还是 macOS 亦或是 Linux 平台，都可以正常访问。早期开发人员使用记事本等文本编辑工具即可编写 HTML 文件。随着互联网的发展，Web 应用越来越受到重视，操作简单、功能强大的网页开发工具不断地呈现在人们面前，常见的工具有 Dreamweaver、HBuilder 等。使用这些开发工具编写 HTML，生成扩展名为 .htm（或 .html）的网页文件，经浏览器加载并解析网页文件，人们即可看到熟悉的网页页面。早期对 HTML 文件的结构要求并不十分严格，甚至可以不按规则结构编写 HTML 文档，而不同的浏览器对 HTML 文件的解读也不完全一致。为了能给用户提供较好的体验，虽然主流的浏览器能够兼容这类文档，但是作为开发人员，仍应该考虑到代码的可读性、可维护性等方面的因素，所以从一开始就应当严格按照 HTML 的标准书写规范的 HTML 代码。

HTML5 是 W3C（Word Wide Web Consortium，万维网联盟）和 WHATWG（Web Hypertext Application Technology Working Group，网页超文本应用技术工作小组）合作产生的新一代超文本标记语言，是 W3C 对 HTML 的第五次修改，于 2014 年 10 月完成标准规范的制定。较之于早期的版本，HTML5 丰富了表单、多媒体元素，并新增了语义、结构元素，使开发者能更高效地设计出功能更加丰富的网页。

2. CSS 概述

CSS（cascading style sheets，层叠样式表）是 W3C 制定的一种网页新技术，用于精确控制页面布局、文本、颜色、背景、边框和其他页面效果。CSS 除了支持更丰富的页面外观外，同一个 CSS 还可以同时在多个页面上复用，并且一个页面也可以应用多个 CSS。若多个 CSS 样式文件所定义的样式发生冲突，将依据层叠顺序处理。

现今 Web 页面的开发模式大多采用内容（HTML）和样式（CSS）分离设计的方式。当一个或多个网页采用相同的样式时，只需建立一个 CSS 文件，让页面调用这个 CSS 文件即可，这样做简化了网页的代码，提高了页面加载的速度。在网页制作过程中，我们经常遇到反复修改页面样式的问题。若把相同的样式统一由 CSS 管理，那么只需修改 CSS 样式即可，既能够简化修改工作，减少了重复劳动，又能够避免遗漏工作。

目前，CSS 已经成为网页设计中必不可少的技术之一。它具有丰富的功能，可归纳为以下几点：

（1）可以灵活控制网页中各种元素的外观和位置；

（2）可以为网页中的元素设置各种过滤器，从而产生诸如阴影、模糊等只有在图像处理软件中方可实现的效果，美化页面效果；

（3）可以结合脚本语言，实现多种动态效果；

（4）可以更快、更容易地维护及更新大量的网页样式。

一般所提到的 CSS 指的是 CSS2.x，而 CSS3 则是 CSS 的最新标准，是 CSS2.x 的升级，能更好地实现网页样式与内容的分离。首先，CSS3 不再是一个整体标准，而是被拆分成不同模块，常用的模块分别是盒模型、列表、超链接、语言模块、背景和边框、文字特效、多栏布局；其次，CSS3 增加了许多新的特性，例如边框的圆角效果、简单的动画效果等；最后，CSS3 还增加了更多的 CSS 选择器类型，从而使 Web 开发可以通过更简单的方式实现更强大的功能。

目前不同浏览器对 HTML5 和 CSS3 特性的支持度和兼容性方面还存在不完全一致的情况，但是网页开发使用 HTML5 和 CSS3 是大势之趋，现代浏览器也在朝着这个方向发展。

3. JavaScript 概述

如果说 HTML 和 CSS 是 Web 页面的骨骼和皮肤，那 JavaScript 就是 Web 页面的大脑。JavaScript 使信息和用户之间不再只是一种显示和浏览的关系，它实现了一种实时的、动态的、可交互式的表达能力，可提供动态实时信息。JavaScript 的出现弥补了"静止"页面所缺少的客户端与服务器端的动态交互。

JavaScript 是一种基于对象（object）和事件驱动（event-driven）并具有安全性能的脚本语言。JavaScript 在客户端运行，结构简单，使用方便，通过和 HTML 结合，可以在一个 Web 页面中链接多个对象，与 Web 用户进行交互。当用户浏览 Web 页面并做出某种操作时，就会产生相应的事件，JavaScript 所编写的脚本即对相应事件做出响应。JavaScript 是通过嵌入标准的 HTML 中实现的，它有以下几个基本的特点。

（1）脚本语言。JavaScript 是一种脚本编辑语言，采用小程序段的方式运行在浏览器前端。它是一种解释型语言，不需要提前编译，直接在运行过程中被逐行地解释执行。

（2）基于对象。JavaScript 是一种基于对象的语言，能灵活运用已有的对象处理事务；同时 JavaScript 也可以看作一种面向对象的语言，具备面向对象的特征。

（3）简单性。JavaScript 受 Java 启发而产生，采用弱类型，并未使用严格的数据类型，是一种建立在 Java 基本语句和控制流之上的简单而紧凑的语言。

（4）动态性。JavaScript 通过事件驱动响应用户的操作，无须通过 Web 服务器，可在客户端直接对用户的操作进行响应，可以说是一种客户端动态服务技术。

（5）跨平台性。JavaScript 依赖宿主代理程序（主要是浏览器）来运行，所以和操作系统无关。只要操作系统平台有支持 JavaScript 的宿主代理程序就可以运行。

任务 1-2　制作第一个页面

> **知识目标：**
>
> - 初步掌握使用 **Visual Studio Code** 创建 **Web** 项目

导语

在对网页开发技术有了一定了解之后，本任务将介绍目前使用较为广泛的一款集成开发工具——Visual Studio Code。通过本任务的介绍，读者能够基本掌握使用 Visual Studio Code 创建、运行 Web 项目的方法。

知识点

1. Visual Studio Code 介绍

Visual Studio Code 是微软公司开发的一款轻量级、功能强大的源代码编辑器，支持 C、C++、Python 等多种语言，并且可以运行在 Windows、macOS 以及 Linux 等多个平台上。

（1）Visual Studio Code 的工作界面。通过官方网站（https://code.visualstudio.com/）下载 Visual Studio Code 安装程序，并进行安装。安装完毕以后，打开 Visual Studio Code，如图 1-1 所示。

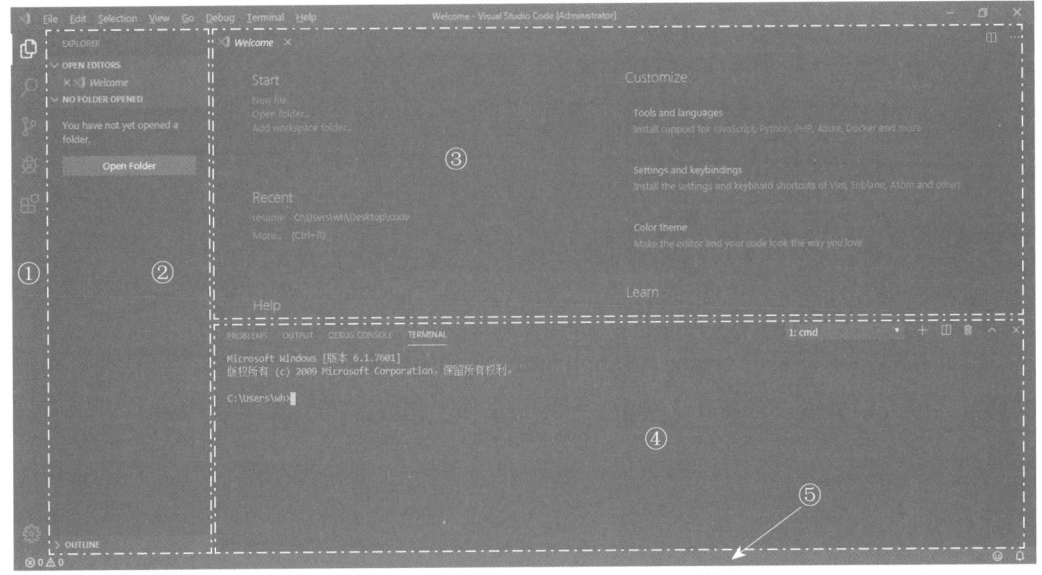

图 1-1　Visual Studio Code 的工作界面

Visual Studio Code 的工作界面包含 5 个部分：活动栏、侧边栏、编辑区、面板区、状态栏。

①活动栏。活动栏位于窗口左侧。单击活动栏中的按钮，可以切换资源管理器、搜索、源代码管理 git、调试以及插件管理。

②侧边栏。侧边栏默认显示的是资源管理器，可以辅助开发人员管理项目，新建项目文件和文件夹。通过活动栏可切换所提供的功能。

③编辑区。编辑区用于编辑文档代码。

④面板区。面板区顶部的选项卡菜单可以切换显示不同的面板内容，包括问题、输出、调试终端。

⑤状态栏。状态栏用于显示打开的项目以及正在编辑的文档的信息。

（2）Visual Studio Code 的中文语言包。Visual Studio Code 提供多种语言的工作界面，默认是英文环境，可以通过内置的插件功能在线下载官方提供的语言包。若要将工作界面设置为中文环境，具体操作如下。

①单击活动栏的插件管理按钮，此时侧边栏会显示已安装的插件。

②在顶部搜索框中输入 chinese，显示搜索结果，如图 1-2 所示。

图 1-2　插件搜索

③在搜索结果中单击 Chinese(Simplified) Language 条目，此时编辑区会显示简体中文版插件的安装界面，如图 1-3 所示。

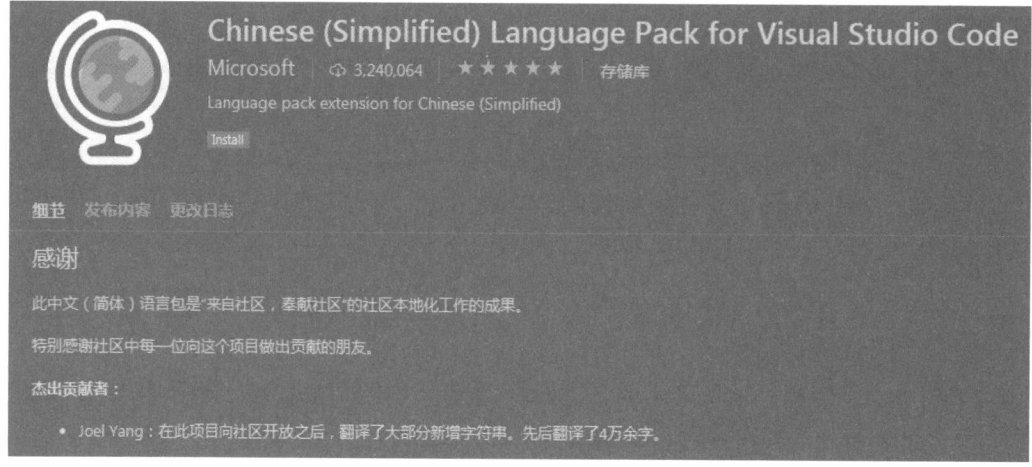

图 1-3　中文语言包安装

④单击 install 按钮，即可下载安装 Visual Studio Code 语言包。

⑤安装完成后需在弹出的窗口中单击 Restart Now 按钮重启软件，软件重启后界面将切换为中文。

（3）在 Visual Studio Code 中运行网页。设计好的网页需要运行以查看效果的时候，如何在 Visual Studio Code 中运行网页文件呢？Visual Studio Code 提供了两种类型的插件来实现。

Visual Studio Code 提供了一个具有实时加载功能的小型服务器插件 live server，可以用它来运行前端静态文件。但是 live server 只是一个临时的服务器，用于实时地查看网页运行效果，并不能作为最终部署网页的站点。live server 的安装方法与中文语言包类似。单击活动栏插件管理按钮后，在搜索栏中输入 live server，单击安装搜索结果中出现的 live server 插件即可，如图 1-4 所示。

图 1-4　安装运行 live server

安装完毕后可以根据需要修改默认的服务器启动信息，具体操作如下：

①选择"文件"→"首选项"→"设置"选项；

②在弹出的设置窗口的搜索栏中输入 live server，如图 1-5 所示；

③单击"在 settings.json 中编辑"链接，在打开的 settings.json 文件中编写服务器配置代码，如图 1-6 所示；

④保存 settings.json 文件，完成服务器配置。

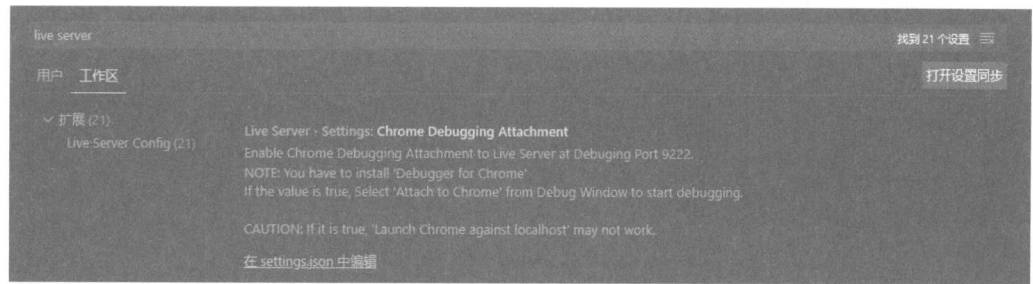

图 1-5　live server 配置

```
{
    "liveServer.settings.host": "127.0.0.1",  //设置域名或IP
    "liveServer.settings.port": 5500,  //设置服务器端口号
    "liveServer.settings.root": "/" ,  //设置根目录
    "liveServer.settings.CustomBrowser": "chrome"  //设置默认打开的浏览器
}
```

图 1-6　服务器配置代码

配置完成后，打开浏览器，在地址栏中输入"http://127.0.0.1:5500/ 网页路径"，查看网页效果。

Visual Studio Code 还提供了一个运行 HTML 文件的插件 open in browser，其安装方法与中文语言包类似。单击活动栏"插件管理"按钮后，在搜索栏中输入 open in browser，选择安装搜索结果中出现的 open in browser 2.0.0 插件，如图 1-7 所示。

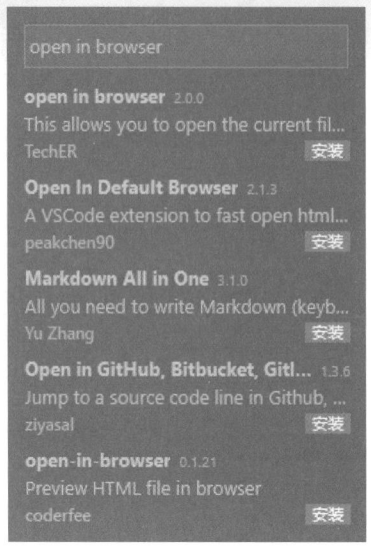

图 1-7　安装运行浏览器插件

　　安装完插件以后，在页面文件任意位置上右击，此时弹出的菜单中多了两个选项：Open In Default Browser 和 Open in Other Browser，如图 1-8 所示。Open In Default Browser 表示以默认浏览器打开网页文件（一般默认浏览器为 IE 浏览器）；Open in Other Browsers 表示可以选择本机已安装的浏览器打开网页文件，此时会弹出浏览器选择窗口，如图 1-9 所示。

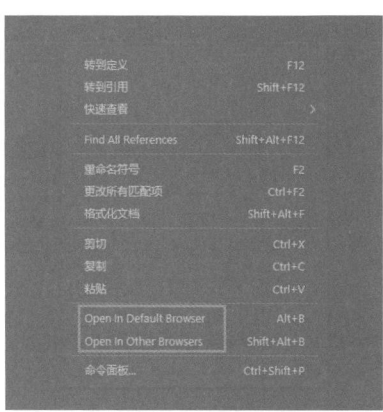

图 1-8　选择运行方式

图 1-9　Open in Other Browsers 浏览器选择

如果希望将某个浏览器设置为默认浏览器，以方便调试页面，那么需要修改默认浏览器的配置，具体修改操作如下：

①选择"文件"→"首选项"→"设置"选项；

②在弹出的设置窗口的搜索栏中输入 open in browser；

③在显示的 Open-in-browser：Default 选项中输入默认浏览器的名称，如图 1-10 设置了 chrome 为默认浏览器。

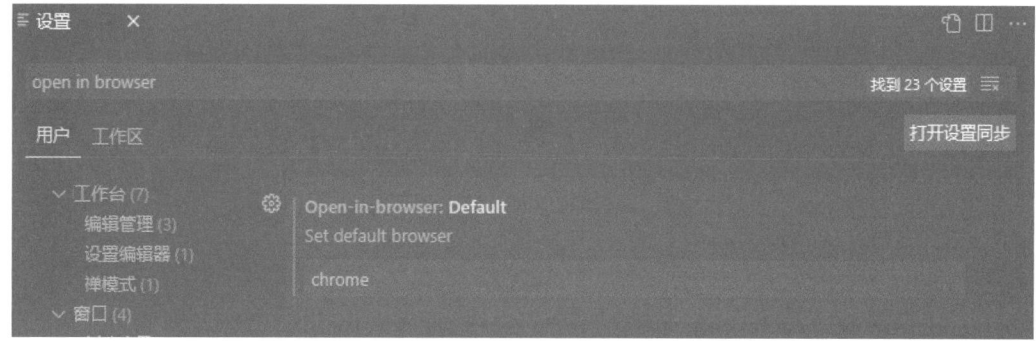

图 1-10　设置默认浏览器

2. 制作 HelloWorld 页面

（1）创建项目。打开 Visual Studio Code，选择"文件"→"打开文件夹"选项，在弹出的打开文件夹窗口中，选择事先创建好的项目文件夹 PROJECT01，单击"选择文件夹"按钮即完成了项目的创建，如图 1-11 所示。

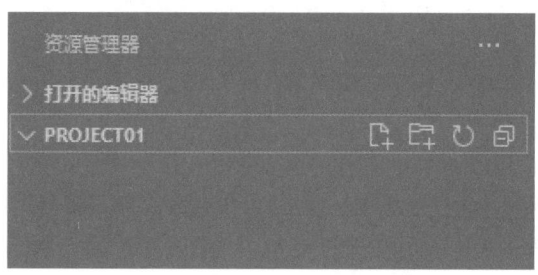

图 1-11　选择项目文件夹 PROJET01

（2）创建页面。选中项目文件夹 PROJECT01，单击右侧的"新建文件"按钮，在 PROJECT01 项目下弹出的可编辑文本框中输入页面文件名 helloworld.html，即创建了 helloworld 页面文件，如图 1-12 所示。

图 1-12　创建页面文件 helloworld.html

（3）编辑页面。使用 Visual Studio Code 打开 helloworld.html 文件，在文档中输入 HTML 结构代码，代码如下所示：

```
1   <!DOCTYPE html>
2   <html>
3   <head>
4     <meta charset="utf-8" />
5     <title>Hello World</title>
6     <style type="text/css">
7       <!-- 设置 h1 标题样式 -->
8       h1 {
9         font-family: 'Times New Roman';
10        font-size: 12pt;
11        font-weight: bolder;
12      }
13      <!-- 设置段落样式 -->
14      p {
15        font-family: ' 楷体 ';
16        font-size: 10pt;
17        color: blue;
18      }
19    </style>
20  </head>
21  <body>
22    <script>
23      // 弹出提示框
24      alert("Welcome to Web Design Journey!");
25    </script>
26    <h1>Hello World</h1>
27    <p> 欢迎来到 Web 的世界 !</p>
28  </body>
29  </html>
```

上述代码中，<head> 表示网页的头部，其中包含网页的编码方式、网页标题 <title> 以及 CSS 样式 <style>，<style> 标签中设置了标题和段落文本的样式；<body> 是网页的主体，包含页面内容：一段 JavaScript 脚本、一个 <h1> 标题以及一个段落 <p>。

（4）运行页面。右击编辑区任意位置，在弹出的菜单中选择 Open with Live Server 命令，自动打开默认浏览器 Chrome 运行 helloworld.html 文件。打开页面后，首先执行脚本弹出的提示框，提示框内容为 "Welcome to Web Design Journey!"，如图 1-13 所示。

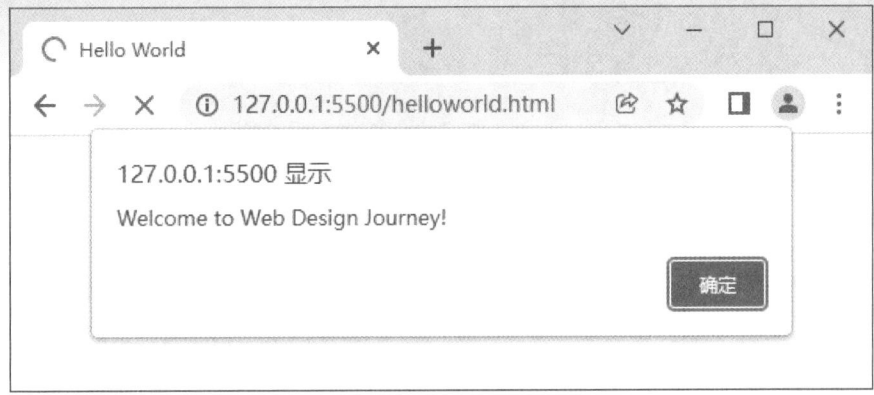

图 1-13 提示框

单击提示框中的"确定"按钮,显示页面文本内容。该页面的文本包含 1 个标题文本 Hello World 和 1 个普通段落文本"欢迎来到 Web 的世界!",如图 1-14 所示。

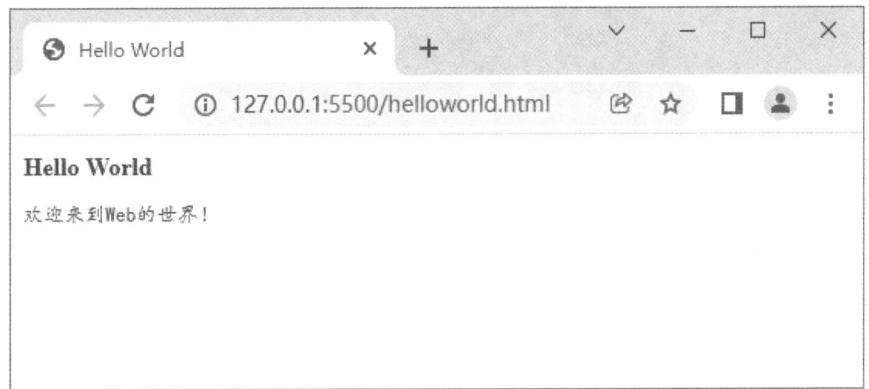

图 1-14 helloworld.html 文件的执行结果

至此,完成了一个 Hello World 项目的创建、编辑和运行任务。

项目小结

项目 1 重点介绍了网页关键技术 HTML、CSS 和 JavaScript 以及制作网页的开发平台 Visual Studio Code,并通过一个实例演示了如何利用 Visual Studio Code 创建项目、编写网页代码以及运行浏览网页。

个人网站设计篇

任务描述与技能要求

个人简历是求职者对外展示自己个人情况、学习、工作经历的一个重要途径，一份好的简历可以给招聘单位留下良好的初次印象，为求职者的应聘加分。随着互联网的发展，个人简历不再只有电子文档这种单一的形式，越来越多的求职者将个人简历投放到求职网站上供用人单位浏览，用人单位通过搜索可以快速筛选出符合岗位需求的求职者。本项目介绍如何利用网页制作一个具有个人特色的个人简历页面，个人简历的网页运行效果如图 2-1 所示。

分析图 2-1 可以发现，个人简历的界面由常见的表格构成，表格中的文字和图片展示个人相关信息。在 Web 网页中通常采用表格布局页面，表格中的文本利用标题（<h1>）、段落（<p>）、强调（<b>、<em>）等文本标签描述，图片利用图像（<img>）标签描述。要完成本项目，需要掌握 HTML 的文档结构知识，并且能够灵活运用表格、文本、图像标签及其相关属性。

个人简历 *Person Details*

姓名: 安娜	
英文名: Anna	
民族: 汉	计算机科学与技术专业。大学英语六级480分，计算机三级。在校期间担任学习委员，成绩优异，多次获得三好学生称号和学习奖学金。熟悉Office办公软件，擅长Java、Python语言、数据结构、算法分析，熟悉Android开发，在校期间曾参与多个横向课题研究。
出生年月: 1987-05-04	
手机: 12312312345	
邮箱: wusana@126.com	

教育经历 *EDUCATION*

2006.09-2009.06 苏州大学 硕士	**软件工程与理论** 在校期间主修了计算机导论、软件工程、算法分析、形式化方法、人工智能、Linux操作系统、软件项目管理、软件测试等计算机核心课程，发表SCI论文一篇、中文核心期刊论文两篇，并以优异的成绩毕业。
2002.09-2006.06 苏州大学 学士	**计算机科学与技术** 在校期间主修了C语言程序设计、数据结构、微机原理、离散数学、数据库原理与设计、模拟与数字电路、算法分析、操作系统原理、软件工程，以优异的成绩毕业并获得优秀毕业生称号。

工作经历 *WORK EXPERIENCE*

2014.01-至今 姑苏软件测试中心	**软件测试经理** 在职过程中，率领测试团队，通过优化测试流程、整合资源、内部培训等，在人力资源相对匮乏的情况下完成公司所有计划内外的测试任务，帮助公司多款产品在保证质量的同时，缩短上市周期；率领测试团队迄今发现超过两万个bug，已上市的多款产品未出现漏测的AB类严重缺陷；从无到有建立测试团队，帮助多名团队成员成为测试骨干。
2009.08-2013.12 枫桥科技有限公司	**软件测试工程师** 在职过程中，主要负责根据产品需求描述制定并维护feature list；制定质量管理流程；对产品化流程和测试流程进行优化，提高测试效率；管理测试过程和测试自动化，有效提高测试效率。针对性解决项目开发过程中的部分问题，使部门工作效率提高30%以上。

图 2-1　个人简历

任务 2-1　基本概念

> **知识目标：**
> - 掌握 HTML 的文档结构
> - 掌握 HTML 的标签和属性
> - 掌握 HTML 的头部标签

导语

　　HTML 描述了页面的内容结构，经浏览器解析后，最终将页面呈现给浏览者。为了编写 HTML 页面，首先需要了解并掌握 HTML 的文档结构。本任务主要介绍网页的运行原理、HTML 的文档结构以及 HTML 的书写规范。

知识点

1. HTML 的标签和属性

　　HTML 是一个基于标签的网页描述语言。所有的页面元素都是通过标签来描述的，通过 < 和 > 将标签名称包含起来，形如 < 标签名 >。网页标签有两类：闭合标签和自闭合标签。

　　（1）闭合标签。闭合标签由一对标签（起始标签和结束标签）组成，元素内容包含在其中，形如 < 标签名 > 内容 </ 标签名 >。常见的段落标签 p 就是一个闭合标签，如 <p> 这是一个段落 </p>，其中 "这是一个段落" 即元素内容，由 p 标签包含，表示该内容是一个段落。

　　（2）自闭合标签。自闭合标签是不包含元素内容的标签，所以它不需要结束标签，形如 < 标签名 />。常见的图像标签 img 就是一个自闭合标签，例如 <img src="img01.jpg"/>，该标签用于显示当前路径下名为 img01.jpg 的图片。

　　HTML 标签表示元素类型，不同的标签又有各自不同的属性，用以描述元素特征。属性通常写在起始标签后面，以 "属性名 =" 属性值 ""的方式表示；多个属性以空格间隔。上述 <img> 标签例子中的 src 即表示图像的源文件属性。

2. HTML 的文档结构

　　通常 Web 页面的源文件由 HTML 描述，Web 浏览器通过读取源文件对其中的 HTML 标签进行翻译解析，最终以网页的形式显示给用户。早期 HTML 的语法结构并没有严格的书写标准，HTML 代码显得杂乱无章。于是，W3C 提出了一种 HTML 变体标准——XHTML（extensible HTML，可扩展超文本标记语言）。XHTML 可以说是 XML（extensible markup language，可扩展标记语言）和 HTML 的结合，取两者之长处，它与 HTML 最大的区别就是代码的规范性。XHTML 文档要求除 <!DOCTYPE> 外，所有标签名称和属性名称都使用小写字母，并且标签必须闭合。

随着 HTML5 标准的发布，这些问题随之解决。本书以 HTML5 的文档要求书写 Web 页面。一个 HTML5 文档的基本结构如下所示：

```
1   <!DOCTYPE html>
2   <html>
3   <head>
4     <title></title>
5   </head>
6   <body></body>
7   </html>
```

<!DOCTYPE> 用于声明页面所使用的 HTML 的文档类型定义（DTD），必须位于 HTML 文档的第一行。HTML5 文档简化了声明方式，不再像 HTML4 和 XHTML 那样需要明示定义信息。

<html> 标签对包含头部（<head>）和主体（<body>）两个部分。<head> 标签对主要描述文档的各种属性和信息，它是所有头部元素的容器，通常导入的 CSS 样式、JavaScript 脚本、网页标题都包含在 <head> 标签中。其中 <title> 标签对是 <head> 中必须包含的元素，用于描述文档的标题，即浏览器在打开页面时显示的标题。<body> 用于描述文档的内容，包括图像、文本、多媒体等。

3. HTML 的头部标签

常见的头部标签除了上面提到的 <title> 标签以外，还有 <meta>、<style>、<link>、<script> 等。

（1）<meta> 标签。<meta> 标签用于描述文档的元数据。用户打开页面的时候无法直接看到这些数据，但是这些数据会被浏览器解析。例如，在 PROJECT01 项目的 helloworld.html 页面中，头部添加了 <meta> 标签，如图 2-2（a）所示，用户访问该页面的时候，并不会直观感受到该标签的作用。但是如果把 <meta> 标签这行代码 <meta charset="utf-8"/> 删除，然后使用 IE 浏览器打开，会出现如图 2-2（b）所示的乱码。由此可知，浏览器解析 <meta charset="UTF-8"/> 标签后，页面将按 UTF-8 方式解码，从而避免了页面出现乱码。除了字符编码设置之外，<meta> 还有多种设置，可实现搜索引擎优化、自动刷新页面等功能。

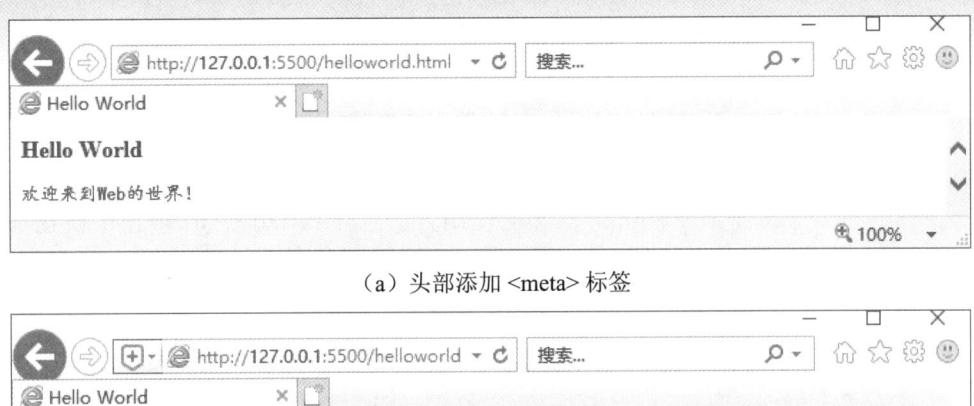

（a）头部添加 <meta> 标签

（b）头部没有 <meta> 标签

图 2-2　用 <meta> 标签设置网页编码

（2）<style> 标签。<style> 标签用于描述页面元素的 CSS 样式。通过 <style> 标签设置的样式属于内部样式，层叠优先级别比外部样式表文件高，但低于内联样式表。一个页面中可以有多个 <style> 标签，一个 <style> 标签中又可以有多条样式，每条样式需符合 CSS 样式规则的描述。例如，PROJECT01 项目 helloworld.html 页面中添加了一对 <style> 标签，其内部设置了两条 CSS 规则，分别用于描述页面中 h1 标题和段落的样式。

下面通过一个例子演示 <style> 标签的作用。复制 PROJECT01 项目中的页面 helloworld.html，得到一个新的页面 helloworld_copy.html，将其中的 <style> 标签删除后运行该页面，运行结果如图 2-3 所示。可以发现，helloworld_copy.html 运行后，h1 标题和段落以浏览器默认样式显示。也就是说，helloworld.html 页面中通过 <style> 标签定义的样式仅作用于页面本身。

图 2-3　helloworld_copy.html 的运行结果

（3）<link> 标签。<style> 标签中描述的样式仅作用于当前页面。若需要多个页面共享样式，那么要将样式写在 CSS 样式表文件中，通过 <link> 标签将样式表文件链接到页面。<link> 标签用于链接外部文件，通常用于链接外部的 CSS 样式表文件，这样 CSS 文件中定义的样式就能被应用于当前页面。

下面通过一个例子演示 <link> 标签的使用方法。在 PROJECT01 项目中新建一个资源文件夹 css，然后在该文件夹中新建样式表文件 style.css。将 helloworld.html 中描述的 CSS 规则复制至 style.css 样式表文件中，如图 2-4 所示。

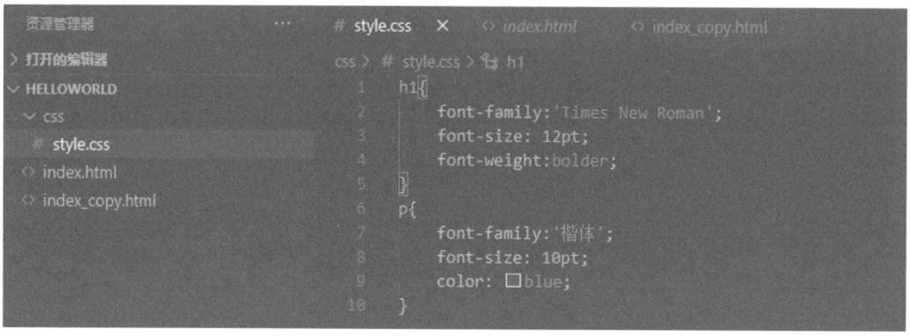

图 2-4　编写样式表文件

打开 helloworld_copy.html 页面，在 <head> 标签中添加如下所示的 <link> 标签代码：

```
1  <link rel="stylesheet" type="text/css" href="css/style.css"/>
```

其中，rel 属性表示当前文档与链接文件之间的关系；type 属性表示链入文件的媒体类型（MIME（multipurpose internet mail extensions，多用途互联网邮件扩展类型））；href 属性表示链接文件的路径。

保存并运行 helloworld_copy.html 页面，运行结果如图 2-5 所示。通过 <link> 标签链入 CSS 样式表文件 style.css，其中定义的样式会作用于 helloworld_copy.html 页面，使对应的 h1 标题和段落外观产生了变化。

图 2-5　链入 CSS 样式表文件的 helloworld_copy.html 的运行结果

4. HTML 的书写规范

规范的 HTML 书写格式能够使代码风格保持一致，对开发人员来说更易于阅读和维护，因此本书中的 HTML 代码都按照下列规则编写。

（1）HTML 标签和属性均使用小写字母表示，属性值使用双引号包含，如 <a href="#"></a>。

（2）标签对必须使用"/"标识闭合，自闭合标签可不添加"/"。

（3）代码书写符合锯齿形书写规范，即嵌套的元素要缩进书写，缩进单位为 2 字符（也可以是 4 字符），例如：

```
1  <div>
2    <p>
3      <a href="#">超链接</a>
4      <br>
5    </p>
6  </div>
```

任务 2-2　文本

知识目标：

- 掌握段落标签的使用方法
- 掌握标题标签的使用方法
- 掌握超链接标签的使用方法
- 掌握列表标签的使用方法
- 掌握格式化文本标签的使用方法

导语

文本是网页中最基本的元素。在一个页面中，文本的表现形式不同，有表示标题的标题文本，有表示段落的段落文本，等等。对此，HTML 也有用于不同类别的文本标签，本任务主要介绍常用的几类文本标签。

知识点

1. 段落标签

HTML 段落采用 <p> 标签来表示。一组 <p></p> 标签表示一个段落，标签包含的元素内容即段落文本。段落标签 <p> 是一个块级元素，即一个段落占据一整块区域，新的段落从新的行开始显示。浏览器在解析段落时一般会设置一个默认的外边距（通常上、下各 16px），类似于 Word 中的段前和段后间距。

【例 2-1】设置段落文本标签，示例代码位于本书配套的代码文件 ch02\ex2-1.html 中。具体代码如下，运行结果如图 2-6 所示。

ex2-1.html

```
1   <!DOCTYPE html>
2   <html>
3   <head>
4     <meta charset="utf-8">
5     <title>段落 p 标签 </title>
6   </head>
7   <body>
8     <p> 这是一个段落！这是一个段落！这是一个段落！这是一个段落！这是一个段落！这
9   是一个段落！这是一个段落！这是一个段落！这是一个段落！这是一个段落！这是一个段落！
10  这是一个段落！这是一个段落！</p>
11    <p> 这是一个段落！这是一个段落！这是一个段落！这是一个段落！这是一个段落！这
12  是一个段落！这是一个段落！这是一个段落！这是一个段落！这是一个段落！这是一个段落！
13  这是一个段落！这是一个段落！</p>
14  </body>
15  </html>
```

这是一个段落！这是一个段落！这是一个段落！这是一个段落！这是一个段落！这是一个段落！这是一个段落！这是一个段落！这是一个段落！这是一个段落！这是一个段落！这是一个段落！这是一个段落！

这是一个段落！这是一个段落！这是一个段落！这是一个段落！这是一个段落！这是一个段落！这是一个段落！这是一个段落！这是一个段落！这是一个段落！这是一个段落！这是一个段落！这是一个段落！

图 2-6　ex2-1 的运行结果

2. 标题标签

标题文本是一种特殊的段落文本，通过加粗和增加字号来区别于普通段落文本。HTML 标题使用 <h1> ~ <h6> 这 6 个标签来表示，数字代表字体的大小也表示标题级别的重要程度，h1~h6 文本的字体依次从大到小。标题文本也存在默认的上下外边距。

【例 2-2】设置六级标题标签，示例代码位于本书配套的代码文件 ch02\ex2-2.html 中。具体代码如下，运行结果如图 2-7 所示。

ex2-2.html

```
1   <!DOCTYPE html>
2   <html>
3   <head>
```

```
4      <meta charset="utf-8">
5      <title> 标题标签 </title>
6    </head>
7    <body>
8      <h1> 标题 1</h1>
9      <h2> 标题 2</h2>
10     <h3> 标题 3</h3>
11     <h4> 标题 4</h4>
12     <h5> 标题 5</h5>
13     <h6> 标题 6</h6>
14   </body>
15   </html>
```

标题1

标题2

标题3

标题4

标题5

标题6

图 2-7　ex2-2 的运行结果

3. 超链接标签

超链接是联系各站点间、同一个网站内网页间、网页内的一个重要纽带，它将不同空间中独立的元素组织在一起。HTML 中使用 <a> 标签表示超链接，超链接标签必须设置 href 属性，否则不具有超链接特性。一个超链接包含两部分：链源和链宿。链源可以是文本、图像，也可以是网页的任何元素。单击链源可跳转到网页内的某个位置或者其他统一资源地址（uniform resource locator，URL），这个位置或地址即链宿。

超链接作用在文本上时称为文本超链接，即超链接的元素内容是文本。文本超链接可以直接嵌套普通文本，例如 <a href="#"> 文本 </a>，也可以嵌套在段落或标题文本外构成段落或标题超文本，例如 <a href="#"><p> 段落 </p></a>。作用于图像上的超链接称为图像超链接。图像标签嵌套在超链接标签内，例如 <a href="#"><img src="view.jpg" alt=" 风景 "/></a>。

超链接通常有 4 种状态：未访问过的超链接、已访问过的超链接、鼠标或指针设备悬停在其上的超链接及活动的超链接。不同状态的文本超链接具有默认样式。

【例 2-3】设置超链接标签，示例代码位于本书配套的代码文件 ch02\ex2-3.html 中。该例设计了 4 个文本超链接，分别演示无作用的超链接以及三种不同状态的超链接，具体代码如下，运行结果如图 2-8 所示。

ex2-3.html

```
1   <!DOCTYPE html>
2   <html>
3   <head>
4     <meta charset="utf-8">
5     <title> 超链接 a 标签 </title>
6   </head>
7   <body>
8    <a> 无作用超链接 /a>
9    <a href="#"> 未使用的超链接 </a>
10   <a href="#"> 已使用的超链接 </a>
11   <a href="#"> 活动的超链接 </a>
12  </body>
13  </html>
```

无作用超链接

未使用的超链接

已使用的超链接

活动的超链接

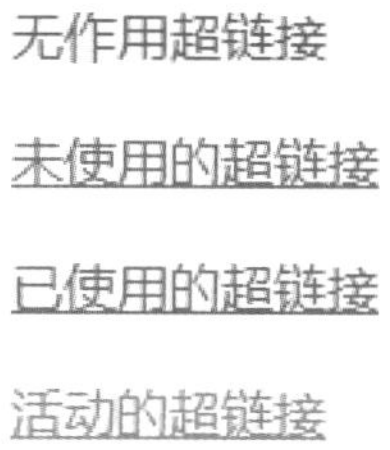

图 2-8　ex2-3 的运行结果

观察图 2-8，第一个无效的超链接没有设置 href 属性，以普通文本样式显示，没有下画线，而正常的超链接默认会有下画线。不同的状态下文本颜色不同，未访问过的超链接显示为蓝色，已访问的超链接显示为紫色，活动的超链接显示为红色。前面提到，超链接一般有 4 种状态，还有一种状态即鼠标或指针设备悬停在其上的超链接，默认情况下这种状态并不会改变原有超链接的样式。通常根据页面需要设置 CSS 的样式，以自定义各状态下的超链接显示效果，这部分内容将在项目 3 中展开介绍。

4. 列表标签

（1）普通列表。网页中常用的列表通常有两类：有序列表和无序列表。有序列表类似 Office 文档中编号列表，而无序列表类似符号列表。HTML 中分别使用 <ol> 和 <ul> 标签来描述这两类列表，列表中的数据项则用 <li> 标签来表示。

【例 2-4】设置无序列表和有序列表，示例代码位于本书配套的代码文件 ch02\ex2-4.html 中。运行结果如图 2-9 所示。

ex2-4.html

```
1   <!DOCTYPE html>
2   <html>
3   <head>
4     <meta charset="utf-8">
```

```
5      <title>列表ul、ol 标签</title>
6    </head>
7    <body>
8      <ul>
9        <li>水果</li>
10       <li>蔬菜</li>
11       <li>肉类</li>
12     </ul>
13     <ol>
14       <li>水果</li>
15       <li>蔬菜</li>
16       <li>肉类</li>
17     </ol>
18   </body>
19   </html>
```

- 水果
- 蔬菜
- 肉类

1. 水果
2. 蔬菜
3. 肉类

图 2-9　ex2-4 的运行结果

观察图 2-9，浏览器为有序列表和无序列表分别设置了默认样式。无序列表默认以圆点作为项目符号，有序列表默认以数字作为序号。同时，浏览器还为两类列表设置了外边距（上、下各为 16px）和内边距（左内边距为 40px）。

（2）嵌套列表。HTML 支持通过嵌套实现多级列表，类似文字排版软件中的多级目录。所谓嵌套列表，即一个列表的数据项中又包含一个列表。

【例 2-5】设置无序列表的嵌套，示例代码位于本书配套的代码文件 ch02\ex2-5.html 中。具体代码如下，运行结果如图 2-10 所示。

ex2-5.html

```
1    <!DOCTYPE html>
2    <html>
3    <head>
4      <meta charset="utf-8">
5      <title>列表的嵌套</title>
6    </head>
7    <body>
8      <ul>
9        <li>水果</li>
10       <ul>
```

```
11          <li>橘子 </li>
12          <li>苹果 </li>
13          <li>葡萄 </li>
14       </ul>
15       <li>蔬菜 </li>
16       <li>肉类 </li>
17    </ul>
18  </body>
19  </html>
```

- 水果
  - 橘子
  - 苹果
  - 葡萄
- 蔬菜
- 肉类

图 2-10 ex2-5 的运行结果

观察图 2-10，页面中包含一个无序列表，其内包含三个数据项：水果、蔬菜、肉类。其中，水果列表项中又嵌套了一个无序列表，这个被嵌套的无序列表也有三个数据项，分别是橘子、苹果、葡萄。

5. 格式化文本标签

HTML 提供格式化文本标签，用于修饰文本的样式，其中加粗、倾斜标签较为常用。

（1）加粗标签。加粗标签是一组闭合标签，标签内的文字以加粗的方式显示。常见的加粗标签有两个：<b> 和 <strong>。

【例 2-6】设置加粗标签，示例代码位于本书配套的代码文件 ch02\ex2-6.html 中。具体代码如下，运行结果如图 2-11 所示。

ex2-6.html

```
1   <!DOCTYPE html>
2   <html>
3   <head>
4      <meta charset="utf-8">
5      <title>加粗标签 </title>
6   </head>
7   <body>
8      <b>b 标签加粗文本 </b>
9      <br>
10     <strong>strong 标签加粗文本 </strong>
11  </body>
12  </html>
```

b标签加粗文本
strong标签加粗文本

图 2-11　ex2-6 的运行结果

（2）倾斜标签。倾斜标签是一组闭合标签，标签的文字以倾斜的方式显示。常见的倾斜标签也有两个：<i> 和 <em>。

【例 2-7】设置倾斜标签，示例代码位于本书配套的代码文件 ch02\ex2-7.html 中。具体代码如下，运行结果如图 2-12 所示。

ex2-7.html

```
1   <!DOCTYPE html>
2   <html>
3   <head>
4     <meta charset="utf-8">
5     <title>倾斜标签 </title>
6   </head>
7   <body>
8     <i>i 标签倾斜文本 </i>
9     <br>
10    <em>em 标签倾斜文本 </em>
11  </body>
12  </html>
```

i标签倾斜文本
em标签倾斜文本

图 2-12　ex2-7 的运行结果

注意：W3C 推荐使用 <strong> 和 <em> 标签来格式化文本，因为这两个标签除了具有修饰文本样式的功能以外，还具有突出和强调的含义。

任务 2-3　图像

知识目标：

- 了解 Web 常用的图像格式
- 掌握图像标签的使用方法

导语

图像是网页中常用的一类元素，除了可以作为图片插入页面中以外，还可以用作页面及页面元素的背景、列表项目符号等，应用十分广泛。本任务主要介绍如何在页面中插入 <img> 图像。

知识点 📖

　　网页中的图像通常分为普通图像和背景图像两类。背景图像通常是对象的属性，不占据文档流。一般若没有特殊说明，普通图像均指用 <img> 标签表示的图像，该图像会占据文档流的空间。网页常用的图像格式有三种：JPEG 图像、GIF 图像和 PNG 图像。

　　JPEG 图像是以 .jpg 或 .jpeg 为扩展名的一种有损压缩图像，支持 1600 多万种颜色，文件占用空间比较小，有助于快速加载和传输图像，是比较常用的一种 Web 图像；其缺点是不支持透明图像和动画。

　　GIF 图像是以 .gif 为扩展名的无损压缩图像，支持 256 种颜色。相比 JPEG 图像，GIF 图像文件较大，但是其支持透明图像和动画。

　　PNG 图像是以 .png 为扩展名的无损压缩图像，兼有 GIF 和 JPEG 图像格式的优点，即色彩丰富，支持透明图像和动画效果。一般情况下，推荐在网页中使用 PNG 图像格式。

　　<img> 图像标签包含两个必要的属性：src 和 alt。src 表示图像的源文件路径，alt 表示图像加载失败时的替代文本。

　　【例 2-8 】在页面中插入一个图像，示例代码位于本书配套的代码文件 ch02\ex2-8.html 中。具体代码如下，运行结果如图 2-13 所示。

ex2-8.html

```
1   <!DOCTYPE html>
2   <html>
3   <head>
4     <meta charset="utf-8">
5     <title>图像 img 标签 </title>
6   </head>
7   <body>
8     <img src="view.jpg" alt=" 风景 "/>
9   </body>
10  </html>
```

　　（a）正常显示图像　　　　　　（b）无法显示图像

图 2-13　ex2-8 的运行结果

当图像正常加载时，会显示如图 2-13（a）所示的效果；当出现网络连接异常或图像路径存在错误等情况时，图像无法正确加载，则会显示如图 2-13（b）所示的效果。

需要注意的是，图像加载成功后，如果不添加额外设置，图像将按文件原始大小显示。如需改变显示的尺寸，可以在 <img> 标签内添加 width 和 height 属性。width、height 属性值默认采用 px 为单位，上述代码修改如下，运行效果如图 2-14 所示。

```
1   <img src="view.jpg" alt=" 风景 " width="100" height="150"/>
```

图 2-14　改变高和宽以后的图像显示效果

任务 2-4　表格

知识目标:

- 掌握表格标签（table、tr、td、th）及其相关属性
- 掌握表格结构标签（thead、tbody、tfoot）
- 掌握表格的嵌套

导语

在网页中，表格标签主要用于布置表格和布局页面。首先，表格标签可以用于实现传统意义上的表格；其次，可以利用表格规整的特点，用划分好的单元格来布局和定位文本、图像等页面元素。表格布局曾经是网页布局常用的布局方法，这种布局方法简单高效，但由于灵活性不足，且不利于页面 SEO（search engine optimization，搜索引擎优化），所以现在很少使用表格作为页面的主要布局方式。本任务主要介绍如何运用 <table>、<tr>、<td> 等标签创建表格以及设置表格相关属性。

知识点

1. 布局单个表格

一个表格由表格标题、表头、表格主体和表格页脚构成。其中，表头、表格主体和表格页脚都可以由若干行构成，每行又由若干单元格组成，如图 2-15 所示的表格。

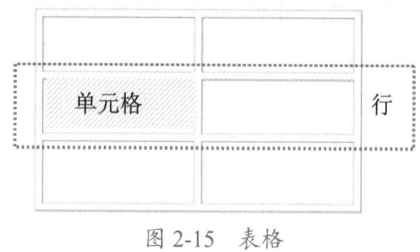

图 2-15　表　格

在 HTML 中，<table> 标签对用于创建表格，该标签对相当于一个容器，其内部可继续定义表格的内容。表格中的元素内容分为两类：表格标题和行。标题用 <caption> 表示，行用 <tr> 标签表示，一对 <tr> 标签表示一行。一行又可以分割为若干用于安排数据的单元格，每个单元格用 <td> 标签对表示。单元格内可以安排其他的 HTML 元素，例如文本、图像，甚至可以再嵌套一个表格。下面是一个典型的两行三列表格的 HTML 代码：

```
1   <table>
2     <caption></caption>
3     <tr>
4       <td></td>
5       <td></td>
6         <td></td>
7     </tr>
8     <tr>
9       <td></td>
10      <td></td>
11        <td></td>
12    </tr>
13  </table>
```

在 HTML 中，单元格除了可以用 <td> 描述外，还可以使用 <th> 标签对描述。<th> 是标题单元格标签，通常用于描述表格中的第一行或第一列，其用法与 <td> 一致，均表示单元格，但 <th> 单元格的内容默认居中、加粗显示。

除了可用上述 3 个标签描述表格的基本结构以外，HTML 还提供了 <thead>、<tbody>、<tfoot> 标签，用于描述特殊的表格结构，这 3 个标签将表格分成了表头、主体、页脚 3 部分。下面是一个例子：

```
1   <table>
2     <thead>
3       <tr>
4         <td></td>
5         <td></td>
```

```
6          <td></td>
7        </tr>
8      </thead>
9      <tbody>
10       <tr>
11         <td></td>
12         <td></td>
13         <td></td>
14       </tr>
15     </tbody>
16     <tfoot>
17       <tr>
18         <td></td>
19         <td></td>
20         <td></td>
21       </tr>
22     </tfoot>
23   </table>
```

在上述代码中，<thead> 标签表示表格头部，可以用于表示表格标题；<tbody> 标签表示表格的主体内容，一般用于表示表格的数据部分；<tfoot> 标签表示表格的页脚部分，通常用于表示表格的汇总信息、页面等数据。这 3 个标签必须包含在 <table> 标签对中，并且不管它们出现的顺序如何，都不会影响表格的布局，页面始终是以表头、主体、页脚的顺序加载显示。除此之外，这 3 个标签还可与 CSS 样式结合，用以突出描述这 3 个区域内容的外观。

【例 2-9】利用表头、主体、页脚实现表格布局，示例代码位于本书配套的代码文件 ch02\ex2-9.html 中。具体代码如下，运行结果如图 2-16 所示。

ex2-9.html

```
1    <!DOCTYPE html>
2    <html>
3    <head>
4      <meta charset="utf-8" />
5      <title> 手机 </title>
6      <style>
7        table {
8          border: 1px solid azure;
9        }
10       td {
11         width: 100px;
12         column-span: 2px;
13       }
14       thead {
15         background-color: azure;
```

```
16        text-align: center;
17        font-size: 14px;
18      }
19      tbody {
20        background-color: beige;
21        text-align: center;
22        font-size: 12px;
23      }
24      tfoot {
25        background-color:blanchedalmond;
26        text-align: right;
27        font-size: 14px;
28      }
29    </style>
30  </head>
31  <body>
32    <table>
33      <thead>
34        <tr>
35          <td> 品牌 </td>
36          <td> 型号 </td>
37          <td> 价格（元）</td>
38        </tr>
39      </thead>
40      <tbody>
41        <tr>
42          <td> 华为 </td>
43          <td>P30</td>
44          <td>3000</td>
45        </tr>
46        <tr>
47          <td> 小米 </td>
48          <td> 红米 </td>
49          <td>750</td>
50        </tr>
51      </tbody>
52      <tfoot>
53        <tr>
54          <td colspan="3">
55              共计两项商品
56          </td>
57        </tr>
58      </tfoot>
59    </table>
60  </body>
61  </html>
```

品牌	型号	价格（元）
华为	P30	3000
小米	红米	750
		共计两项商品

图 2-16 ex2-9 的运行结果

创建好表格以后，一般还需要对表格的外观进行修饰，这部分工作交由表格及单元格的属性来完成。表 2-1 列出了表格的常用属性。HTML 中除可以设置表格属性以外，通常还可以设置单元格属性，表 2-2 列出了单元格的常用属性。

表 2-1 表格的常用属性

属 性 名 称	说 明	属 性 名 称	说 明
id	表格 ID	border	边框
height	高	class	类
width	宽	bgcolor	背景颜色
cellpadding	填充	background	背景图像
cellspacing	间距	bordercolor	边框颜色
align	对齐		

表 2-2 单元格的常用属性

属 性 名 称	说 明	属 性 名 称	说 明
height	高	width	宽
bgcolor	背景颜色	background	背景图像
bordercolor	边框颜色	nowrap	不换行
rowspan	水平合并单元格	colspan	垂直合并单元格
align	水平	valign	垂直

表 2-1 中"对齐"属性有 left（左对齐）、right（右对齐）和 center（居中对齐），默认值为 left。

表 2-2 中"水平"属性有 left（左对齐）、right（右对齐）和 center（居中对齐），默认值为 left；"垂直"属性有 top（顶端）、middle（居中）、bottom（底部）和 baseline（基线），默认值为 middle。

虽然 HMTL 为表格提供了诸多样式属性，但除了合并单元格属性外，其他的属性很少使用。为了保证表格的内容和样式尽可能地分离，一般使用 CSS 定义表格的样式。

2. 嵌套的表格

在一个 <table> 中，同一行的行高、同一列的列宽是一致的。为了满足表格中同行不同高或者同列不同宽的需求，可以采用嵌套表格的方法，即将一个表格作为整体嵌套在另一个表格的单元格中。表格嵌套一般不宜超过三层，否则会影响页面渲染速度，且编辑多层嵌套效率较低。

【例 2-10】实现表格嵌套，示例代码位于本书配套的代码文件 ch02\ex2-10.html 中。具体代码如下，运行结果如图 2-17 所示。

ex2-10.html

```
1    <!DOCTYPE html>
2    <html>
3    <head>
4      <meta charset="utf-8">
5      <title>表格嵌套</title>
6    </head>
7    <body>
8      <table cellpadding="0" cellspacing="0" border="1">
9        <tr>
10         <td colspan="2">
11           <table cellpadding="10" cellspacing="0" border="0">
12             <tr>
13               <td><img src="view1.jpg" alt="" /></td>
14               <td><img src="view2.jpg" alt="" /></td>
15               <td><img src="view3.jpg" alt="" /></td>
16             </tr>
17           </table>
18         </td>
19       </tr>
20       <tr>
21         <td align="center" height="45">
22           <a href="#"><img src="prev.png" alt="" /></a>
23         </td>
24         <td align="center">
25           <a href="#"><img src="next.png" alt="" /></a>
26         </td>
27       </tr>
28     </table>
29   </body>
30   </html>
```

图 2-17　ex2-10 的运行结果

任务 2-5　个人简历页面

导语

通过学习任务 2-1~2-4，了解和掌握了 HTML 的基本结构和常用文本、列表、图像、表格标签的使用方法。本任务将利用前面所学知识，完成个人简历页面的制作。

页面分析

个人简历是一个表格式的数据页面。页面主要分为①个人基本信息、②教育经历和③工作经历三部分，其中教育经历和工作经历结构相同，页面分析如图 2-18 所示。根据页面的特点，考虑采用 3 个表格来实现相关页面。

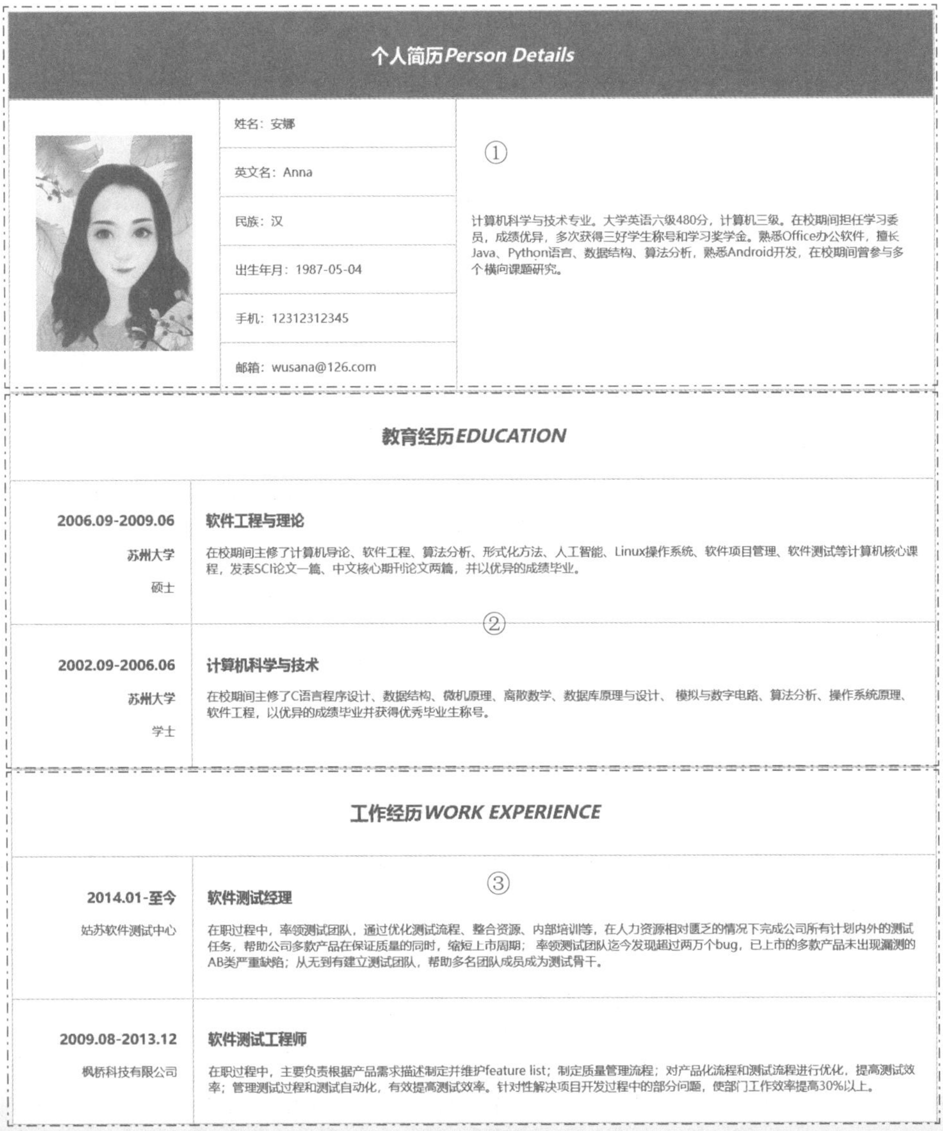

图 2-18　个人简历页面分析

页面架构

1. 准备工作

打开 Visual Studio Code，创建个人简历项目 PROJECT02 以及个人简历页面文件 resume.html。本项目需要使用图像资源（个人照片），为了便于项目管理，在项目文件夹下创建用于存放图像的子文件夹 images，并将个人照片的图像文件放入该文件夹中。至此，完成了个人简历的项目搭建。

2. 页面整体架构

根据页面分析，个人简历页面包含 3 个表格，分别用于实现个人基本信息、教育经历和工作经历区域。

使用 Visual Studio Code 打开 resume.html 文件进行页面布局，页面整体架构的相关代码如下所示：

```
1   <!DOCTYPE html>
2   <html class="no-js">
3   <head>
4     <meta charset="utf-8">
5     <title>个人简历</title>
6   </head>
7   <body>
8    <!--个人基本信息 -->
9    <table width="1240" border="1" bordercolor="#eee" cellpadding="20"
10   cellspacing="0" align="center"></table>
11    <!--教育经历 -->
12   <table width="1240" cellpadding="20" cellspacing="0" border="1"
13   bordercolor="#eee" align="center"></table>
14    <!--工作经历 -->
15   <table width="1240" cellpadding="20" cellspacing="0" border="1"
16   bordercolor="#eee" align="center"></table>
17  </body>
18  </html>
```

上述代码中创建了 3 个表格，并设置了表格宽度（width）、边框粗细（border）和颜色（bordercolor）、表格内部单元格间距（cellspacing）以及单元格内填充距（cellpadding）、对齐（align）等属性，此时还未细化表格内的结构。下面将按需求完善这 3 个表格。

（1）个人基本信息区域设计。个人基本信息区域包含简历标题和个人基本信息两部分，放置在一个 7 行 3 列的表格中，如图 2-19 所示。表格中首行用于填写标题（①），为使标题独占一行，需要将首行的 3 个单元格进行合并。表格第 2~7 行第 1 列和第 3 列的单元格也要分别进行合并，用于分别显示照片（②）和自我介绍（⑨）。

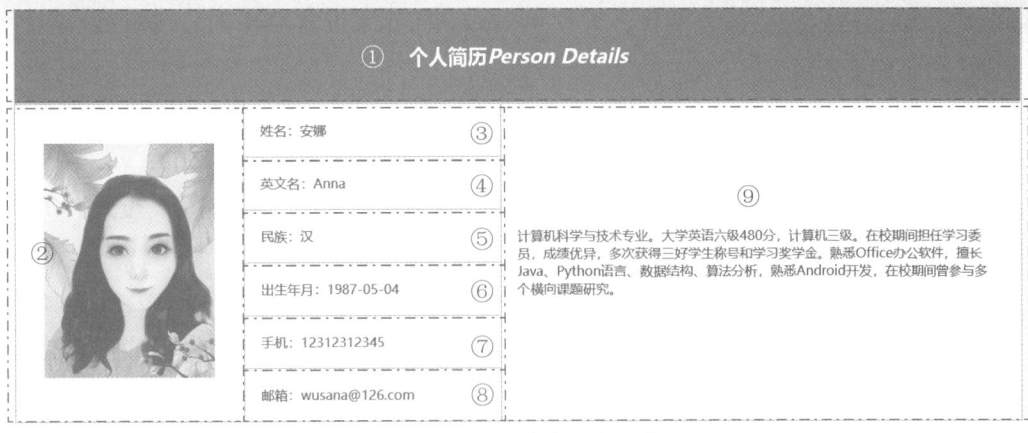

图 2-19　个人基本信息区域

根据上述分析，利用 HTML 的 table 标签实现表格布局，并根据内容需要为表格及其单元格设置相应属性，对应的代码如下所示：

```
1   <table width="1240" border="1" bordercolor="#eee" cellpadding="20"
2   cellspacing="0" align="center">
3     <tr>
4       <!-- 标题单元格 -->
5       <td colspan="3" align="center" height="50" bgcolor="#cc0033"></td>
6     </tr>
7     <tr>
8       <!-- 照片单元格 -->
9       <td rowspan="6" width="240" align="center"></td>
10      <!-- 个人信息单元格 -->
11      <td></td>
12      <!-- 自我介绍单元格 -->
13      <td rowspan="6" valign="center" width="600"></td>
14    </tr>
15    <!-- 个人信息单元格 -->
16    <tr><td></td></tr>
17    <tr><td></td></tr>
18    <tr><td></td></tr>
19    <tr><td></td></tr>
20    <tr><td></td></tr>
21  </table>
```

简历标题单元格内的标题文字使用 <h2> 标签来实现。标题中又有两类不同样式的文本，使用并不完全一样的样式，其中的 Person Details 需要斜体，因此在 <h2> 标签中嵌套倾斜字体标签 <em>，实现突出显示 Person Details。标题单元格中插入代码如下：

```
1   <h2 style="color: #fff;">个人简历 <em>Person Details</em></h2>
```

照片单元格内需要插入图像，可使用 <img> 标签来设置图像的 src 属性及高度、宽度，代码如下所示：

```
1   <img src="images/photo.jpg" width="210" height="279" alt=" 照片 "/>
```

个人信息和自我介绍较为简单，直接在单元格中输入相关文字即可。至此，个人基本信息区域就完成了。

（2）教育经历区域设计。教育经历区域主要包含标题（①）和个人教育经历（②~⑤），放置在一个 3 行 2 列的表格中，如图 2-20 所示。首行通过合并单元格显示标题，其余两行每行显示一条教育经历。

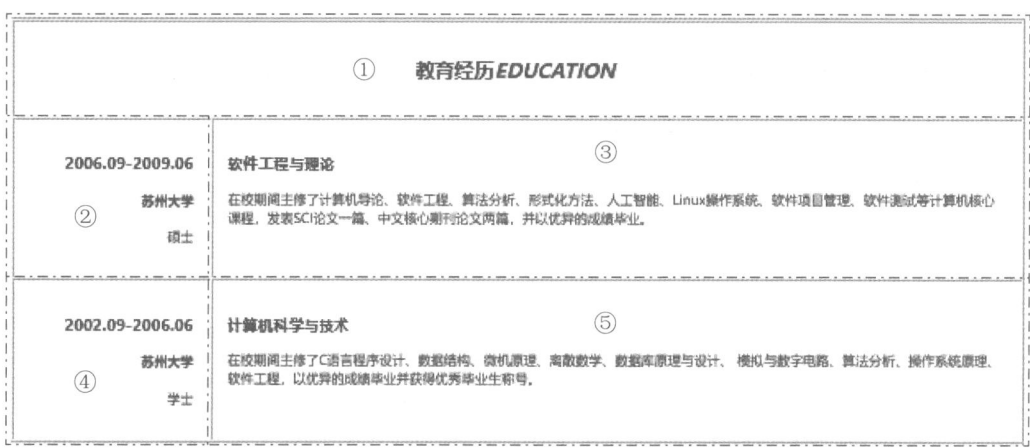

图 2-20　教育经历区域

根据上述分析，在教育经历对应的 <table> 标签对内编写如下代码：

```
1    <table width="1240" cellpadding="20" cellspacing="0" border="1"
2    bordercolor="#eee" align="center">
3      <tr>
4        <td colspan="2" align="center">
5          <!-- 标题 -->
6        </td>
7      </tr>
8      <tr>
9        <td width="200" align="right" valign="top">
10         <!-- 就读时间、就读院校及学历 -->
11       </td>
12       <td valign="top">
13         <!-- 所学专业和专业能力 -->
14       </td>
15     </tr>
16     <tr>
17       <td width="200" align="right" valign="top">
18         <!-- 就读时间、就读院校及学历 -->
```

```
19        </td>
20        <td valign="top">
21          <!-- 所学专业和专业能力 -->
22        </td>
23      </tr>
24   </table>
```

表格的首行用于显示标题，实现方式与个人基本信息区域中的标题行一样，使用标签 <h2>，代码如下所示：

```
1    <h2> 教育经历 <em>EDUCATION</em></h2>
```

标题下面的具体数据是以行为单位展示个人的教育经历。第 1 列显示就读时间、就读院校及学历，其中就读时间、就读院校加粗显示，就读时间字体较大，学历常规显示，故在第 1 列单元格中使用 <h3>、<h4> 及 <p> 标签分别描述就读时间、就读院校及学历，相关代码如下所示：

```
1    <h3>2006.09-2009.06</h3>
2    <h4> 苏州大学 </h4>
3    <p> 硕士 </p>
```

教育经历的第 2 列显示所学专业和专业能力描述。所学专业需要加粗显示，专业能力常规显示，故第 2 列单元格中使用 <h3>、<p> 标签分别描述所学专业和专业能力，相关代码如下所示：

```
1    <h3> 软件工程与理论 </h3>
2    <p> 在校期间主修了计算机导论、软件工程、算法分析、形式化方法、人工智能、Linux
3    操作系统、软件项目管理、软件测试等计算机核心课程，发表 SCI 论文一篇、中文核心期
4    刊论文两篇，并以优异的成绩毕业。</p>
```

依次将内容插入相应的单元格中，就完成了教育经历区域。

工作经历区域的实现方式与教育经历相似，此处不再赘述，读者可以参照前面的教育经历部分将这部分代码自行完成。

项目小结

项目 2 重点介绍了 HTML 的标签和属性、文档结构及头部标签，强调了 HTML 的书写规范；详细介绍了常用的文本、图像、表格标签及其属性，并通过一个实例——个人简历，演示了如何利用表格布局页面以及如何在页面中插入文本、图像元素。

项目 3

个 人 博 客

　　博客又称网络日志或 Blog，是一种以网页为载体的新媒体形式。博主（blogger）可在博客上发表博文来分享心得、想法，并与访客互动交流。一篇博文就是一个网页，内容可以包括文字、图片，甚至动画、视频。本项目将设计并实现个人博客的博文页面。

　　本项目参考了一些博客网站，设计了如图 3-1 所示的博客页面。由图 3-1 可知，博客页面可以根据功能分为多个不同的区域，包括用于显示 logo 和导航菜单的页首部分、博文正文部分和页脚部分。本项目拟采用区块标签和表格标签实现分区分块，利用 CSS 对文本、图片等内容元素进行美化。

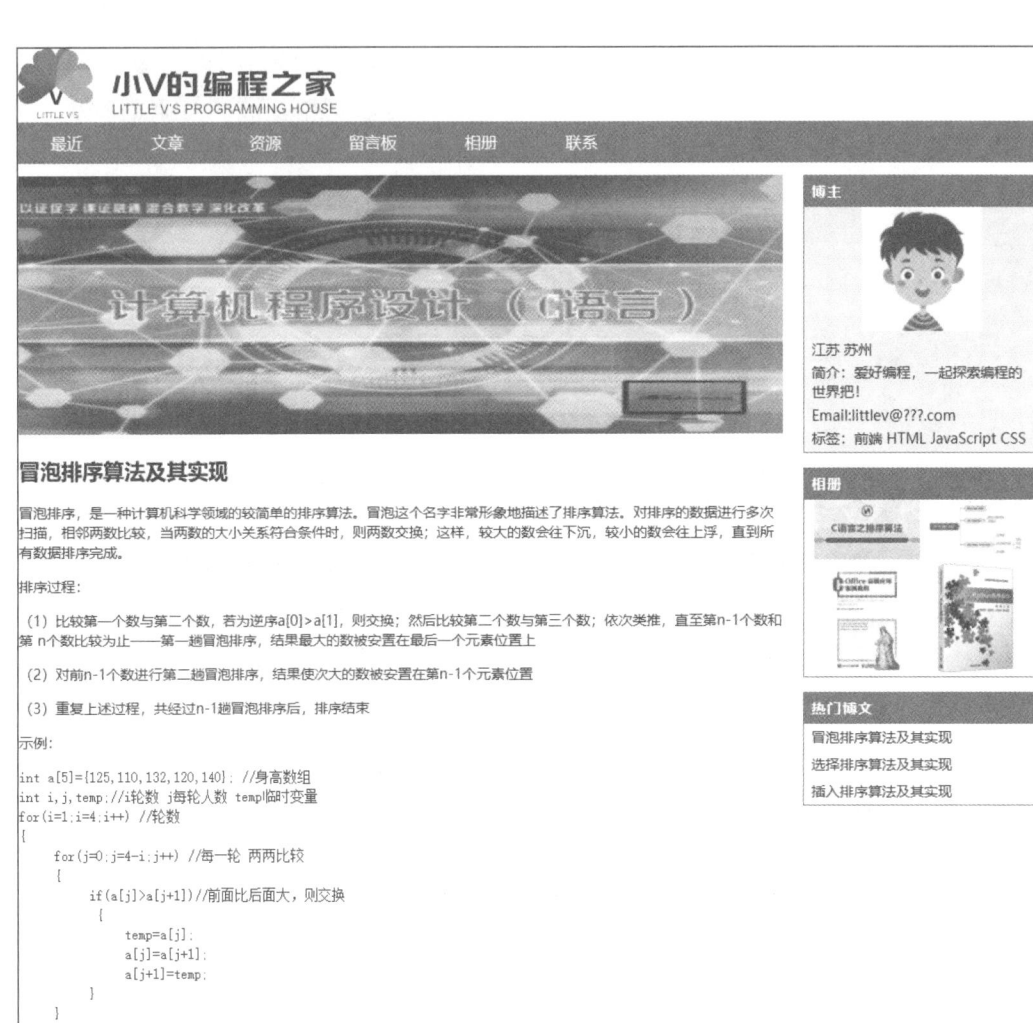

图 3-1　个人博客页面

任务 3-1　利用区块标签进行简单布局

> **知识目标:**
>
> - 了解区块标签的作用
> - 掌握基本的分块分区
> - 掌握 HTML 的分块分区

导语

通过项目 2 的学习,读者已经掌握了利用表格布局页面的方法。表格布局适合规整的页面,但布局的灵活性不强。HTML 提供了一组用于分区的区块标签,可以很好地解决这一问题。利用区块标签,配合 CSS 样式,就可以创建出纷繁复杂的页面。本任务主要介绍用于页面布局的区块标签及其应用领域。

知识点

1. 区块标签

在网页的设计过程中,页面布局是基础。首先通过分析页面内容来进行规划布局,将一个页面分解成若干区域,每个区域还可以进一步划分成子域;然后将页面元素(图像、文本、多媒体等)置于对应的区域中,再通过 CSS 样式进行修饰,即完成了页面制作的基本过程。这种将页面划分为不同区域的元素称为区块元素,或称为容器。HTML 中有两个基本的区块标签: <div> 和 <span>。

(1) <div> 标签。<div> 是 HTML 中用于描述区域的标签。它是一个块级元素,暂时可以简单认为块级元素将独占一行。<div> 本身不包含额外样式,所以通常通过 CSS 来定义其大小、位置等样式属性。

【例 3-1】学习 <div> 的使用方法,完整示例位于本书配套的代码文件 ch03\ex3-1.html 中。页面中安排了两个 <div> 区块,为了突出显示 <div>,利用 CSS 为 <div> 设置了大小、外边距和背景色。具体代码如下,运行结果如图 3-2 所示。

ex3-1.html

```
1  <style type="text/css">
2    div{
3      width: 100px;
```

```
4        height:100px;
5        margin:8px;
6        background-color: #eee;
7    }
8    </style>
9    <body>
10     <div>DIV 区域 </div>
11     <div>DIV 区域 </div>
12   </body>
```

图 3-2　ex3-1 的运行结果

（2）<span> 标签。<span> 标签与 <div> 一样，也用于分区。与 <div> 不同的是，<span> 属于行内元素，用于对行内文本进行分区，暂时可以简单认为行内元素和其他行内元素共用一行空间，除非这些元素占用的空间超过一行才会换行。有关块级元素和行内元素的知识将在项目 4 中详细介绍。

【例 3-2】学习 <span> 的使用方法。页面中安排了两个 <span> 区块，并使用 CSS设置了左右外边距和背景色。具体代码如下，运行结果如图 3-3 所示。

ex3-2.html

```
1    <style type="text/css">
2      span{
3        margin: auto 8px ;
4        background-color: #eee;
5      }
6    </style>
7    <body>
8      <span>span 区域 </span>
9      <span>span 区域 </span>
10   </body>
```

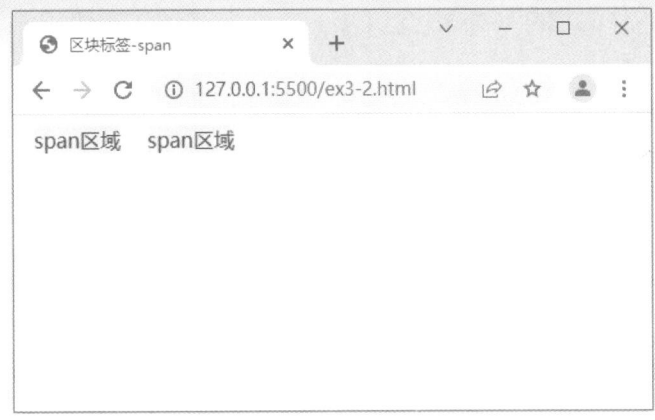

图 3-3   ex3-2 的运行结果

2. HTML5 新增的分区分块标签

HTML5 中新增了多个区块标签，以便更好地描述区块。

（1）<header> 标签。<header> 标签用于描述某块内容的头部区域，通常包含一些介绍或者导航信息。此处的 <header> 并不只表示整个页面的页首，也可以表示页面中某个区域的头部。

（2）<nav> 标签。nav 是 navigation 的缩写，因此 <nav> 标签用于描述导航菜单放置的区域。<nav> 可以用于安排整个页面的导航，也可用于安排某个局部功能的菜单。

（3）<section> 标签。<section> 标签用于描述某块区域，可以表示一个章节、页眉、页脚或者页面中的某个区域，可与 <h1> 等标签结合使用。

（4）<article> 标签。<article> 标签用于描述文字区域，经常与 <section> 标签配合使用。例如，页面中一篇文章的简介部分使用 <section> 标签，文章标题使用 <h2> 标题标签，文章正文内容使用 <article> 标签。实现方式类似如下代码：

```
1   <section>
2     <h2>section、article 标签的使用 </h2>
3     <article>
4       section 标签，其中文章标题使用 h2 标签，文章内容则使用 article 标签
5     </article>
6   </section>
```

（5）<footer> 标签。与 <header> 标签相对，< footer > 标签描述的是某个区域的页脚，通常包含文档的设计者、一些相关链接或者版权所有者等信息。

与 <div> 标签相比，HTML5 新增的区块标签更注重强调所描述内容的语义，而 <div> 标签更侧重于作为一个容器布局页面。

任务 3-2   CSS 样式的基本概念（1）

知识目标：

- 了解 CSS 规则的用途
- 掌握 CSS 规则的结构
- 掌握并熟练运用 CSS 基本选择器
- 掌握应用 CSS 样式的 3 种方式

导语

本书的项目 1 中曾介绍过，为了更好地对页面进行管理，通常需要将内容和样式分离，其中页面布局、元素样式通过 CSS 样式进行描述。本任务将着重介绍如何设计并应用 CSS 样式。

知识点

1. CSS 样式规则

CSS 样式由若干规则组成，每条规则用于描述一类元素的样式。将 CSS 样式应用到 HTML 文档中后，规则所匹配的 HTML 元素会应用对应的样式。

下面通过图 3-4 所示的例子来直观地了解一条 CSS 规则的构成。

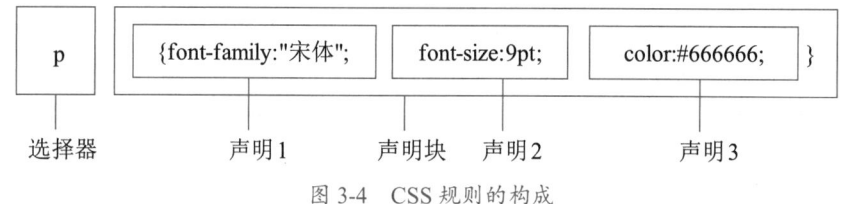

图 3-4   CSS 规则的构成

一条 CSS 规则由一个选择器和一个声明块构成。选择器是一种模式匹配规则，用于匹配文档树中的元素。CSS 选择器由一个或多个简单选择器序列构成，多个选择器序列间需通过组合器实现复合。声明块定义了被匹配元素的样式。一个声明块可以包含一条或多条声明，每条声明以"属性：值"的形式表示，声明与声明之间用分号间隔。一系列规则组成一张 CSS 样式表。

2. CSS 简单选择器

简单选择器也称基本选择器，是构成选择器的最基本单位。CSS3 中定义了 6 种简单选择器，分别是元素类型选择器、ID 选择器、类选择器、伪类选择器、属性选择器和通配符选择器。

注意：CSS2 和 CSS3 对简单选择器的定义不同。CSS2 中的简单选择器与 CSS3 中简单选择器序列的概念基本一致。CSS2 中构成简单选择器的几类选择器在 CSS3 中被称为简单选择器。

（1）元素类型选择器。元素类型选择器是最基本的 CSS 选择器，用于匹配同类 HTML 元素选择器名称采用 HTML 标签名。如下代码表示将页面中所有 <h1> 标签的背景色设置为灰色：

```
1    h1{background-color:gray }
```

（2）ID 选择器。ID 选择器用于匹配 HTML 元素的 id 属性，选择器名称以 #ID 的方式描述。如下代码定义了页面中 id 等于 title 的元素的字体大小为 30px：

```
1    #title{ font-size: 30px }
```

在下面的 HTML 代码中，td 元素的 id 为 title，这意味着该元素将遵守 #title 选择器的规则声明：

```
1    <td id="title">
2      ID 选择器
3    </td>
```

（3）类选择器。ID 选择器只能匹配唯一的元素，若要匹配多个元素且涉及不同元素类型，最常用的方法是使用类选择器。只要在 HTML 元素中自定义 class 类属性，在 CSS 中就可以通过 ".类名" 选择器匹配到这些元素。

如下代码表示定义页面中所有 class 属性为 box 的元素的文字内容为倾斜字体：

```
1    .box{ font-style: italic; }
```

以上几类基本选择器的完整示例代码位于本书配套的代码文件 ch03\ex3-3.html 中。

（4）伪类选择器。网页中有些页面元素具有特殊状态，例如项目 2 中介绍的超链接有已访问、未访问等 4 种状态。伪类选择器（简称伪类）专门用于匹配元素的这些特殊状态。根据伪类特点的不同，可以将其分为动态伪类、结构伪类、UI 元素声明伪类、否定伪类。伪类使用 ":伪类名" 的语法格式书写。常用伪类如表 3-1 所示。

表 3-1　常用伪类

类　别	伪类 / 元素	说　明	样　例
动态伪类	:link	匹配未访问的链接	a:link
	:hover	匹配鼠标悬停在其上的元素	a:hover
	:visited	匹配已访问的链接	a:visited
	:active	匹配激活（处于选中状态）的链接	a:active
	:focus	匹配获得焦点的表单元素	input:focus

续表

类　　别	伪类 / 元素	说　　明	样　　例
结构伪类	:first-child	匹配父元素的首个子元素	div:first-child
	:last-child	匹配父元素的最后一个子元素	div:last-child
UI 元素声明伪类	:checked	匹配被选中的 radio 或 checkbox 类 <input> 元素	input:checked
	:disabled	匹配禁用的表单元素	input:disabled
	:enabled	匹配启用的表单元素	input:enabled
否定伪类	:not(selector)	匹配非括号内的选择器所匹配的元素	:not(div)

【例 3-3】学习伪类的使用方法，完整示例位于本书配套的代码文件 ch03\ex3-3. html 中。这里只介绍例子中 :hover 伪类的使用方法。在该例中，:hover 伪类为超链接元素添加了鼠标悬停时字体加粗的样式。具体代码如下，鼠标移开和悬停时的运行结果如图 3-5 所示。

ex3-3.html 的部分代码

```
1   <style type="text/css">
2     a{ text-decoration:none; }/* 取消超链接默认的下画线 */
3     a:hover{
4       font-weight: bold;
5       text-decoration:underline;
6     }
7   </style>
8   <body>
9     <a href="#">试试将鼠标移到超链接上 </a>
10  </body>
```

试试将鼠标移到超链接上　　　　**试试将鼠标移到超链接上**
（a）鼠标移开效果　　　　（b）鼠标悬停效果
图 3-5　ex3-3 的运行结果

（5）属性选择器。CSS 提供了一组属性选择器，便于开发人员通过元素的属性及属性值来匹配元素。这里的属性可以是元素的自带属性，也可以是开发者在元素内自定义的属性。

属性选择器使用一对或多对 [ ] 进行标记，在 [ ] 内部采用表达式来描述属性和属性值之间的关系。例如，[href="about:blank"] 表示匹配具有 href 属性值且属性值为 about:blank 的所有元素。常用属性选择器如表 3-2 所示。

表 3-2　常用属性选择器

表 示 方 法	含 义	示 例
[attr]	匹配具有 attr 属性的元素	input[value]
[attr = value]	匹配具有 attr 属性且属性值等于 value 的元素	p[id="p1"]，等同于 #p1
[attr *= value]	匹配具有 attr 属性且属性值包含 value 的元素	a[href*="tel"]
[attr ~ = value]	匹配具有 attr 属性且属性值包含 value 的元素，匹配的部分必须是单词	a[class~="good"]，等同于 .good
[attr ^ = value]	匹配具有 attr 属性且属性值以 value 开头的元素	a[href~="happy"]
[attr | = value]	匹配具有 attr 属性且属性值以 value 开头的元素，匹配的部分必须是单词	a[href|="word"]
[attr $= value]	匹配具有 attr 属性且属性值以 value 结尾的元素	a[href$= "edu"]
[attr1=value1][attr2=value2]	匹配同时满足两组属性的元素	img[src="a.jpg"][alt="a"]

【例 3-4】学习组合器的使用方法，完整示例位于本书配套的代码文件 ch03\ex3-4. html 中。这里只介绍例子中 [attr ~= value] 的使用方法。本例中安排了 3 个超链接，分别为这些元素设置了不同的 class 属性，其中 a[class~="good"] 表示匹配具有 class 属性且属性值包含 good 单词的超链接元素。

ex3-4.html 的部分代码

```
1   <style type="text/css">
2     /* 匹配具有 class 属性且属性值包含 good 单词的 a 元素，将其文字设置为红色 */
3     a[class~="good"] {   color: red;   }
4   </style>
5   <body>
6     <h4>演示 [attr ~= value]</h4>
7     <a href="#" class="good green">class="good green"</a><br>
8     <a href="#" class="goodnight blue">class="goodnight blue"</a><br>
9     <a href="#" class="blue good">class="blue good"</a>
10  </body>
```

ex3-4 的运行结果如图 3-6 所示。

```
class="good green"
class="goodnight blue"
class="blue good"
```

图 3-6　ex3-4 的运行结果

注意观察如图 3-6 所示的运行结果，第 2 行的超链接虽然 class 属性值中也出现了 good 字符串，但是这个字符串不是一个独立的单词，所以不符合选择器的匹配规则。

（6）通配符选择器。通配符选择器表示文档树中任何命名空间中的任何单个元素（包括没有命名空间的元素），简单理解就是匹配任何元素。通配符选择器使用"*"表示。事实上，通配符选择器很少被使用，因为一方面其性能差，另一方面其实际应用意义不大。

下面是几个通配符选择器的例子。

```
1   *{……}                   /* 为所有元素添加 CSS 规则   */
2   *.text{……}              /* 为所有类名为 text 的元素添加规则，等同于 .text{……}*/
3   *[attr=value]{……}       /* 为所有 attr 属性值为 value 的元素添加规则，等同于
                               [attr=value]{…….}*/
```

3. 应用 CSS 规则

CSS 样式可以通过以下 4 种方式应用到 HTML 页面。

（1）内联样式。内联样式是指将样式内嵌到 HTML 元素的 style 属性中。由于样式直接位于元素内部，所以只需要编写 CSS 样式规则的声明部分，不需要再指定选择器。具体代码如下：

```
1   <p style="font-size:20px; font-weight:bold">内联样式</p>
2   <p>普通段落</p>
```

上述 HTML 代码片段包括两个段落，第一个段落通过 style 属性设置文本字体大小为 20px 并加粗显示；第二个段落由于没有设置样式，将采用浏览器默认样式显示，运行结果如图 3-7 所示。直接引用方式主要用于对具体的标签设置样式，其作用的范围仅限于该标签自身。考虑到样式编辑、修改的统一性，如非必要，一般不建议使用内联样式。

内联样式

普通段落

图 3-7　内联样式引用

（2）内部文档引用。内部文档引用又称内部样式表引用，是将 CSS 样式的规则编写在 HTML 文档的 <style> 标签中，其作用范围仅限于当前的 HTML 文档。将上面例子中第一个段落的样式提取出来，改写到页面的 <style> 标签中，可得到如下所示的 CSS 样式代码：

```
1  <style type="text/css">
2    p{
3       font-size:20px;
4       font-weight:bold;}
5  </style>
```

上述样式实现了将页面内所有段落字体大小设置为 20px 并加粗显示，运行结果如图 3-8 所示。

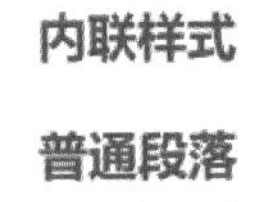

内联样式

普通段落

图 3-8　内部文档引用

（3）外部样式表文件。内部样式表中的样式仅作用于其所在的页面，如果其他页面也希望复用该样式应当如何处理？此时可以通过引用外部样式表文件的方式实现。外部样式表又称外联样式表，样式编写在扩展名为 .css 的单独文件中。这样，所有需要引用外部样式表的文档通过链接或导入同一个外部样式表文件，就能实现样式复用。

下面通过一个例子演示外部样式表的使用方式。创建一个 CSS 样式文件 style.css，将任意 CSS 规则编写到 style.css 中；在需要链接或导入的文档中，添加如下所示的对应代码即可。

```
1  <!-- 方式一  链接 CSS 文件 -->
2  <link rel="stylesheet" type="text/css" href="css/style.css"/>
3  <!-- 方式二  导入 CSS 文件 -->
4  <style type="text/css">
5      @import url("css/style.css");
6  </style>
```

注意：上述两种方式只需要使用一种即可，两种方式略有差别。如果是 HTML 文档应用外部样式表文件，上述两种方式均可行，一般习惯上使用链接方式；如果需要在一个外部样式表文件中引用另一个外部样式表文件，则只能通过导入的方式实现。

（4）浏览器默认样式。由浏览器自动设置的样式称为浏览器默认样式。在 HTML 文档中，任何没有定义 CSS 样式的元素在浏览器渲染过程中都会应用浏览器默认样式。不同的浏览器定义的默认样式略有不同，有的浏览器还允许用户自定义部分默认样式。所以，要保证 HTML 文档在不同浏览器上效果一致，首先要保证为所有元素添加基本样式，例如字体、字体大小、文字颜色等。一般可以在 <body> 元素中或者使用通配符选择器来添加基本样式。

任务 3-3　CSS 样式的基本概念（2）

知识目标：

- 掌握并灵活运用复杂选择器
- 理解 CSS 样式的层叠和继承，掌握对象样式的计算方法
- 掌握优先级计算方法

导语

除基本选择器外，CSS 还支持多种复杂选择器，以实现更为灵活的元素匹配。本任务将详细介绍这些复杂选择器以及 CSS 样式的继承和层叠特性。

知识点

1. 伪元素选择器

伪元素选择器是一种特殊的选择器，元素两字表示在选择器所匹配的元素内，会添加额外的"元素"，而选择器内声明的 CSS 样式将应用在这个"元素"上。这个被额外添加的"元素"并不存在于 DOM（document object model，文档对象模型）文档树中，故被称为伪元素。伪元素使用"::伪元素名"的语法格式进行书写，CSS2 中定义的伪元素名前也可以仅添加一个":"前缀，但为了避免混淆，推荐使用"::"前缀。选择器只能包含一个伪元素，且伪元素只能跟在最后一个简单选择器序列后面。常用的伪元素如表 3-3 所示。

表 3-3　常用的伪元素

常用伪元素	说　　明	样　　例
::first-line	匹配元素的第一行	p::first-line
::first-letter	匹配元素的第一个字母	p::first-letter
::before	在匹配的元素之前插入内容	div::before{content:"start"}
::after	在匹配的元素之后插入内容	div::after{content:"end"}
::selection	匹配用户当前选中的元素，只有 color、background 等少数 CSS 属性支持该选择器	div::selection{color:red}

【例 3-5】学习伪类的使用方式，完整示例位于本书配套的代码文件 ch03\ex3-5.html 中。这里只介绍例子中 ::before 和 ::after 伪元素的使用方法。在该例中，伪元素添加在 ID 选择器上，通过 ::before 和 ::after 伪元素为 id 为 box 的 <div> 元素的前方和后方各添加了文字内容。运行结果如图 3-9 所示，注意观察右侧开发者工具窗口中的 DOM 结构，在 box 元素内部的前后并没有真正的元素，而是只有 ::before 和 ::after 标识。

ex3-5.html 的部分代码

```
1  <style type="text/css">
2    /* ::before */
3    #box::before{  content: "start"; }
4    /* ::after */
5    #box::after {  content: "end";  }
6  </style>
7  <body>
8    <div id="box">这是正文</div>
9  </body>
```

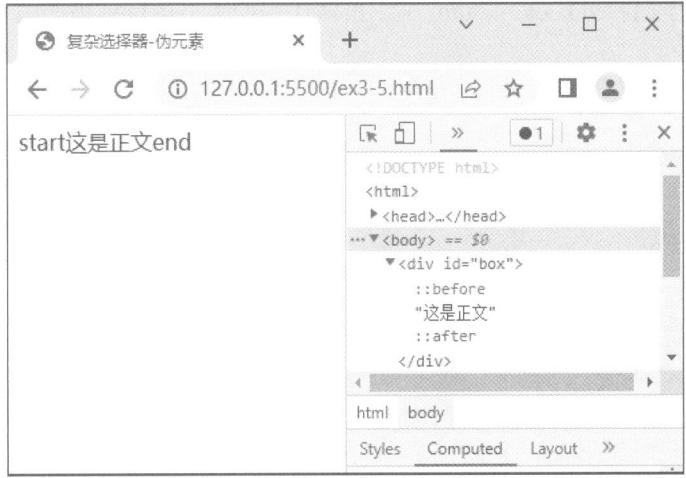

图 3-9　ex3-5 的运行结果

2. 选择器的复合

选择器的复合是指将不同的简单选择器和其他选择器进行组合。复合后的选择器可以更精确地匹配目标元素。

选择器的复合有两种形式，一种是将多个简单选择器串联起来形成简单选择器序列，另一种是利用组合器将多个简单选择器序列进行连接。

（1）简单选择器序列。简单选择器序列以元素类型选择器或通配符选择器开头，后面紧跟零个或多个其他简单选择器。元素类型选择器、通配符选择器、ID 选择器和伪类选择器因为本身的特点都只可能在序列中出现一次。在简单选择器序列中，相邻的选择器紧密连接，没有空隙。

注意：①由于通配符选择器在一般使用中都会省略，所以实际上简单选择器序列也可以使用其他基本选择器开头，但是后面不能出现元素类型选择器。例如 #e1div 是不合法的，只能是 div#e1。

②单个基本选择器是简单选择器序列的最简特例，例如 #e1、.c1、p 等。

下面是一些简单选择器序列的例子：

1	p.title	/* 匹配 class 属性值为 title 的 \<p\> 标记标签 */
2	p#title	/* 匹配 id 属性值为 title 的 \<p\> 标记标签 */
3	a:visited	/* 匹配激活（处于选中状态）的 \<a\> 标签 */
4	div::before	/* 匹配 \<div\> 标签，并在其内部最前方添加伪元素 */
5	#d1	/* 匹配 id 为 d1 的元素 */

（2）组合器。在介绍组合器之前，首先需要理解何为文档元素的层次关系。HTML 文档结构其实就是一棵 DOM 树。关于 DOM 的相关知识将在项目 7 中展开介绍，这里只需知道元素间的层次关系包括父子、后代、兄弟和毗邻等几种情况。

【例 3-6a】通过 ex3-6a 中的代码片段来简要解释元素间的层次关系，完整示例位于本书配套的代码文件 ch03\ex3-6.html 中。具体代码如下，运行结果如图 3-10 所示。

ex3-6a.html 的代码片段

```
1  <style type="text/css">
2    /* 为突出 div 的层次关系，为所有 div 添加外边距和边框样式 */
3    div {
4      margin: 5px;
5      border: 1px solid black;
6    }
7  </style>
8  <div id="e1">
9    e1
10   <div id="e11">
11     e11
12     <div id="e111">e111</div>
13   </div>
14   <div id="e12">e12</div>
15   <div id="e13">e13</div>
16 </div>
```

图 3-10　ex3-6a 的运行结果

上述代码中的每个元素都设置了 id 属性。为了便于描述元素，下面均采用 id 来称呼不同元素。e1 元素内部包含 e11、e12 和 e13 元素，e1 是 e11、e12、e13 的父元素，e11、e12 和 e13 是 e1 的子元素。同理，e11 和 e111 是父子关系。e1 内部的所有元素，即 e11、e12、e13、e111，均是 e1 的后代元素。e11、e12 和 e13 互为兄弟元素（同代元素），其中 e11 和 e12 是相邻元素，e12 和 e13 是相邻元素。

通过组合器可以利用多个元素的层次关系来精确匹配目标元素。一个选择器可以使用若干个组合器将不同的简单选择器序列进行复合。CSS 支持的组合器如表 3-4 所示。

表 3-4　CSS 支持的组合器

组 合 器	表 示 方 法	描　　述
并集组合器	E , F	同时匹配所有列出的选择器，不区分层次，选择器之间用逗号分隔；允许超过 2 个元素进行合并。通常用于匹配同代但不毗邻的若干元素，例如 #e1, #e11 {color: black;}
后代组合器	E F	匹配所有属于 E 元素后代的 F 元素，E 和 F 之间用空格分隔，例如 #e1 a {color: red;}
子代组合器	E > F	匹配 E 元素的所有 F 子元素。因为继承的原因，对于可继承属性（color、font-size 等），后代选择器和子代选择器的效果完全相同。例如 #e1>div {color: green;}
毗邻组合器	E + F	匹配紧随 E 元素之后的同级元素 F，例如 #e11+p {text-align: center;}
同代组合器	E ~ F	匹配所有 E 元素后面的同级元素 F，例如 #e11~.lv2 {text-align: center;}

【例 3-6b】学习使用组合器，完整示例请查阅本书配套的代码文件 ch03\ex3-6. html。这里仅对后代组合器的应用进行介绍，HTML 代码沿用例 3-6a 中的代码，增加的 CSS 代码见下方代码框，运行结果如图 3-11 所示。已知 e1 的后代包括 e11、e111、e12 和 e13，这些后代都是 <div> 元素，所以通过后代组合器 #e1 div 就能匹配到 e1 的这些后代元素。

ex3-6b.html 的部分 CSS 代码

```
1    /* 后代组合器 */
2    #e1 div{
3      border:2px dashed blue;
4      color:red;
5    }
```

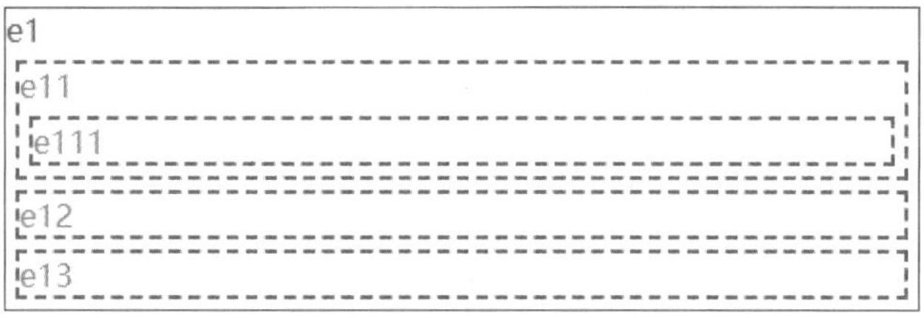

图 3-11　ex3-6b 的运行结果

3. 继承和层叠

（1）继承性。CSS 样式具有继承性，类似面向对象程序设计语言。当样式应用于某个特定元素时，还可以同时作用于它的后代元素，即后代元素继承了父元素的样式。

【例 3-7】学习 CSS 的继承性，完整示例位于本书配套的代码文件 ch03\ex3-7.html 中。字体样式和文字颜色等样式设置在 <body> 标签上，如此一来，整个页面中的元素默认都继承了样式，页面中的 <h1>、<p> 甚至 <span> 标签内的文字都被设置成了红色的黑体字。具体代码如下，运行结果如图 3-12 所示。

ex3-7.html 的部分 CSS 代码

```
1   <head>
2     <style type="text/css">
3       body{
4          font-family: " 黑体 ";
5          color: #000000;
6       }
7     </style>
8   </head>
9   <body>
10    <h1> 继承 </h1>
11    <p><span>CSS 样式 </span> 的继承性指子元素可以继承父元素的某些样式。</p>
12  </body>
```

继承

CSS样式的继承性是指子元素可以继承父元素的某些样式。

图 3-12　ex3-7 的运行结果

虽然 CSS 的继承特性为网页样式的开发和管理节省了不少时间，但是在使用时需要注意一些事项。

首先，不是所有属性都能直接继承。默认情况下，不会被继承的常见属性有 border 边框属性、padding 内边距属性，margin 外边距属性、background 背景属性等。部分默认不会继承的 CSS 属性如表 3-5 所示。

表 3-5　部分默认不会被继承的 CSS 属性

类　别	元　素
定位布局	display、position、float、top、right、bottom、left、z-index
尺寸（盒模型）	width、height、margin、border、padding
背景	background、background-color、background-image、background-repeat、background-position、background-attachment
特殊文本属性	vertical-align、text-decoration

在例 3-8 的基础上添加一条规则：p{border:1px solid #000000;}，修改后的运行结果如图 3-13 所示。可以发现，段落 <p> 所包含的 <span> 元素并没有出现 1px 的黑色矩形框，即 <span> 元素并没有继承其父元素段落设置的边框属性。

继承

CSS样式的继承性是指子元素可以继承父元素的某些样式。

图 3-13　CSS 继承性的局限性

若希望子元素继承其父元素的边框样式，则需要在子元素上为需要继承的规则设置 inherit 值，明示继承父元素的某一属性。继续在上述例子中添加下面的样式，就能明示 <span> 元素继承 <p> 元素的边框属性，运行结果如图 3-14 所示。

```
1    p span{  border:inherit;  }
```

继承

CSS样式的继承性是指子元素可以继承父元素的某些样式。

图 3-14　inherit 继承父元素的属性

CSS 样式中设置元素继承关系的关键字主要有 inherit（继承）、initial（初始化）以及 unset（不设置）。注意，为简化描述，本书在介绍 CSS 属性的语法和属性值时，会省略这些全局的关键字，但是这些关键字实际都是有效属性值。

inherit 表示继承父元素的样式。initial 表示初始化，即默认的样式。若设置子元素的样式属性值为 initial，则表示取消继承恢复成默认样式。unset 表示不设置。若该属性是继承属性，unset 相当于 inherit；若该属性为非继承属性，unset 相当于 initial。

有些元素会采用浏览器默认属性，忽略父元素的可继承属性。例如，超链接 <a> 标签不会继承父元素的样式，因为浏览器在进行解析的时候，父元素的样式会被超链接自身的样式所覆盖。这类情况也需要通过单独设置元素样式来实现所需的样式效果。继续上面的例子，让 <a> 元素和其他元素一样，文字显示为红色，可以添加如下 CSS 样式：

```
1    a{color:inherit;}
```

（2）层叠性。在进行 CSS 样式设计时，可能会有多条 CSS 选择器同时匹配到相同的元素，此时就出现了样式的层叠，这也是 CSS 被称为层叠样式表的原因。当这些选择器中设置的 CSS 规则没有重复或者属性间没有冲突时，元素的样式会进行叠加。

【例 3-8a】学习 CSS 的层叠性，完整示例位于本书配套的代码文件 ch03\ex3-8.html 中。示例中的 CSS 部分分别设置了 <body> 元素字体、<p> 段落元素文字的大小以及 <p> 段落中 <span> 元素的字体粗细。由于这些规则设置之间没有冲突，所以通过直接或继承的方式最后都层叠地应用在了 <span> 元素上。运行结果如图 3-15 所示。

ex3-8a.html 的主要代码

```
1   <style type="text/css">
2     body{font-family: " 宋体 ";}
3     p{font-size:18px;}
4     p span{font-weight: bold;}
5   </style>
6   <body>
7     <h1> 层叠 </h1>
8     <p><span>CSS 样式 </span> 的层叠性是指当多条规则作用于一个元素时，若样式无
9   冲突，则这些样式叠加后作用于该元素。</p>
10  </body>
```

层叠

CSS样式的层叠性是指当多条规则作用于一个元素时，若样式无冲突，则这些样式叠加后作用于该元素。

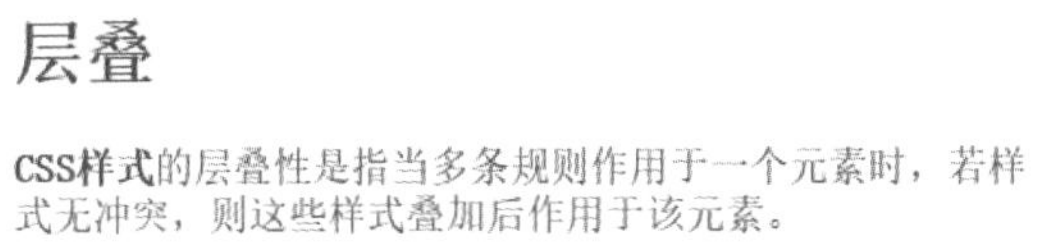

图 3-15　ex3-8a 的运行结果

4.优先级

任务 3-2 中提到，层叠的前提之一是不能有重复的样式。如果出现相同的样式，就产生了覆盖冲突，即其中某个规则设置的属性值会被另外一条规则的属性值覆盖（或者称为忽略）。最后应用哪个属性值需要根据 CSS 定义的优先级规则来决定。CSS规则的优先级主要涉及两方面：首先是规则定义的位置，其次是选择器的优先级，具体计算方式如下。

（1）根据规则定义的位置确定优先级。内联样式的优先级最高，其次是内部样式文档，然后是外部样式文档，浏览器默认样式的优先级最低。出现优先级相同时，后在文档中定义的规则比先定义的规则优先级高。可以简单认为离要匹配的元素越远，优先级越低。

（2）根据选择器确定优先级。在同一个位置的规则（同一个外联样式表、内部样式或内联样式表），需要通过判断选择器数量的方式确定优先级。CSS3 中通过下面的步骤来确定选择器的优先级。首先，按照下列要求统计规则内部不同类型选择器的数量：

①ID 选择器的数量记为 a；

②类选择器、属性选择器和伪类选择器的数量记为 b；

③元素类型选择器和伪元素选择器的数量记为 c。

然后，通过比较不同类型选择器的数量确认优先级，按照 a>b>c 的顺序进行比较，同类型选择器进行别比较时，数量多的优先级高；如果同类型选择器的数量相同，则再比较下一类的选择器数量；如果出现所有级别的选择器数量都相等的情况，则由定义的顺序决定优先级，后定义的比先定义的优先级更高。

【例 3-8b】介绍优先级的计算方法，完整示例位于本书配套的代码文件 ch03\ex3-8.

html 中。本例基于例 3-8a，将 CSS 样式修改为如下形式：

ex3-8b.html 的主要代码

```
1   <style type="text/css">
2     body{font-family: "宋体";}
3     p{font-size:18px;          color: violet;  }  /* a=0,b=0,c=1 */
4     p span{font-weight: bold;  color:red;      }  /* a=0,b=0,c=2 */
5   </style>
```

例 3-8b 中的 3 条 CSS 规则均能作用于 <span> 元素，其中第 2、3 两条规则中都声明了 color 属性，故产生了冲突。由于两条规则位于相同的位置，所以只需要判断选择器的优先级就能确定最终会应用哪条声明。利用选择器优先级的判定方法进行计算，可知两者的 a、b 都为 0；第 2 条选择器的 c 为 1，第 3 条选择器的 c 为 2，第 3 条选择器的优先级更高；因此 <span> 元素实际将应用第 3 条规则定义的属性，即字体颜色为红色。运行结果如图 3-16 所示。

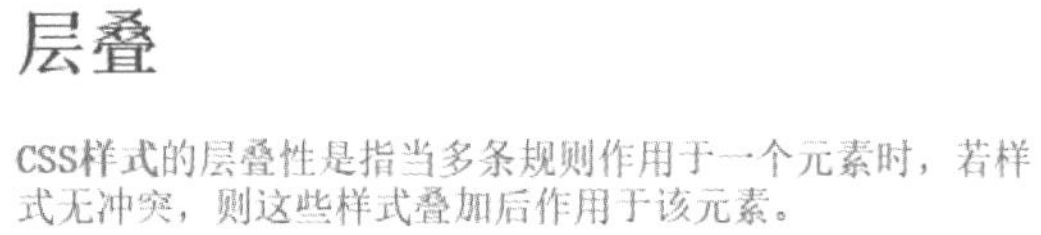

层叠

CSS样式的层叠性是指当多条规则作用于一个元素时，若样式无冲突，则这些样式叠加后作用于该元素。

图 3-16　例 3-8b 优先级计算的运行结果

CSS 提供了 !important 规则，可以将规则中某条属性的优先级提到最高。!important 添加在声明的后方，表示该属性值将覆盖其他层叠的声明而无须考虑 CSS 规则的优先级。

【例 3-9】学习 !important 的使用方法，完整示例位于本书配套的代码文件 ch03\ex3-9.html 中。在该示例中，CSS 样式包含两条规则，都能匹配到文档树中唯一的一个 <p> 元素。一条规则位于内部样式表，另一条规则是内联样式，位于 <p> 元素内，两条规则都定义了文字的颜色。页面运行结果如图 3-17（a）所示，文字显示为红色，因为内联样式的优先级更高。如果修改 p 规则的声明，在第 3 行声明的尾部添加 !important 规则，此时这条声明优先级将超过内联样式，文字将显示为蓝色，运行结果如图 3-17（b）所示。

ex3-9.html 主要代码

```
1   <style type="text/css">
2     p{
3       color: blue ;              /* 改为 color: blue ;important; */
4     }
5   </style>
6   <body>
7     <p style="color:red">这是一段文字 </p>
8   </body>
```

这是一段文字　　　　　　　　这是一段文字

（a）未添加 !important　　　　　（b）添加 !important 后

图 3-17　ex3-9 的运行结果

任务 3-4　文本样式

知识目标：

● 掌握 CSS 样式常用的字体属性

● 掌握 CSS 样式常用的文本属性

导语

任务 3-2 和任务 3-3 介绍了 CSS 规则选择器的相关知识，在本示例中用到了 CSS 样式声明，有很多都与文字的属性相关。本任务将详细介绍 CSS 样式中与文字相关的属性。

知识点

文本是网页中最基本的构成部分，页面的大量内容通过文本展示。CSS 提供了诸多属性，用于设置页面中文本的样式。下面将介绍如何设置这些属性。

1. 设置字体

CSS 提供了一组与字体相关的属性，包括字体家族、字体大小、字体粗细、字体样式等。

（1）字体家族。字体家族指一组具有共同设计的字体，如西文常用的 Time New Roman 字体家族，实际包含了罗马体、斜体、粗体和粗体斜体等多个版本。在日常使用中，用户不需要关心字体家族有多少版本，因此通常也把字体家族简称为字体。

CSS 中使用 font-family 属性设置文本的字体家族。font-family 属性的属性值由字体家族名称和（或）通用家族名称的列表组成。列表中的第一个字体家族作为默认字体家族，其余的用作后备。当浏览器不支持该字体家族时，尝试使用列表中的后一种字体家族。

所谓字体家族名称，就是通常所说的字体名称，例如宋体和 Times New Roman。而通用家族名称则不是指具体某一种字体家族，而是指具有相同类型的字体家族，例如 serif 代表衬线体。为了确定渲染所用的字体家族，浏览器对每一种通用字体家族都设置了默认的字体家族。font-family 的属性值及说明如表 3-6 所示。

表 3-6 font-family 的属性值及说明

属 性 值	说 明
字体家族名称 family-name	微软雅黑、黑体、宋体、楷体、Times New Roman、Arial、Georgia
通用家族名称 generic-family	serif（衬线体）、sans-serif（非衬线体）、cursive（手写体）、fantasy（艺术体）、monospace（等宽体）、fangsong（仿宋体）、emoji（绘文字）

下面是一些实例，这些例子演示了使用字体家族名称、通用家族名称和混用方式设置 font-family 属性。

```
1  font-family: " 微软雅黑 "," 黑体 ";                 /*  通用家族名称 */
2  font-family: "Courier New",monospace;              /*  字体家族名称 */
3  font-family: " 微软雅黑 ","Courier New";            /*  字体家族名称和通用
4                                                          家族名称混用 */
```

注意：字体家族名称可以不用引号括起，但是名称超过 1 个字时则必须使用引号，例如 "font-family: "Times New Roman" , Arial;"。

（2）字体大小。font-size 属性用于设置字体的大小。字体大小可以使用 CSS 长度单位、百分比来表示，也可以使用字体大小专有的绝对尺寸、相对尺寸关键词来表示，例如 font-size:14px。font-size 的属性值及说明如表 3-7 所示。

表 3-7 font-size 的属性值及说明

属 性 值		取值和说明
$\langle length \rangle$	绝对长度	px（像素尺寸，最常用单位）、in（英寸）、cm（厘米）、mm（毫米）、pt（点，打印时常用）、pc（派卡，1pc 等于 12pt）
	相对长度	em（相对父元素字体的比例，1em 表示等于父元素字体大小）、rem（相对根元素（html）字体大小的比例，根元素默认值为 16px）
	视口长度	vh（相对视口高度，1vh=1% 视口高度）、vw（相对视口宽度）、vmin（相对视口高度和宽度的较小者）、vmax（相对视口高度和宽度的较大者）
$\langle percentage \rangle$		相对父元素字体的百分比，例如 100% 表示与父元素字体大小相同
预定义 关键词		绝对大小：xx-small、x-small、small、medium（默认值）、large、x-large、xx-large； 相对大小：larger、smaller

绝对长度单位表示字体大小固定不变，常用的绝对尺寸单位是像素 px，浏览器通常默认文字大小为 16px。相对单位通过相对父元素或某个指定对象的尺寸来计算字体的大小，通常使用 em、rem、百分比（%）作为单位。em 和 rem 的区别在于 em 是相对父元素的大小，而 rem 是相对根元素的大小。相对尺寸和绝对尺寸关键词在实际开

发时较少使用，因为不能较为明确地表明字体大小。

【例 3-10】设置字体大小，完整示例位于本书配套的代码文件 ch03\ex3-10.html 中。具体代码如下，运行结果如图 3-18 所示。

ex3-10.html 的主要代码

```
1  <style type="text/css">
2    html { font-size: 10px;  }
3    body { font-size: 160%;  }
4    #d1  { font-size: 2em;  }
5    #d11 { font-size: 0.5em; }
6    #d12 { font-size: 2rem;  }
7  </style>
8  <body>
9    <div id="d1">
10     .d1:2em=2*body=2*160%*html=32px
11     <div id="d11">.d11:0.5em=0.5*d1=0.5*32px=16px</div>
12     <div id="d12">d12:2rem=2*html=2*10px=20px</div>
13   </div>
14 </body>
```

.d1: 2em=2*body=2*160%*html=32px
.d11: 0.5em=0.5*d1=0.5*32px=16px
d12: 2rem=2*html=2*10px=20px

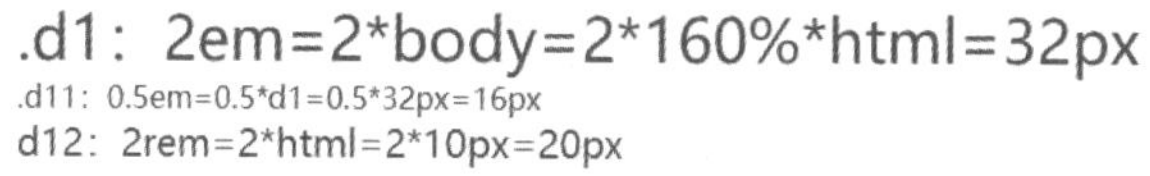

图 3-18　ex3-10 的运行结果

该例中，<html> 根元素的字体大小为 10px，而 <body> 元素的父元素为 <html>，故 body 元素的字体大小就是 <html> 元素字体大小的 160%，即 16 像素。d1 元素的父元素为 <body>，故字体大小 2em 等于 32px；同理，可以计算出 d11 的大小为 16px；d12 的字体大小为 2rem，表示字体大小是 <html> 元素字体大小的 2 倍，故等于 20px。

（3）字体粗细。font-weight 属性用于设置文字的粗细，常用属性值有 normal、bold、bolder、lighter 以及粗细值（100~900 九个等级，400 等同于 normal，700 等同于 bold），默认值为 normal。bolder 和 lighter 表示相对父元素更粗或更细地显示。

【例 3-11】设置字体粗细，完整示例位于本书配套的代码文件 ch03\ex3-11.html 中。具体代码如下，运行结果如图 3-19 所示。

ex3-11.html 的主要代码

```
1  <style type="text/css">
2    div{font-weight: normal;font-family:"Segoe UI";}
3    .bold{font-weight: bold;}
4    .bolder{font-weight: bolder;}
5    .bold100{font-weight: 100;}
6    .bold400{font-weight: 400;}
```

```
7      .bold700{font-weight: 700;}
8      .bold900{font-weight: 900;}
9    </style>
10   <body>
11     <div>
12       <p>font-weight:normal</p>
13       <p class="bold">font-weight:bold</p>
14       <p class="bolder">font-weight:bolder</p>
15       <p class="bold100">font-weight:100</p>
16       <p class="bold400">font-weight:400</p>
17       <p class="bold700">font-weight:700</p>
18       <p class="bold900">font-weight:900</p>
19     </div>
20   </body>
```

font-weight:normal

font-weight:bold

font-weight:bolder

font-weight:100

font-weight:400

font-weight:700

font-weight:900

图 3-19　ex3-11 的运行结果

　　<div> 作为父元素，使用 Segoe UI 字体，字体粗细为 normal。父元素的第 1 个子元素 p 继承了其粗细设置。第 2 个段落粗细是相对于父元素加粗，所以该元素就相当于 bold，效果和第 3 个段落设置的 bolder 相同。后面 4 个段落使用了数值表示，数值越大，字体越粗。需要注意的是，设置的值是否有效还与字体家族有关。如果将 <div> 元素上的 font-family 修改为其他字体家族，字体粗细就可能和图中不相同。

　　（4）变体。font-variant 属性用于设置英文字符以小型大写字符的方式显示出来，常用属性值有 normal、small-caps，默认值为 normal。所谓小型大写字母，是指将原文中的小写字母转换为大写字母，但字母的高度依旧和小写字母时相同，即看上去比正常的大写字母小。

　　【例 3-12】介绍设置变体的方法，完整示例位于本书配套的代码文件 ch03\ex3-12.html 中。示例中的页面有两个段落，第 1 个段落的变体设置为标准字体，第 2 个段落设置为小型大写字符。具体代码如下，运行结果如图 3-20 所示。

ex3-12.html 的主要代码

```
1    <style type="text/css">
2      .p1{font-variant:normal;}
3      .p2{font-variant:small-caps;}
4    </style>
5    <body>
6      <p class="p1">Normal</p>
7      <p class="p2">Small Caps</p>
8    </body>
```

Normal

SMALL CAPS

图 3-20　ex3-12 的运行结果

（5）字体样式。font-style 属性用于设置字体的风格样式，常用属性值有 normal（标准）、italic（斜体）、oblique（倾斜）。其中 italic 表示以该字的斜体字显示，oblique 表示字体向右倾斜显示。通常情况下，italic 与 oblique 没有分别，但当该字体不提供斜体属性时，设置 oblique 可以通过计算方式实现倾斜效果。

【例 3-13】设置字体样式，完整示例请查阅本书配套的代码文件 ch03\ex3-13.html。示例中的页面有 3 个段落，p1 元素使用默认值，p2 和 p3 元素分别设置为斜体和倾斜字体。具体代码如下，运行结果如图 3-21 所示。

ex3-13.html 的主要代码

```
1    <style type="text/css">
2      .p2{font-style: italic;}
3      .p3{font-style: oblique;}
4    </style>
5    <body>
6      <p class="p1">Normal</p>
7      <p class="p2">Italic</p>
8      <p class="p3">Oblique</p>
9    </body>
```

Normal

Italic

Oblique

图 3-21　ex3-13 的运行结果

（6）行高属性。line-height 属性用于设置文本的行间距，常用的数值单位有像素 px、百分比、倍数。行高是整个行的高度。值得注意的是，行高不仅包括所在行的上下方间距，还包括文本本身的高度。理论上，只要行高大于字体大小，文本上方或下方的间距就等于行高减去字体大小的一半。

【例 3-14a】设置字体行高，完整示例请查阅本书配套的代码文件 ch03\ex3-14.
html。页面段落字体大小均为 12px。页面中有 6 个段落，前 3 个段落的行高使用数值
表示，后 3 个段落的行高使用像素 px 表示。前 3 个行高依次表示是文本高度的 5 倍、
3 倍和 1 倍，具体代码如下，运行结果如图 3-22 所示。

ex3-14a.html 的部分代码

```
1   <style type="text/css">
2     p{font-size: 12px;background: #eee;}
3     .p1{line-height:5; }        /* 行高 :12px*5=60px*/
4     .p2{line-height:3;}         /* 行高 :12px*3=36px*/
5     .p3{line-height:1;}         /* 行高 :12px*/
6     .p4{line-height:0px; }      /* 行高 :0px*/
7     .p5{line-height:6px;}       /* 行高 :6px, 小于字体大小 */
8     .p6{line-height:36px;}      /* 行高 :36px, 大于字体大小 */
9   </style>
10  <body>
11    <p class="p1">这是一个段落，行高 5 倍。</p>
12    <p class="p2">这是一个段落，行高 3 倍。</p>
13    <p class="p3">这是一个段落，行高 1 倍。</p>
14    <p class="p4">这是一个段落，行高 0px。</p>
15    <p class="p5">这是一个段落，行高 6px。</p>
16    <p class="p6">这是一个段落，行高 36px。</p>
17  </body>
```

这是一个段落，行高5倍。

这是一个段落，行高3倍。

这是一个段落，行高1倍。
这是一个段落，行高0px。
这是一个段落，行高6px。

这是一个段落，行高36px。

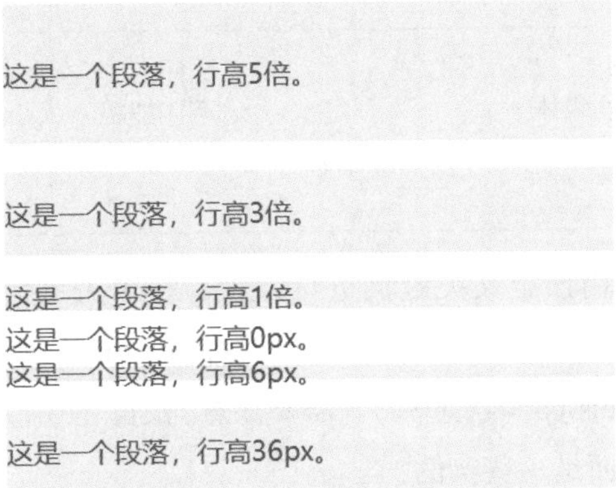

图 3-22　ex3-14a 的运行结果

line-height 属性除了可以用来控制段落行高以外，还可以用于控制一行文本在垂直
方向的位置。若希望文本垂直居中显示，则只需将容器高度与行高保持一致即可。

【例 3-14b】利用行高实现文字垂直居中，完整示例请查阅本书配套的代码文件
ch03\ex3-14.html。示例中的页面有 2 个段落，段落高度设置为 40px，第 2 个段落的行
高也为 40px。通过设置使第 1 个段落置顶显示，而第 2 个段落居中显示，具体代码如
下，运行结果如图 3-23 所示。

ex3-14b.html 的部分代码

```
1  <style type="text/css">
2    .p7{height:40px;background: #eee;}
3    .p8{line-height:40px; }
4  </style>
5  <body>
6    <p class="p7">这是一个普通段落</p>
7    <p class="p8">这是一个居中段落</p>
8  </body>
```

这是一个普通段落

这是一个居中段落

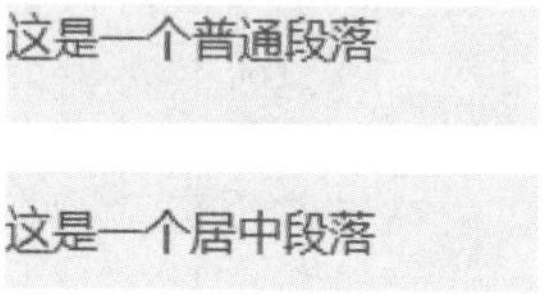

图 3-23　ex3-14b 的运行结果

（7）字体简写属性。除了可单独设置上述文本属性外，还可以利用 font 简写属性将这些字体属性在一条声明中进行设置，相关语法如下：

```
font :[<'font-style'>||<'font-variant'>||<'font-weight'>]?<'font-size'>
[/<'line-height'>]?<'font-family'>
```

属性值需按上述顺序进行设置，其中 font-size 和 font-family 属性值必须设置。其他设置如果没有填写则取默认值。下面是一些实例，将字体、粗细、大小集成在一条声明中，相关代码如下：

```
1  font:20px "宋体", "仿宋"       /* 字体大小 20px，字体为宋体或仿宋
2  font:bold 1em "宋体"          /* 字体加粗，大小 1em，宋体 */
3  font: italic bold 16px/2 serif;  /* 斜体，加粗，大小 16px，行高 2 倍，衬
                                       线字体 */
```

font 属性还可以使用预定义关键词进行设置，每个关键词对应了一种应用场景，包括 caption（标题）、icon（图标）、menu（菜单）、message-box（消息框）、small-caption（小标题）和 status-bar（状态栏）。需要注意的是，使用关键词定义 font 属性时，使用的是系统字体。下面是一些实例：

```
1  font: caption    /* 设置为适合标题显示的字体
2  font: menu       /* 设置为适合菜单显示的字体
```

2. 设置文本样式

文本样式主要用于对文字和段落样式进行设置。

（1）文本颜色。color 属性用于设置文字的颜色。CSS 支持多种颜色模型，常用的表示方式有十六进制、RGB、HSL 以及预定义的颜色关键词。除了文本颜色外，其他

需要设置颜色的 CSS 属性都可以使用这些颜色模型表示。color 的属性值可以使用表 3-8 所示的方式表示。

表 3-8　color 的属性值及说明

颜色模型	样　例
十六进制颜色	color: #ff0000; 红色
带透明度的十六进制颜色	color: #ff000080; 带透明度的红
RGB 颜色	color: rgb(255, 0, 0); 红色
RGBA 颜色	color: rgba(255, 0, 0, 0.3); 带透明度的红
HSL 颜色	color: hsl(120, 100%, 50%); 绿色
HSLA 颜色	color: hsla(120, 100%, 50%, 0.3); 带透明度的绿色
预定义 / 跨浏览器颜色关键词	color: blue;color:green 等

（2）文本修饰。text-decoration 属性用于设置文本的装饰线效果。装饰线效果包括线的形式、线的样式和线的颜色。text-decoration 是一个简写属性，可以通过 text-decoration-line、text-decoration-style 和 text-decoration-color 单独设置不同属性。文本的装饰线可以采用上画线（overline）、下画线（underline）和删除线（line-through），但是默认没有装饰线（none）。线条的样式包括实线（solid）、波浪线（wavy）、虚线（dashed）、点画线（dotted），默认为实线。线的颜色默认和字体颜色相同。

【例 3-15】设置文本修饰，完整示例请查阅本书配套的代码文件 ch03\ex3-15.html。页面的 6 个段落分别设置为删除线、上画线、下画线、下画波浪线、下画虚线和下画点画线，其中 p1 和 p4 还设置了线的颜色。具体代码如下，运行结果如图 3-24 所示。

ex3-15.html 的部分代码

```
1   <style type="text/css">
2     .p1{text-decoration:line-through red;}
3     .p2{text-decoration:overline;}
4     .p3{text-decoration:underline;}
5     .p4{text-decoration:underline wavy red;}
6     .p5{text-decoration:underline dashed;}
7     .p6{text-decoration:underline dotted;}
8   </style>
9   <body>
10    <p class="p1">line-through red</p>
11    <p class="p2">overline</p>
12    <p class="p3">underline</p>
13    <p class="p4">underline wavy blue</p>
14    <p class="p5">underline dashed</p>
15    <p class="p6">underline dotted</p>
16  </body>
```

line-through red

overline

underline

underline wavy blue

underline dasbed

underline dotted

图 3-24　ex3-15 的运行结果

　　text-decoration 属性可以为文本添加、修改装饰线效果，也可以通过将属性设置 none 在已有装饰线的文本中去除装饰线。例如可以将超链接的默认下画线去除，相关代码如下：

```
1   a{ text-decoration:none; }
```

　　（3）文本间距。CSS 中有两个属性用于设置文本的间距，分别是 word-spacing 和 letter-spacing。当文本是西文字符时，word-spacing 表示字（单词）的间距，而 letter-spacing 表示字母的间距；当文本是中文时，字与字之间的间距由 letter-spacing 属性进行设置，word-spacing 属性不起效果。

　　【例 3-16】设置文本间距，完整示例请查阅本书配套的代码文件 ch03\ex3-16.html。示例中的 p1 和 p2 元素分别设置了字间距为 10px、字母间距为 10px，中英文的效果有所区别。具体代码如下，运行结果如图 3-25 所示。

ex3-16.html 的部分代码

```
1    <style type="text/css">
2      .p1{word-spacing: 10px;}
3      .p2{letter-spacing: 10px;}
4    </style>
5    <body>
6      <p class="p1">word spacing</p>
7      <p class="p2">letter spacing</p>
8      <p class="p1">字间距 </p>
9      <p class="p2">字符间距 </p>
10   </body>
```

word spacing

l e t t e r   s p a c i n g

字间距

字 符 间 距

图 3-25　ex3-16 的运行结果

（4）文本对齐。text-align 属性用于设置页面中的元素在水平方向的对齐方式，包括左对齐（left）、右对齐（right）、居中对齐（center）以及分散对齐（justify）。

【例 3-17】设置文本对齐，完整示例请查阅本书配套的代码文件 ch03\ex3-17.html。示例页面中的 3 个段落分别设置为左对齐、右对齐和居中对齐。具体代码如下，运行结果如图 3-26 所示。

ex3-17.html 的部分代码

```
1   <style type="text/css">
2     p{width:200px;background: #eee;}
3     .p1{text-align: left;}
4     .p2{text-align: right;}
5     .p3{text-align: center;}
6   </style>
7   <body>
8     <p class="p1">左对齐 </p>
9     <p class="p2">右对齐 </p>
10    <p class="p3">居中对齐 </p>
11  </body>
```

left

right

center

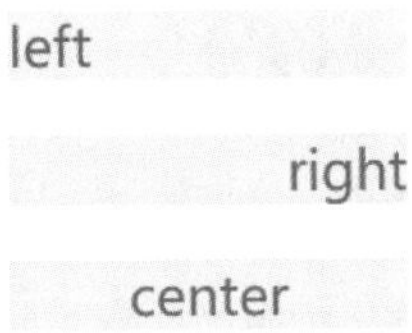

图 3-26　ex3-17 的运行结果

（5）文本缩进。text-indent 属性用于实现文本的首行缩进功能，缩进的距离可以使用长度（px、em 等）以及百分比（%）作为单位。

【例 3-18】设置文本缩进，完整示例请查阅本书配套的代码文件 ch03\ex3-18.html。示例页面中的段落设置为缩进 2em，相当于缩进 2 字符。具体代码如下，运行效果如图 3-27 所示。

ex3-18.html 的部分代码

```
1   <style type="text/css">
2     p{
3       width:200px;background: #eee;
4       text-indent:2em;              /* 首行缩进 2 字符 */
5     }
6   </style>
7   <body>
8     <p> 文本缩进属性用于实现段落文本的首行缩进功能。根据这个属性的特点，我们也常
9   使用该属性来控制一行文本的位置。</p>
10  </body>
```

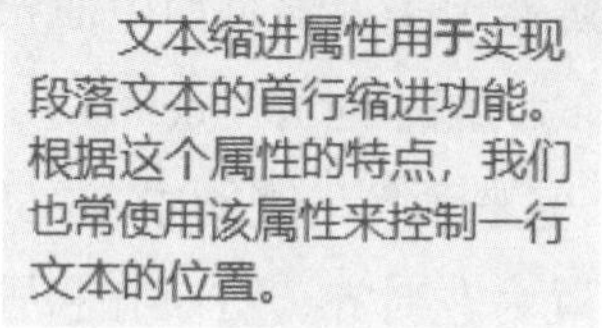

文本缩进属性用于实现
段落文本的首行缩进功能。
根据这个属性的特点，我们
也常使用该属性来控制一行
文本的位置。

图 3-27　ex3-18 的运行结果

（6）大小写转换。text-transform 属性用于转换英文字母的大小写，该属性支持将英文字符转换为大写（uppercase）、小写（lowercase）或首字母大写（capitalize）。

【例 3-19】实现英文字母的大小写转换，完整示例请查阅本书配套的代码文件 ch03\ex3-19.html。具体代码如下，运行结果如图 3-28 所示。

ex3-19.html 的部分代码

```
1   <style type="text/css">
2     p1{text-transform: uppercase;}
3     .p2{text-transform: lowercase;}
4     .p3{text-transform: capitalize;}
5   </style>
6   <body>
7     <p class="p1">UpperCase</p>
8     <p class="p2">LowerCase</p>
9     <p class="p3">capitalize</p>
10  </body>
```

UPPERCASE

lowercase

Capitalize

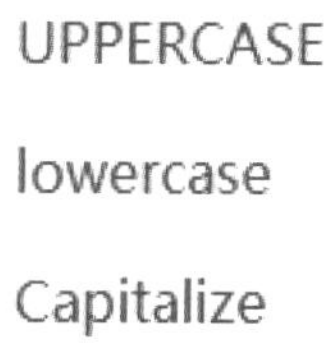

图 3-28　ex3-19 的运行结果

任务 3-5　个人博客页面分析

导语

通过学习任务 3-1~3-4，了解和掌握了 HTML 区块元素、CSS 规则结构及其应用，同时还掌握了如何利用 CSS 规则重写文本样式。基于上述知识的学习，从本任务开始，将学习如何设计实现个人博客页面。本任务将从整体上对博客页面进行分析并完成基本的架构。

页面分析

个人博客页面用于显示发布的博文内容，页面大致分为三个部分：①页首、②博客内容和③页脚。页首由页面标题和导航菜单构成；博客内容区较为复杂，分为左右两栏，左侧显示图文画廊和博文正文，右侧显示博主简介、相册和热门博文三个模块。页面结构如图 3-29 所示。

图 3-29　个人博客页面的布局

页面架构

1. 准备工作

打开 Visual Studio Code，创建个人博客项目 PROJECT03。在项目文件夹内创建个人博客页面文件 index.html，用于存放图像的资源文件夹 images 以及控制页面样式的 css 文件夹；将网页所需图像文件复制到 images 文件夹中，同时在 css 文件夹中创建样式文件 style.css。至此便完成了个人博客的项目工程的创建工作。

2. 页面架构

（1）页面布局。分析图 3-29 所示的页面框架可知，从整体上来看，个人博客主页是一列式布局页面，主要由网站标题、导航栏、博文内容、页脚四个线性区域组成。其中，网站标题、导航栏、页脚结构可安排在不同的区块标签中；博客内容区域较为复杂，为简化设计，拟采用浮动布局。使用 Visual Studio Code 打开 index.html 文件进行页面布局，具体代码如下：

```
1   <!DOCTYPE html>
2   <html>
3   <head>
4     <meta http-equiv="X-UA-Compatible" content="IE=edge">
5     <title>我的博客</title>
6     <link rel="stylesheet" type="text/css" href="css/style.css" />
7   </head>
8   <body>
9     <div id="container">
10      <!-- 网站标题 -->
11      <header></header>
12      <!-- 博文内容 -->
13      <main></main>
14      <!-- 页脚 -->
15      <footer></footer>
16    </div>
17  </body>
18  </html>
```

（2）页面基本样式。一般对常用元素例如标题、段落、超链接等进行统一设置。若部分元素需要设置特殊的样式，可以通过样式的层叠，设计额外的规则来实现。使用 Visual Studio Code 打开 style.css 文件，定义个人博客的基础样式，具体代码如下：

```
1   /* 设置全局字体 */
2   body {
3     font-family: "微软雅黑", "黑体", sans-serif;
4     font-size: 14px;
5     margin: 0;
6     padding: 0;
7   }
8   /* 覆盖超链接默认样式 */
9   a {
10    text-decoration: none;
11    color: #000;
12  }
13  a:hover { color: red; }
14  /* 设置作为容器的区块宽度和外边距 */
```

```
15    #container {
16      width: 1020px;
17      margin: 0 auto;
18    }
```

　　body 规则设置了全局字体属性，因为页面其他元素会继承此处的属性，因此还去除了浏览器可能设置的默认内边距和外边距；a 规则用于覆盖 <a> 元素默认的浏览器样式，即取消了下画线，并设置超链接文字为黑色。整个页面的其他布局元素都包含在 ID 为 container 的容器中，利用 #container 规则设置页面主体部分的宽度并实现居中显示。

　　由于页面较为复杂，涉及页面的定位布局，用到了内边距、外边距、定位方法等概念，这里仅作简单解释，详细内容将在项目 4 中展开介绍。

任务 3-6　个人博客页面页首、页脚模块的实现

页面分析

　　个人博客的页首模块由网页标题和导航菜单栏组成。网页标题通过 logo 图片实现，导航栏中的每类菜单项均通过超链接实现，效果如图 3-30 所示。

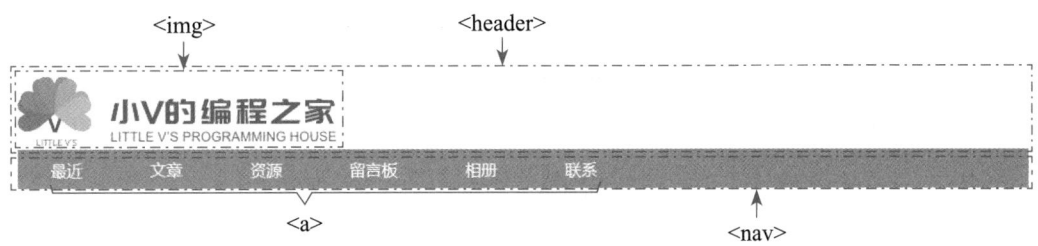

图 3-30　页首模块分析

　　页脚模块内容较为简单，主要是描述网站版权信息的文本，因此在 <footer> 中插入相关文本即可。

页面实现

1. 页面布局

　　使用 Visual Studio Code 打开 index.html 文件，在 <header>、<nav>、<footer> 标签内编写相关 HTML 代码，具体内容如下：

```
1   <header>
2     <img src="images/logo1.png" alt="logo" />
3     <nav>
4       <a href="#">最近</a>
5       <a href="#">文章</a>
6       <a href="#">资源</a>
7       <a href="#">留言板</a>
8       <a href="#">相册</a>
9       <a href="#">联系</a>
10    </nav>
11  </header>
12  <footer>版权所有 © 2019-2025 Little V's Blog</footer>
```

2. 页面样式

使用 Visual Studio Code 打开 style.css 文件，定义页面的导航模块相关样式，样式代码如下：

```
1   /* 导航栏 */
2   nav {
3     height: 2.5rem;
4     margin-bottom: 12px;
5     background-color: #2a99d1;
6   }
7   /* 导航超链接 */
8   nav a {
9     color: white ;
10    font-size: 16px;
11    line-height: 2.5;
12    text-align: center;         /* 文字居中 */
13    padding: 0 2rem;            /* 添加左右内边距 */
14  }
15  /* 页脚 */
16  footer {
17    clear: both;                /* 清除浮动 **/
18    color: #555666;
19    text-align: center;
20    line-height: 20px;
21    background-color: #f0f5f8;
22  }
```

页首中的超链接比较特殊，需要设置额外的样式。由于 <a> 默认采用行内元素进行显示，无法直接设置高度和宽度，所以需要通过设置 line-height 行高的方式来"撑起"链接，通过设置 padding 内边距来调节宽度。此外，由于 <body> 中设置了默认的文字颜色，因此这里重新设置了不同的颜色以覆盖 <body> 中的设置。

页脚模块主要由一行文本组成，主要设置页脚区域的背景色以及文字样式。这里设置了一条清除浮动的规则，因为在博客内容模块中存在一个浮动规则，会影响页脚的定位方式，所以这里通过 clear 属性清除浮动带来的影响。

任务 3-7　个人博客页面博客内容模块的实现

页面分析 ✎

1. 博客内容模块的整体结构

博客内容模块由左右两栏组成，左侧栏目内展示横幅图片、博文正文和交互按钮，右侧栏目展示博主简介、相册和热门博文子模块。博客内容模块的布局如图 3-31 所示。

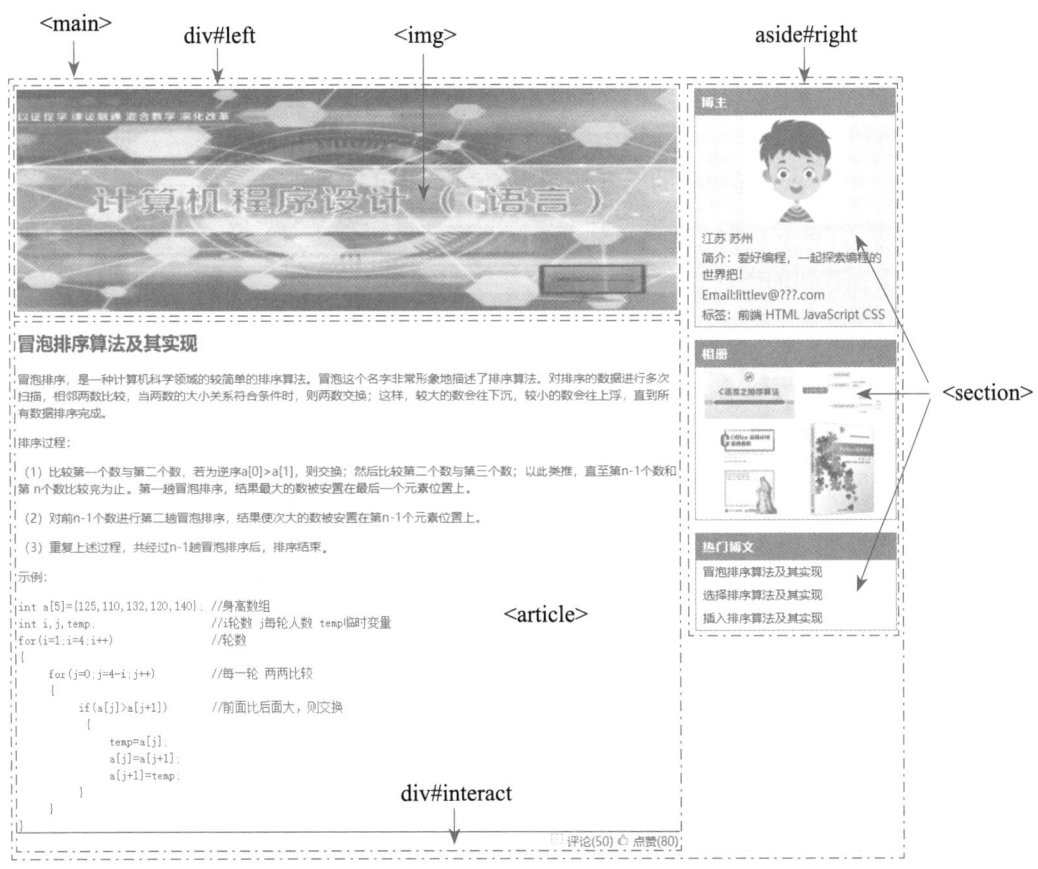

图 3-31　博客内容模块的布局

具体的设计说明如下。

（1）构建一个 <main> 区块元素，博客内容模块的所有内容都置于内。该元素的宽度和父元素（#container）大小相同，即 100%。

（2）构建 id 为 left 的 <div> 区块元素，用于布置左侧栏目。该元素宽度等于父元素 <main> 的 75%。采用向左浮动的定位方式，使 <aside> 元素能够位于该元素右侧。

（3）构建 id 为 right 的 <aside> 区块元素，用于布置右侧栏目。该元素宽度等于父元素 <main> 的 23%，并设置左侧边距等于父元素宽度的 2%，使 left 元素和 right 元素中间具有一定空隙。

2. 横幅图片

一般的横幅可以循环自动播放图片，这涉及更为复杂的 HTML 和 CSS 技巧。为了简化，此处不提供动画功能，只包含一张图片。在 left 元素中，插入 <img> 元素放置该图片，图像的宽度与 left 元素的宽度相同，即 100%，高度为 250px。

3. 博文正文

博文正文部分均放置在 <article> 区块元素中。博文结构类似于 Word 文档，所以其结构可以参考 Word 文档的概念。例如，博文的标题放在 <h2> 标签中，表示一个二级标题；正文的文字放置在不同的 <p> 标签中，表示不同的段落；代码放在 <code> 标签中，代码将使用等宽字体显示。

4. 交互按钮

页面提供了 2 个不同功能的交互按钮，交互按钮包括图标和文字两部分。在页面中构建一个 id 为 interact 的 <div> 区块元素，元素通过向右浮动定位。<img> 和 <a> 元素用于表示交互按钮的图片和文本。

5. 右侧栏目

右侧栏目由 3 个子模块构成，每个子模块的外观具有相同点，内部结构又互不相同。在设计时，可以先设计通用的界面，再分别处理不同的部分。

（1）通用界面。每个子模块都由外框和标题构成，结构如图 3-32 所示。

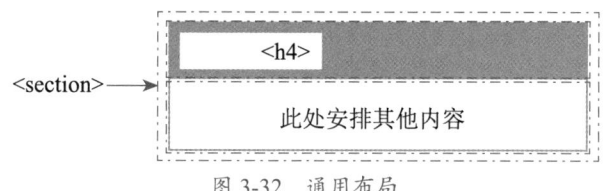

图 3-32　通用布局

通用界面的设计说明如下：

①构建一个 <section> 区块元素，整个子模块内容都置于其内部。<section> 元素具有蓝色边框，并且底部需要设置一个外边距，这样不同的子模块间就有一定间隙；

② <section> 元素内的第一个元素为 <h4> 标题元素，该元素设置成同边框相同颜色的背景色；

③每个子模块中的其他内容安排在 <h4> 元素后方。

（2）博主简介。博主简介区域用于显示博主头像以及个人信息，结构如图 3-33 所示。

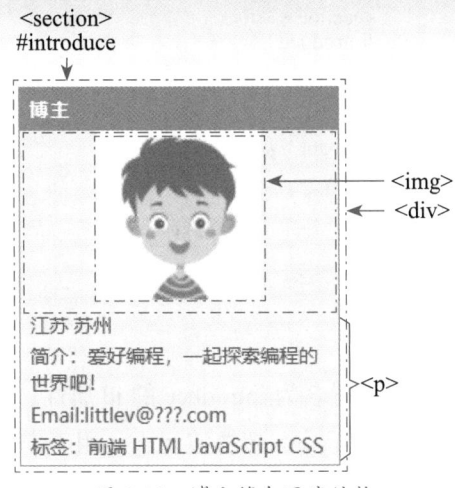

图 3-33 博主简介区域结构

博主简介的设计说明如下：

①为博主简介的 <section> 设置名为 introduce 的 id 属性，添加淡蓝色背景；

②在 <section> 元素中构建 1 个 <div> 元素，文字对齐方式设置为居中。在其内部放置 <img> 元素，用于设置博主头像，图片的高宽均为 120px；

③在 <section> 元素中构建若干 <p> 元素，用于放置博主介绍文本。

（3）相册。相册子模块内部显示若干张图片，结构如图 3-34 所示。

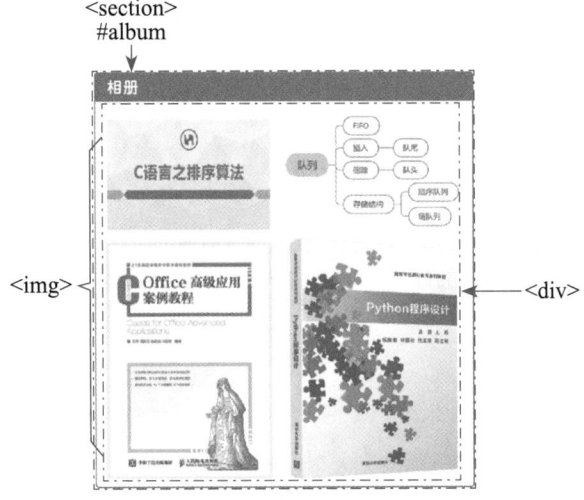

图 3-34 相册区域结构

相册的设计说明如下：

①相册的 <section> 设置名为 album 的 id 属性；

②在 <section> 元素中构建 1 个 <div> 元素，文字对齐方式设置为居中；

③在 <div> 内部放置若干 <img> 元素，用于设置相册图片。

（4）热门博文。热门博文子模块内部显示若干超链接，结构如图 3-35 所示。

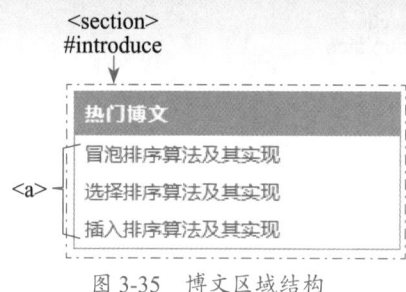

图 3-35　博文区域结构

热门博文的设计说明如下：

①为热门博文的 <section> 设置名为 introduce 的 id 属性；

②在 <section> 元素中构建若干 <a> 超链接元素，用于安排热门博文链接。<a> 元素的显示方式修改为行内块形式，使每个超链接独占一行；同时为超链接设置外边距，使超链接与边框、超链接之间留有一定的间隙。

页面实现

1. 页面布局

使用 Visual Studio Code 打开 index.html 文件，在 <main> 标签内添加左侧栏目和右侧栏目的相关页面代码，具体代码如下所示：

```
1   <main>
2     <section id="left">
3       <img src="images/hl.jpg" alt="hl" width="100%" height="250">
4       <article>
5         <h2>冒泡排序算法及其实现 </h2>
6         <p>
7             冒泡排序，是一种计算机科学领域的较简单的排序算法。冒泡这个名字非常形象
8   地描述了排序算法。对排序的数据进行多次扫描，相邻两数比较，当两数的大小关系符合条
9   件时，则两数交换；这样，较大的数会往下沉，较小的数会往上浮，直到所有数据排序完成。
10        </p>
11  <!-此处省略若干段落 -->
12  <code><!-此处省略代码文本 --></code>
13      </article>
14      <div id="interact">
15        <img src="images/remark.png" alt="" /><a href="#"> 评论 (50) </a>
16        <img src="images/good.png" alt="" /><a href="#"> 点赞 (80) </a>
17      </div>
18    </section>
19    <aside id="right">
20      <section id="introduce">
21        <h4>博主 </h4>
22        <div><img src="images/photo.jpg" alt="photo" width="100%"
23  /></div>
```

```
24        <p> 江苏 苏州 </p>
25        <p> 简介：爱好编程，一起探索编程的世界吧！</p>
26        <p>Email:littlev@???.com</p>
27        <p> 标签：前端 HTML JavaScript CSS</p>
28      </section>
29      <section id="album">
30        <h4> 相册 </h4>
31        <div>
32          <img src="images/pic1.png" alt="" width="45%" />
33          <img src="images/pic2.png" alt="" width="45%" />
34          <img src="images/pic3.jpg" alt="" width="45%" />
35          <img src="images/pic4.jpg" alt="" width="45%" />
36        </div>
37      </section>
38      <section id="blog">
39        <h4> 热门博文 </h4>
40        <a href="#"> 冒泡排序算法及其实现 </a>
41        <a href="#"> 选择排序算法及其实现 </a>
42        <a href="#"> 插入排序算法及其实现 </a>
43      </section>
44    </aside>
45  </main>
```

2. 页面样式

使用 Visual Studio Code 打开 style.css 文件，定义页面的博客内容相关样式，样式代码如下所示：

```css
1  /* 博文内容 */
2  main {
3    width: 100%;                        /* 使宽度等于容器大小 */
4  }
5  /* 左侧 */
6  #left {
7    width: 75%;
8    float: left;                        /* 向左浮动，让左右两个块在一行显示 */
9  }
10 /* 交互 */
11 #interact{
12   float: right;                       /* 设置向右浮动 */
13 }
14 #right {
15   width: 23%;
16   float: left;
17   margin-left: 2%;                    /* 设置左侧外边距 */
18 }
19 /* 设置右侧每个子模块的通用属性 */
```

```
20  #right section{
21    border: 1px solid #2a99d1;        /* 设置边框 */
22    margin-bottom: 1em;               /* 设置每个块的底部外边距 */
23  }
24  #right section h4 {
25    font-weight: bold;
26    letter-spacing: 0.1em;
27    color: #fff;
28    line-height: 30px;
29    background-color: #2a99d1;
30    margin:0;
31    padding: 0 0.5em;
32  }
33  /* 设置右侧每个子模块的独立属性 */
34  #introduce div ,#album>div {
35    text-align: center;               /* 让内部图片居中 */
36  }
37  #introduce p ,#blog a{
38    margin: 0.25em 0.5em;             /* 调整外边距 */
39  }
40  #introduce {
41    background-color: #ebf4f9;
42  }
43  #introduce img {
44    width: 120px;
45    height: 120px;
46  }
47  #blog a{
48    display: inline-block;            /* 以行内块方式显示，使不同的超链接独占
                                           一行显示 */
49  }
```

项目小结 ✐

　　项目 3 重点介绍了 HTML 区块标签和 CSS 样式规则两个重要概念。通过实例，演示了 HTML 分区分块和 CSS 属性的设置方法：① HTML 基本区块和 HTML5 区块；② CSS 简单选择器；③伪元素选择器；④继承和层叠；⑤优先级；⑥字体相关属性；⑦文本样式相关属性。最后，通过一个综合实例，演示了在实际开发中如何运用项目 3 介绍的相关知识搭建博客网站。

企业网站设计篇

企 业 网 站 首 页

任务描述与技能要求

现代企业为展示和宣传自身及其产品或服务，通常会选择建立企业官方网站。一般的企业网站主要包含企业首页、企业介绍、企业产品、企业新闻、联系方式等界面。其中企业首页是企业网站的入口，是网站最重要的页面。本项目将介绍如何制作一个企业网站的首页。

企业网站的首页具有一定的共性，通常包含网站的导航、各种有效信息（广告、新闻、产品简介、企业简介等）、网站的版权信息等。本项目虚构了一家企业，根据企业网站的这些共性，设计出了如图 4-1 所示的企业网站首页界面。

简单分析图 4-1 可知，与前几个项目相比，其网页的布局更为复杂，文字、图片的排版更加丰富，这也意味着需要运用到更多的 HTML 和 CSS 特性。在开始着手制作企业网站首页前，首先将先通过若干小任务学习掌握包括盒子模型、显示类型设置、定位设置、背景设置和 CSS3 效果设置在内的相关知识，然后再来完成本项目。

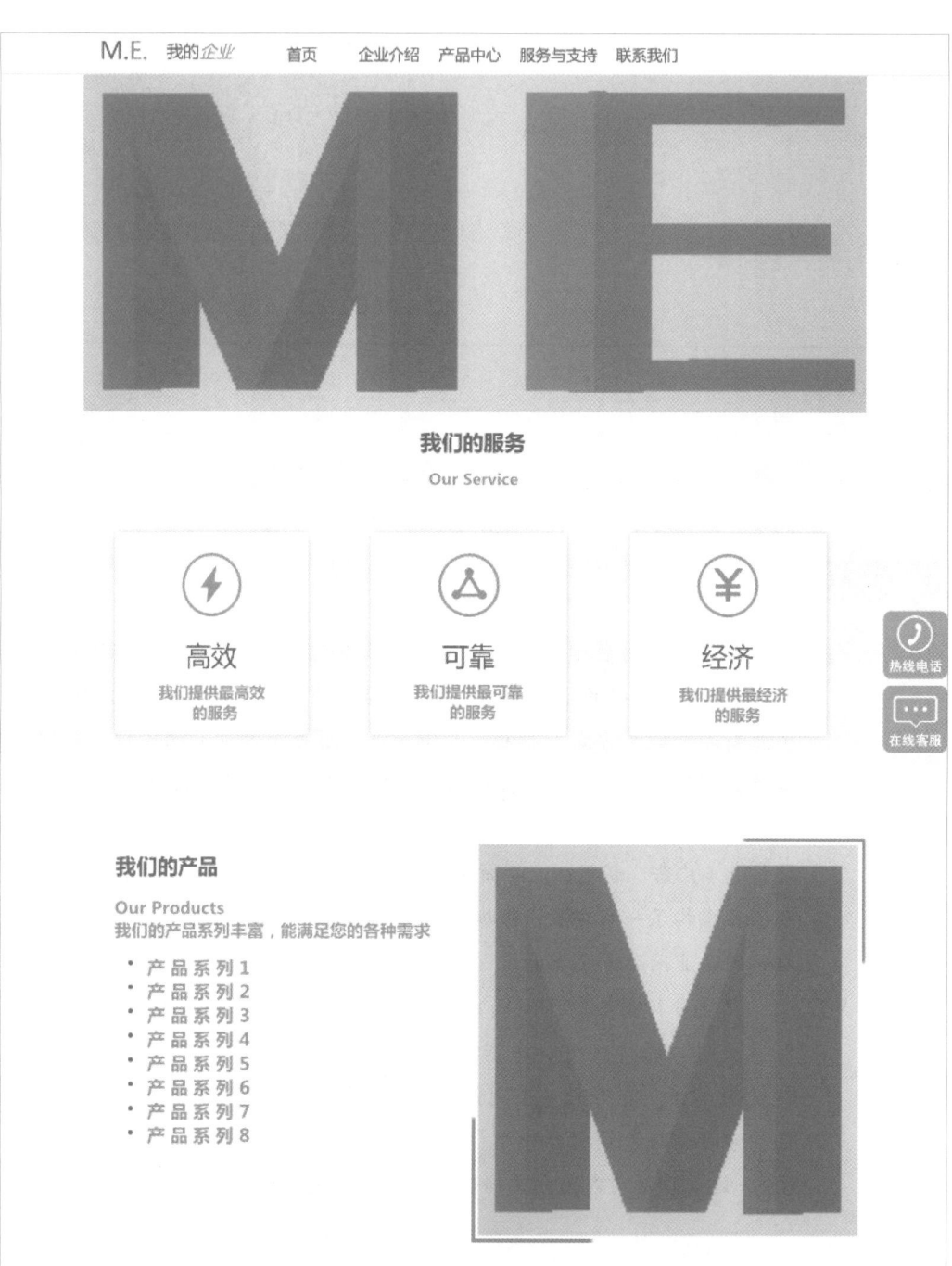

图 4-1　企业网站首页

任务 4-1 盒子模型

知识目标：

- 了解并熟悉盒子模型
- 了解并熟悉内边距、边框、外边距等概念

导语

盒子模型是 CSS 的核心概念，利用盒子模型能够让页面布局变得无比灵活。我们可能听说过 DIV+CSS 布局，这种方式比表格布局更灵活，能够实现更复杂的网页结构。本任务将向读者介绍盒子模型的概念，并学习如何给"盒子"添加边框和背景属性。

知识点

1. 盒子模型

盒子模型是 CSS 定义的一种布局模型概念，用于描述生成文档树（DOM Tree）元素的矩形盒子的属性。在盒子模型中，HTML 中的元素被当作盒子进行处理。

首先，先来了解盒子模型的构造，如图 4-2 所示。

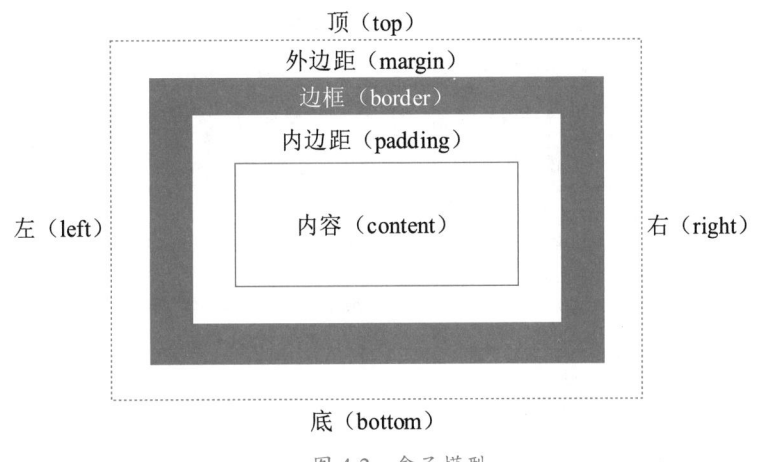

图 4-2 盒子模型

在盒子模型的概念中，每一个盒子由以下几部分构成：内容区域（例如文本、图像等）和环绕在内容四周的特殊区域。这些特殊区域包括内边距、边框和外边距，但

这些区域并不是必需的。

（1）内容（content）。盒子的内容区域具有高度、宽度和背景等属性。内容区域的高宽属性决定了其四周边界。内容区域还具有背景属性，可以为内容区域填充颜色、图片等样式。

（2）内边距（padding）。内边距也称为填充，用于将内容区域包围起来。对于其他邻近盒子来说，内容和内边距看上去是一体的。内边距区域分为顶、底、左、右4个部分，可以分别设置不同的边距宽度。如果内边距宽度为0，则内边距边界和内容的边界完全重合。

（3）边框（border）。边框位于内容区域和内边距区域外。边框拥有宽度（或者称为厚度）和样式属性，就像现实世界中的盒子一样。例如有的盒子比较厚，有的盒子涂满了色彩，还有的盒子中间有镂空。边框区域也分为顶、底、左、右4个部分，可以分别具有不同的宽度和样式。如果边框宽度为0，则边框边界和内边距的外边界完全重合。

（4）外边距（margin）。外边距表示当前的盒子与其他盒子之间的距离。外边距不是盒子的一部分，所以盒子的大小和外边距无关。外边距也分为顶、底、左、右4个部分，可以分别设置不同的宽度。如果外边界宽度为0，则外边界和边框的外边界完全重合。

盒子模型与现实中的盒子有着诸多相似的特性。为了进一步理解盒子模型的概念，下面用一个实例与盒子模型进行比较。图4-3所示的是4个游戏机盒子堆放时的俯视图。将图4-2和图4-3进行对比，可见游戏机盒子间的距离和盒子模型的外边距概念相似，游戏机盒子本身和盒子模型的边框概念相似，泡沫填充物厚度和盒子模型的内边距概念相似，游戏机大小（长和宽）和内容区域的对应概念也相似。

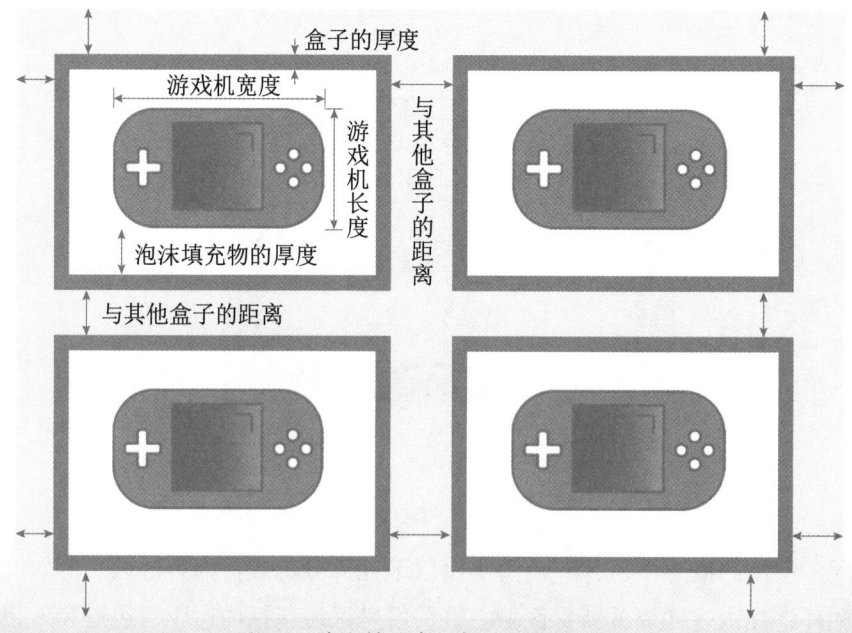

图4-3　多个排放在一起的游戏机盒子

充分理解盒子模型的概念并掌握相关 CSS 的样式，就能够布局和构建出更加灵活、复杂和美观的网页。在构建复杂页面之前，需要继续深入学习外边距、边框、内边距、背景、大小等 CSS 样式，并进行实践。

任务 4-2　盒子模型进阶

知识目标：

- 了解并掌握内容尺寸的设置方法
- 了解并掌握内边距的基本概念和设置方法
- 了解并掌握边框的基本概念和设置方法
- 了解并掌握外边距的基本概念和设置方法

导语

任务 4-1 已经介绍了盒子模型的基本概念。在此基础上，本任务将对盒子模型相关的 CSS 属性展开详细介绍。

知识点

【例 4-1】设置盒子模型相关的 CSS 属性，完整代码位于本书配套的代码文件 ch04\ex4-1.html 中。具体代码如下：

ex4-1.html

```
1   <!DOCTYPE html>
2   <head>
3       <meta charset="utf-8">
4       <meta http-equiv="X-UA-Compatible" content="IE=edge">
5       <title> 盒子模型 </title>
6       <style type="text/css">
7           #box{
8               width: 200px;              /* 内容宽度 */
9               height: 100px;             /* 内容高度 */
10              margin: 50px;              /* 外边距 */
11              border: 10px solid black;  /* 边框宽度、样式和颜色 */
12              padding: 10px;             /* 内边距 */
13              background: #e9e9e9;       /* 背景 */
14          }
15          body{
16              border: 1px solid black;
17          }
18      </style>
```

```
19  </head>
20  <body>
21      <div> 盒子模型 </div>
22      <div id="box"> 内容区域宽度 200px, 高度 100px, 内边距 10px, 黑色边框实线
23  10px, 外边距 50px, 灰色背景，盒子占用空间 240px*140px,</div>
24  </body>
```

在上述代码中，<body> 元素中包含了两个 <div> 元素，<div id="box"> 元素设置了与盒子模型相关的 CSS 样式，包括内容区域的宽（width）、高（height），盒子的外边距（margin）、边框（border）、内边距（padding）以及背景（background）。图 4-4 是 ex4-1 代码的运行结果。图 4-5 标注了 box 元素各个区域的实际尺寸。

图 4-4　ex4-1 盒子模型运行结果

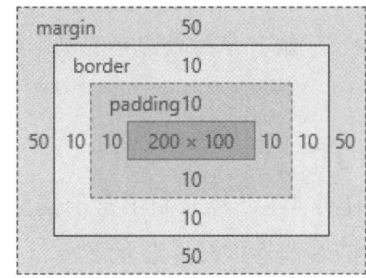

图 4-5　box 元素的各区域尺寸

通过例 4-1 初步建立起盒子模型概念和相关 CSS 样式之间的对应关系。下面将具体介绍这些 CSS 样式，并尝试使用这些样式。

小技巧：使用浏览器自带的开发者工具可以查看到类似图 4-2 的实际尺寸标注图。大部分浏览器按 F12 键可以打开开发者工具，然后利用其提供的元素选择工具选择需要查看的元素对象，就可以查看该元素的 CSS 样式和最终的计算尺寸。注意，虽然工具显示的计算尺寸（实际尺寸）可能和设置的 CSS 样式设置值不一致，但这恰恰为开发和调试页面样式提供了极大的便利。

1. 设置内容区域的高和宽

内容区域的大小可以通过指定对应属性实现。元素如果没有设置高或宽属性，则内容区域的高和宽采用默认值 auto，即实际尺寸由其内部所有子元素的尺寸决定。

高和宽属性语法如下：

```
height
width   :<length> | <percentage> | auto
```

高和宽的属性值及说明如表 4-1 所示。

表 4-1 高和宽的属性值及说明

属 性 值	说　　明
<length>	使用长度单位设置对象的高度或宽度，不能为负值
<percentage>	使用百分比时，高度或宽度等于父元素的尺寸乘以百分比
auto	默认值，根据内部元素的尺寸自动计算。

注意：height 和 width 属性默认用于设置内容区域的高和宽，但是当 box-sizing 属性被设置为 border-box 时，这两个属性设置的是边框区域的高和宽。

2. 设置内边距

内边距正如填充用的泡沫一样，将盒子内部的内容区域包裹起来，所以内边距又被称为填充边距。通过调整内边距，可以修改内容区域在盒子内部的定位。内边距包含顶部、右侧、底部、左侧 4 个方位的内边距。

4 个方位的独立属性语法如下：

```
padding-top
padding-right
padding-bottom    : <padding-width>
padding-left
```

内边距的属性值及说明如表 4-2 所示。

表 4-2 内边距的属性值及说明

属 性 值		说　　明
<padding-width>	设置内边距的宽度	
	<length>	使用长度设置对象的内边距宽度，允许为负值
	<percentage>	使用百分比时，内边距宽度等于父元素的 width 乘以百分比，与父元素 height 无关

除了使用独立设置方式外，CSS 中还可以使用 padding 简写属性，一次设置一个或同时多个方位的内边距。padding 属性的语法格式为：

```
padding :<padding-width>{1,4}
```

padding 属性允许设置 1~4 个内边距值。设置不同个数的内边距值时，每个值表示的内边距方位含义不同，具体说明如下：

顶部内边距　　　右内边距　　　底部内边距　　　左内边距

顶部内边距　　　左右内边距　　　底部内边距

顶底部内边距　　　左右内边距

四侧内边距

上述格式中，每个参数需设置一个与表 4-2 要求一样的属性值。

【例 4-2】设置内边距，示例代码参见本书配套的代码文件 ch04\ex4-2.html。具体代码如下，运行结果如图 4-6 所示。

ex4-2.html

```
1   <!DOCTYPE html>
2   <head>
3       <meta charset="utf-8">
4       <meta http-equiv="X-UA-Compatible" content="IE=edge">
5       <title> 设置内边距 </title>
6       <style type="text/css">
7           #box1{
8               width: 500px;
9               padding: 50px;                  /* 四边相同内边距 */
10          }
11          #box2{
12              width: 300px;             /* 指定宽度 */
13              padding: 50px 20px;       /* 顶底、左右内边距 */
14              background-color:#b1b1b1;
15          }
16          #box3{
17              padding-left: 20%;        /* 左内边距 */
18              background-color:#b1b1b1;
19          }
20          .border{
21              /* 为方便观察，添加一个边框，边框的使用将在后面展开介绍。 */
22              border: 1px solid black;
23          }
24      </style>
25  </head>
26  <body>
27      <p> 设置内边距 </p>
28      <p>box1 padding: 50px; </p>
29      <div id="box1" class="border">
30          <div id="box2" class="border">box2 padding: 50px 20px;</div>
31          <br/>
32          <div id="box3" class="border">box3 padding-left: 20%;</div>
33      </div>
34  </body>
```

观察图 4-6 可知，box1 元素设置了四边相同的内边距，所以其内部元素在布局时，贴近 box1 边缘的方位均空出了 50px。box2 元素的右侧看上去似乎不符合 box1 的内边距设置，这是因为 box2 的宽度本身就小于 box1，所以留白区域较大。box2 元素设置了顶部和底部内边距为 50px，左右内边距为 20px。同样，由于 box2 元素内部的内容部分宽度没有达到 box2 的宽度，所以 box2 内部右侧看上去留白较多。box3 元素设置了左内边距为 20%，即父元素 box1 宽度的 20%，为 100px。box3 元素内部右侧的留白同样很大，注意，这个留白不是内边距造成的，而是因为 box3 没有设置宽度，所以 box3 的宽度默认为父元素 box1 宽度的 100%。

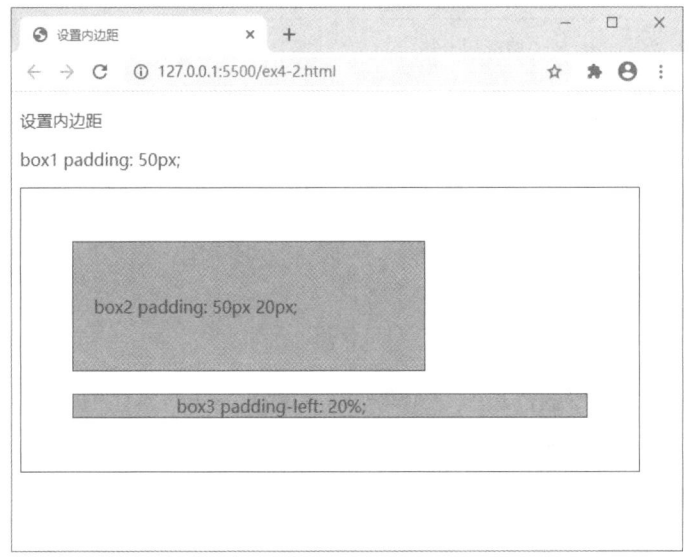

图 4-6 ex4-2 的运行结果

3. 设置边框

边框正如现实中的盒子一样，有颜色，有厚度，有外观。在 CSS 中，边框属性包括颜色（border-color）、宽度（border-width）和边框样式（border-style）3 类。在 CSS3 中还增加了边框图像（border-image）、圆角（border-radius）等新特性。同内边距类似，边框属性是一个复合设置，完整的边框由顶部、右侧、底部、左侧 4 个方位的边框构成。可以单独设置一个或同时设置多个方位的边框，也可以同时设置所有方位的边框。

（1）边框宽度。首先介绍边框的宽度设置，4 个方位的独立属性语法如下：

```
border-top-width
border-right-width
border-bottom-width        :<line-width>
border-left-width
```

边框宽度的属性值及说明如表 4-3 所示。

表 4-3 边框宽度的属性值及说明

属 性 值		说　　明
<line-width>	设置边框宽度	<length> 用长度值设置对象的边框宽度
		thin 细边框
		medium 中等宽度边框
		thick 粗边框

除了使用独立设置方式外，CSS 中还可以使用 border-width 简写属性，一次性设置一个或多个方位的边框。border 属性的语法格式为：

```
border-width :<line-width>{1,4}
```

border-width 属性允许设置 1~4 个边框线宽值。设置不同个数的边框线宽值时，每个值表示的边框方位含义不同，具体说明如下：

顶部边框宽度	右侧边框宽度	底部边框宽度	左侧边框宽度
顶部边框宽度	左右边框宽度	底部边框宽度	
顶底部边框宽度	左右边框宽度		
四边边框宽度			

上述格式中，每个参数需设置一个与表 4-3 要求一样的属性值。

（2）边框颜色。边框颜色需要和边框宽度一同使用才有效，4 个方位的边框颜色的独立属性语法如下：

```
border-top-color
border-right-color
border-bottom-color    :<color> | transparent
border-left-color
```

边框颜色的属性值及说明如表 4-4 所示。

表 4-4　边框颜色的属性值及说明

属 性 值	说 明
<color>	设置边框颜色，使用颜色模型或关键词等方式表示
transparent	透明

除了使用独立设置方式外，CSS 中还可以使用 border-color 简写属性，一次性设置一个或多个方位的边框颜色。border-color 属性的语法格式为：

```
border-color :[ <color> | transparent ]{1,4}
```

border-color 属性与边框宽度属性一一对应，四边设置顺序格式和边框宽度一致。

（3）边框样式。下面介绍边框的样式设置，4 个方位的独立属性语法如下：

```
border-top-style
border-right-style
border-bottom-style    :<line-style>
border-left-style
```

边框样式的属性值及说明如表 4-5 所示。

表 4-5 边框样式的属性值及说明

属 性 值			说　明
< line-style>	边框样式	none	无边框
		hidden	类似 none，但用于表格时可以解决边框冲突
		dotted	点状边框
		dashed	虚线边框
		solid	实线边框
		double	双线边框，总的宽度等于 border-width 的值
		groove	凹槽边框，边框看起来像刻在画布上
		ridge	凸起边框，边框看起来像是从画布中出来
		inset	嵌入边框，让整个元素看起来像是嵌入在画布上
		outset	外凸边框，让整个元素看起来像是从画布中出来

　　除了使用独立设置方式外，CSS 中还可以使用 border-style 简写属性，一次性设置一个或多个方位的边框样式。border-style 属性的语法格式为：

```
border-style :<border-style>{1,4}
```

　　border-style 属性的设置方式和 border-width 和 border-color 类似，不再赘述。

　　（4）边框简写属性。除了使用上述独立的 3 组边框设置方式设置边框属性外，还可以利用边框简写属性同时设置 4 侧所有边框属性，或者一次设置一侧的所有边框属性。边框简写属性的语法格式如下：

```
border
border-top
border-bottom  :<line-width> || <line-style> || <color>
border-left
border-right
```

　　注意：①设置 color 时，必须先设置 line-style，否则 color 无效。

　　②设置属性时，可以缺少宽度或颜色，但不能缺少样式。上、下、左、右边框采用的是相同设置。如需要对四边设置不同值，可以对相同的部分使用 border 属性先进行设置，不同的部分再使用 color、line-style 和 line-width 单独设置。

　　【例 4-3】设置边框属性，示例代码参见本书配套的代码文件 ch04\ex4-3.html。具体代码如下，运行结果如图 4-7 所示。

ex4-3.html

```
1   <!DOCTYPE html>
2   <head>
```

```
3       <meta charset="utf-8">
4       <meta http-equiv="X-UA-Compatible" content="IE=edge">
5       <title>设置边框</title>
6       <style type="text/css">
7         #box1 {
8           border-width: 5px;                  /* 设置四侧边框宽度为
                                                     5px */
9           border-top-style: dotted;           /* 设置上边框样式为
                                                     dotted */
10          border-right-style: solid;          /* 设置右边框样式为
                                                     solid */
11          border-right-color: red;            /* 设置右边框颜色为 red
                                                     */
12          border-bottom: 10px double blue;          /* 简写设置下边框 */
13          /* 左侧边框因为没有设置，故样式为 none, 宽度也为 0 */
14        }
15        #box2 {
16          border: 10px inset red;             /* 简写设置边框宽度、
                                                     线型和颜色 */
17        }
18      </style>
19    </head>
20    <body>
21      <p>边框设置</p>
22      <br/>
23      <div id="box1">层叠样式表（英文全称:Cascading Style Sheets）是一种用
24      来表现 HTML（标准通用标记语言的一个应用）或 XML（标准通用标记语言的一个子集）
25      等文件样式的计算机语言。
26      </div>
27      <br/>
28      <div id="box2">层叠样式表（英文全称:Cascading Style Sheets）是一种用
29      来表现 HTML（标准通用标记语言的一个应用）或 XML（标准通用标记语言的一个子集）
30      等文件样式的计算机语言。
31      </div>
32    </body>
```

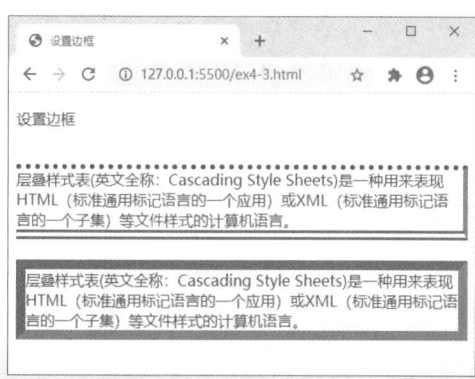

图 4-7　ex4-3 的运行结果

4. 设置外边距

通过调整外边距，可以修改盒子在所包含元素中的定位。外边距包含上、下、左、右 4 个方位的外边距，4 个方位的独立属性语法如下：

```
margin-top
margin-right
margin-bottom      :<length> | <percentage> | auto
margin-left
```

外边距的属性值及说明如表 4-6 所示。

表 4-6　外边距的属性值及说明

属 性 值	说　　明
<length>	用长度值设置对象的外边距宽度，允许为负值
<percentage>	使用百分比时，外边距宽度等于父元素的 width 乘以百分比，与父元素 height 无关
auto	自动计算，常用于自动居中

除了使用独立设置方式外，CSS 中还可以使用 margin 简写属性，一次性设置一个或多个方位的内边距。margin 属性的语法格式如下：

```
margin :<'margin-top'>{1,4}
```

margin 属性可以有多种设置格式，其设置方法和内边距设置方法一样，不再赘述。

【例 4-4】设置外边距，示例代码参见本书配套的代码文件 ch04\ex4-4.html。具体代码如下，运行结果如图 4-8 所示。

ex4-4.html

```
1    <!DOCTYPE html>
2    <head>
3      <meta charset="utf-8">
4      <meta http-equiv="X-UA-Compatible" content="IE=edge">
5      <title> 设置外边距 </title>
6      <style type="text/css">
7        .box {
8          border: 1px solid red;
9        }
10       #box1,#box2{
11         width: 100px;
12         border: 10px solid blue;
13       }
14       #box1 {
15         margin: 10px;                    /*  设置四侧相同的外边距 */
```

```
16        }
17      #box2 {
18        margin: 0 auto;                    /* 设置外边距，使元素水平居中 */
19      }
20    </style>
21  </head>
22  <body>
23    <p> 设置外边距 </p>
24    <div class="box">
25      <div id="box1">box1</div>
26    </div>
27    <br/>
28    <div class="box">
29      <div id="box2">box2</div>
30    </div>
31  </body>
```

图 4-8   ex4-4 的运行结果

　　观察图 4-8 的运行结果，box1 元素同时设置了四侧的外边距，实际结果中右边距并没有按照设置值显示，这是因为默认情况下会先对左侧进行计算，而内容区域的宽度设置本身远小于 box 元素的实际宽度，这样右侧外边距就无法按照设置值实现，因此得到图 4-8 中的效果。box2 元素的左右边距设为 auto，实现了自动水平居中。

任务 4-3　显示类型设置

知识目标：

- 了解视觉格式化模型的概念
- 了解和掌握块级元素和行内元素的概念
- 了解和掌握设置显示类型的方法

导语

盒子模型描述了文档树中元素生成的矩形盒子。要将这些盒子在页面中展示，还需要依靠视觉格式化模型进行处理。本任务中将对视觉格式化模型的相关概念和属性进行详细介绍。

知识点

1. 视觉格式化模型

视觉格式化模型是用于处理视觉媒体文档的一种算法。在视觉格式化模型中，HTML 文档树中每一个元素都将按照盒子模型生成若干盒子（0 个或多个）。这些盒子的布局受到以下因素控制：

①元素的盒子大小及其显示类型；

②元素的定位方案（文档流、浮动和绝对定位等）；

③文档树中元素之间的关系（先后顺序、父子顺序、层叠顺序）；

④其他外部信息（视口大小、图像的本身尺寸等）。

在任务 4-1 中，读者已经掌握了盒子模型的概念。在本任务和后续任务中将进一步学习视觉格式化模型中关于元素类型、定位方案等的概念。

2. 元素类型

一个元素会生成 0 个或多个盒子。通常情况下一个元素会生成一个盒子，称为主盒子。主盒子代表元素本身，并且还包含元素内的部分。当然，有的元素也可能生成多个盒子，甚至根本不生成任何盒子。这都与元素定义的盒子类型有关。

CSS 中定义两种基本类型的元素。

（1）块元素。块元素（block-level element）也称为块级元素，指在源文档中以块的形式显示的元素，例如段落 <p> 元素。每一个块元素会生成一个块盒子（block box），这个盒子被称为主块盒子。部分块元素还会生成一些附加盒子，例如列表元素。一般来说，为了表达方便，块元素和块盒子都可以简称为块。

块元素拥有下列特点：

①独立占有一行或多行空间；

②可以设置宽度、高度、对齐等属性；

③可以包含行内元素和其他块元素。

实际上，在之前的项目学习过程中已经用到了很多块元素。常用的块元素有 <p>、<h1>~<h6>、<div>、<ul>、<ol>、<li>、<table>、<form> 等。

（2）行内元素。行内元素（inline-level element）也称为行内级元素、内联元素或内嵌元素，指在源文档中不以块形式显示，而总是优先在一行中显示的元素，例如 <em> 元素。每一个行内元素会生成一个行内盒子（inline box）。

行内元素拥有下列特点：

①不独占一行，可以和前后连续的行内元素共用同一行而不产生换行，除非内容超过父容器宽度；

②无法修改高度（height）和宽度（width），但可以调整行高（line-height）；

③仅能调节水平方向的内边距（padding）和外边距（margin）。

常用的行内元素有 <a>、<em>、<span>、<img>、<input>、<select>、<textarea> 等。

在普通的块元素内部，根据不同条件可能还会自动生成一些特殊的匿名元素，包括匿名块元素和匿名行内元素。

（3）匿名块元素。匿名块元素代码片段如下：

```
1  <style>
2    div {
3      border: 1px solid black;
4    }
5  </style>
6  <div>
7    匿名块
8    <p> 块元素 </p>
9  </div>
```

代码的运行结果如图 4-9 所示，假设片段内的 <div> 元素和 <p> 元素保持其默认的块元素特性，未修改其显示属性，此时，<div> 元素生成了一个块容器盒子，其内部包含了两部分内容，一部分内容是 <p> 元素，另外一部分是一个没有任何元素包裹的文本。观察图 4-9 的运行结果，可以发现没有元素包裹的文本显示的效果和块元素显示效果类似，独占了一行，就像文本外面有一个看不见的块元素在包裹着它一样。

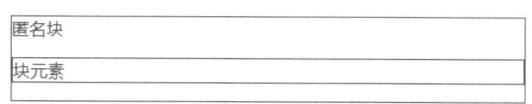

图 4-9　匿名块元素代码的运行结果

在 CSS 中，当一个块容器盒子内部存在一个块元素类型的子元素时，块容器盒子内部将只能存在块盒子。因此没有元素包裹的文字将会被按照块元素进行处理，这些特殊的块元素被称为匿名块元素，匿名块元素生成的盒子则被称为匿名块盒子。匿名块元素将继承包含其元素的可继承属性，不可继承属性则使用属性的默认值。

（4）匿名行内元素。匿名行内元素代码片段如下：

```
1  <style>
2    p {
3      border: 1px solid black;
4    }
5  </style>
```

```
6    <p>
7      span 前的文字
8      <span> 这是 span 元素 </span>
9      span 后的文字
10   </p>
```

假设片段内的 <p> 元素和 <span> 元素保持其默认的元素特性，未修改其显示属性，运行上述代码，可以得到如图 4-10 所示的结果。<p> 元素是块元素，其生成的主块盒子是一个块容器盒子。观察图 4-10 可以发现，<p> 元素内部包含的 2 段文本 "span 前的文字" 和 "span 后的文字" 虽然位于其内部，但是并未体现块元素的特性。

span前的文字 这是span元素 span后的文字

图 4-10　匿名行内元素代码的运行结果

在 CSS 中，任何直接包含在块容器元素中的文本，默认都被作为行内元素进行处理，除非块容器元素中包含了块元素。这种特殊的行内元素被称为匿名行内元素。匿名行内元素会生成匿名行内盒子，这个盒子将继承包含其块容器盒子的可继承属性，不可继承属性则使用属性的默认值。例如上述例子的文本颜色继承了 <p> 的颜色，但是背景色是 transparent。

3. 设置显示类型

元素的类型设置决定了盒子的默认生成方式，但这并不是一成不变的。通过设置显示类型（display）属性可以修改盒子的生成方式。例如块元素可以转变为行内元素，行内元素可以转变为块元素，甚至可以让元素同时具有块和行的特性。

CSS3 进一步扩展了显示类型的概念。显示类型由两个基本特性构成，分别是内部显示类型（inner display type）和外部显示类型（outer display type）。内部显示类型规定了其后代的布局方式，外部显示类型规定了元素生成的主盒子本身如何在文档流中布局。通过两种基本特性的组合，可以形成多种不同的显示类型。在 CSS3 之前，内部显示类型只有默认的流式（flow）、流式 - 根（flow-root，也是流式的一种）和表格（table）三种方式，所以显示类型组合较为简单。到了 CSS3，由于增加了弹性布局、网格布局和 Ruby 布局，内部显示类型也增加了对应的显示方式，这样就衍生出了更多的显示类型。

CSS3 定义的 display 属性的语法格式如下：

```
display:   [ <display-outside> || <display-inside> ] | <display-
           listitem> |<display-legacy> | <display-box> | <display-
           internal>
```

表 4-7 是 display 属性的具体属性值说明。

表 4-7　display 属性值说明

属 性 值	具 体 取 值	说　　明
<display-outside>	block	外部以块方式显示
	inline	外部以行内方式显示
	run-in（实验性质）	自动根据上下文作为块级元素或行内元素显示
<display-inside>	flow（实验性质）	根据外部显示类型生成内部容器并按照流式布局
	flow-root	内部生成块容器，然后按流式布局
	table	内部按照表格方式布局
	flex	内部按照弹性方式布局
	grid	内部按照网格方式布局
	ruby（实验性质）	内部按照 Ruby 方式布局
<display-listitem>	<display-outside>? && [flow | flow-root]? && list-item	除了根据内部和外部显示类别显示外，另外附加了表示列表项的标记盒子
<display-legacy>	inline-block	外部以行内方式显示，内部产生新的块容器并按流式布局
	inline-table	外部以行内方式显示，其内部按照表格方式布局
	inline-flex	外部以行内方式显示，内部按照弹性方式布局
	inline-grid	外部以行内方式显示，内部按照网格方式布局
<display-box>	none	隐藏元素及其后代元素，就像它们不存在一样
	contents（实验性质）	隐藏元素本身，但其内部的内容不受影响
<display-internal>	table-*	表格内部元素的相关显示方式，不展开介绍
	ruby-*（实验性质）	Ruby 内部元素的相关显示方式，不展开介绍

CSS3 扩展了显示类型的定义，所以 display 属性的设置较为复杂。为了兼容 CSS2 的语法，display 属性支持简写属性，绝大部分情况下只需要设置一个属性值，其他属性值将使用约定的默认值。下面列出一些常用的简写属性及对应的完整属性值。

block：block flow

inline：inline flow

inline-block：inline flow-root

list-item：block flow list-item

注意：① display 属性的默认值虽然是 inline，但是并不意味着所有的元素默认都是行内元素。浏览器将根据元素类型将其初始化为对应的值，例如 \<p\> 元素会被设置为 block。

② display 属性设置为 none 后，元素不仅会隐藏起来，其占用的位置也将空出，就像不存在这个元素一样。

③ CSS3 中新增的 flex 等属性主要用于响应式设计中，本项目不做详细介绍，相关内容将在项目 8 和项目 9 中介绍。

【例 4-5】设置元素的显示属性，示例代码参见本书配套的代码文件 ch04\ex4-5. html。具体代码如下，运行结果如图 4-11 所示。

ex4-5.html

```
1   <!DOCTYPE html>
2   <head>
3     <meta charset="utf-8">
4     <meta http-equiv="X-UA-Compatible" content="IE=edge">
5     <title> 设置显示类别 </title>
6     <style type="text/css">
7       .box { border: 1px dashed black; }
8       .element{
9         background-color: #c9c9c9;
10        margin: 20px;
11      }
12      #box1,#box2{display: block;}
13      #box3,#box4 {display: inline;}
14      #box5 {display: list-item;}
15      #box6,#box7 {display: inline-block;}
16      #box8 {display: none;}
17    </style>
18  </head>
19  <body>
20    <p> 设置显示类别 </p>
21    <div class="box">
22      <span id="box1" class="element">box1 span-> block</span>
23      <a href="#" id="box2" class="element">box2 a-> block</a>
24      <p id="box3" class="element">box3 p-> inline</p>
25      <div id="box4" class="element">box4 div-> inline</div>
26      <div id="box5" class="element">box5 div-> list-item</div>
27      <div id="box6" class="element">box6 div-> inline-block</div>
28      <div id="box7" class="element">box7 div-> inline-block</div>
29      <div id="box8" class="element">box8 div-> none</div>
30    </div>
31  </body>
```

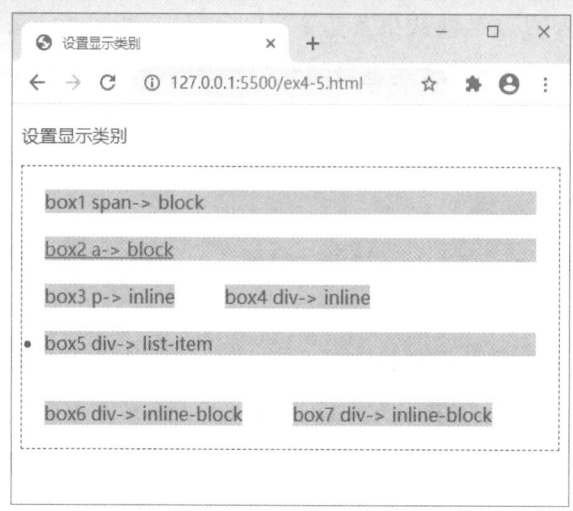

图 4-11　ex4-5 的运行结果

任务 4-4　定位设置

知识目标：

- 了解和掌握定位方案的基本概念
- 了解和掌握相对定位属性的设置方式
- 了解和掌握浮动定位属性的设置方式
- 了解和掌握层叠级别属性的设置方式

导语

在任务 4-3 中学习和掌握了视觉格式化模型的概念，重点学习了显示类型。本任务将继续学习视觉格式化模型，主要学习定位设置和层叠级别的相关概念。

知识点

1. 定位方案

CSS 定义了文档流、相对定位、绝对定位、固定定位、粘性定位和浮动定位 6 种定位方案，通过不同的定位方案实现元素在文档或视口中的定位。

（1）文档流。文档流（normal flow）亦称普通流，是最基本的定位方案。在没有明示定位方式的情况下，元素默认遵从文档流的定位方式。此时文档自上而下分成一行一行，块级元素按文档出现的顺序从上至下排放，行内元素在每行中按出现顺序从左至右依次排放。

（2）相对定位。相对定位（relative positioning）是一种特殊的文档流定位方案。元素使用相对定位时，首先按照文档流方式计算位置，然后根据偏移设置在原来的位置基础上进行相对移动。此时，元素的相邻元素不会受到影响，就像该元素没有发生相对移位一样。另外，元素的大小也不会因相对位置的设置而发生变化。

（3）绝对定位。绝对定位（absolute positioning）使元素相对于包含块显式地偏移，元素从文档流中被完全移除，就像不存在一样。元素不再影响其他元素的定位，但是可能导致该元素对其他元素产生遮挡等效果。绝对定位元素的位置总是相对于最近的已定位祖先元素，除非元素没有已定位的祖先元素，那么此时的位置将相对于最初的包含块，即页面。

（4）固定定位。固定定位（fixed positioning）是绝对定位的一种特殊情况，其包含块以视口为基础。视口可以理解为浏览器显示页面的可视区域。这样，在页面滚动时，采用固定定位的元素看上去就像是不会移动一样，固定在浏览器视口的指定位置。

（5）粘性定位。粘性定位（sticky positioning）是 CSS3 中新增的一种定位方案。使用粘性定位时必须同时设置偏移，粘性定位元素会随距离最近的父元素滚动条的滚动而自动调整偏移。如果父元素本身不产生滚动条，则粘性定位设置没有效果。当父元素滚动条滚动后，设置的偏移小于相同方向的视口定位时，元素继续按照普通流进行定位；设置的偏移大于相同方向的视口位置时，元素就像被黏住一样，保持偏移设置的定位，不再随父元素内部的滚动而滚动。

（6）浮动定位。浮动定位（floats positioning）不同于上述任何一种定位方案。设置浮动定位的元素生成的盒子首先被抽出正常文档流，其次会被尽可能地移动到当前行的最左侧或者最右侧，直到盒子的外边界遇到了包含块的边界或者另外一个浮动元素的边界。如果没有足够的水平空间容纳浮动元素，则该元素会被移到下一行。

2. 设置定位属性

相对定位、粘性定位、绝对定位和固定定位方案都属于定位布局（Positioned Layout）。默认情况下，元素都按照文档流形式定位。如果需要使用定位布局，需要通过定位属性（position）修改默认定位方式。

定位的属性值及说明如表 4-8 所示。

表 4-8　定位的属性值及说明

属 性 值	说　　　明
static	静态，即按文档流方式进行定位，默认值
absolute	绝对定位，以相对于 static 定位以外的第一个父元素进行定位
fixed	固定定位，以视口位置进行定位
relative	相对定位
sticky	粘性定位

如果元素使用相对定位或者绝对定位，即 position 设置了非 static 值，则还需要设置顶部、底部、左侧和右侧 4 个方位的偏移量来配合定位。偏移量表示指定方位的外边距边界与其包含块对应方位边界间的位移量。可使用 top、bottom、left、right 属性进行设置定位偏移，相关属性的取值及说明如表 4-9 所示。

表 4-9　定位偏移的属性值及说明

属　性　值	说　　明
<length>	使用长度单位描述对应方位的偏移量
<percentage>	使用百分比描述对应方位的偏移量
auto	浏览器自动计算，默认值

【例 4-6】设置定位属性，示例代码参见本书配套的代码文件 ch04\ex4-6.html。具体代码如下，运行结果如图 4-12 所示。

ex4-6.html

```
1   <!DOCTYPE html>
2   <head>
3     <meta charset="utf-8">
4     <meta http-equiv="X-UA-Compatible" content="IE=edge">
5     <title>设置定位属性</title>
6     <style type="text/css">
7       body{  margin:0; height:800px  }
8       .box {
9         width:300px;
10        border: 1px dashed black;
11        background-color: blanchedalmond;
12      }
13      .block {
14        margin: 10px;
15        height: 30px;
16        border: 1px solid black;
17        background-color: #c9c9c9;
18      }
19      .inline{
20        margin: 10px;
21        position:static;              /* 设置为静态 */
22        background-color: #c9c9c9;
23      }
24      #box2 {
25        position:static;              /* 设置为静态 */
26        top:50px;                     /* 无效设置 */
27        left: 50px;                   /* 无效设置 */
28      }
```

```
29      #box3 {
30        position: relative;          /* 相对定位 */
31        top:50px;                    /* 顶部偏移 */
32        left: 50px;                  /* 左侧偏移 */
33        }
34      #box4 {
35        position: absolute;          /* 绝对定位 */
36        top:50px;                    /* 顶部偏移 */
37        left: 350px;                 /* 左侧偏移 */
38        }
39      #box5 {
40        position: fixed;             /* 固定定位 */
41        top:50%;                     /* 顶部偏移 */
42        right: 50px;                 /* 左侧偏移 */
43        }
44      #box6 {
45        position: sticky;            /* 粘性定位 */
46        top:50px;                    /* 顶部偏移 */
47        }
48    </style>
49  </head>
50  <body>
51    <p> 设置定位属性 </p>
52    <div class="box">
53      <div id="box1" class="block">box1 未设置 </div>
54      <div id="box2" class="block">box2 static</div>
55      <em class="inline">inline-element1</em>
56      <em class="inline">inline-element2</em>
57      <div id="box3" class="block">box3 relative</div>
58      <div id="box4" class="block">box4 absolute</div>
59      <div id="box5" class="block">box5 fixed</div>
60    </div>
61    <div id="box6" class="block">box6 sticky</div>
62  </body>
```

ex4-6 的运行结果如图 4-12 所示。由图 4-12（a）可知，box 元素中放置了 5 个块元素和 2 个行内元素。box1、box2 和 2 个行内元素的定位属性都为 static，包括未明示设置的 box 本身，这几个元素都按照文档流方式布局。box3 元素的定位属性为相对定位，相对于自身产生偏移。需要注意的是，相对定位是先在普通流中定位再偏移，所以在图 4-12 中可以看到，原来普通流中定位的位置依旧是被占用的。box4 元素采用绝对定位，元素被从文档流中脱离了。由于 box 没有明确的定位，所以 box4 以最初的包含块元素即 body 元素进行定位。box5 元素采用固定定位，元素设置的顶部偏移为 50%，所以元素永远在视口垂直方向的中间位置，即使页面发生滚动或视口大小改变。box6 元素没有包含在 box 中，其父元素为 body，定位属性为 sticky，并设置顶部偏移为 50px。

页面滚动时，box6 元素按照普通流定位时，离顶部的距离大于顶部偏移时会保持普通流定位；小于顶部偏移时，box6 会按照偏移设置固定在视口中，效果如图 4-12（b）所示。

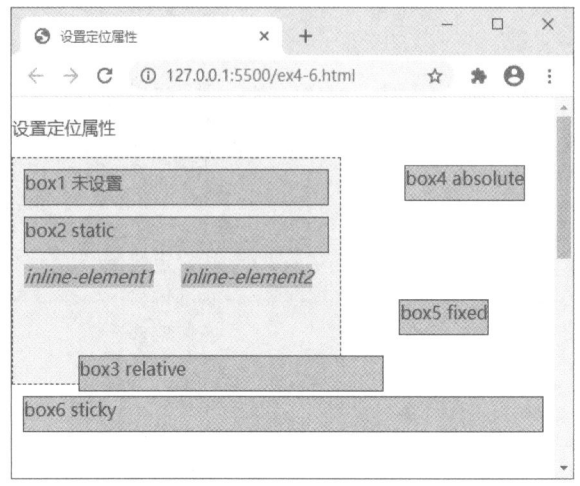

（a）box 元素定位

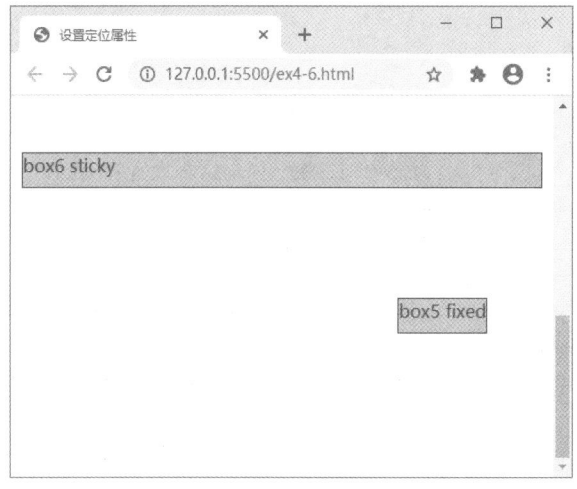

（b）box6 元素定位

图 4-12　ex4-6 的运行结果

3. 设置浮动属性

浮动属性用于设置浮动定位，浮动属性的取值及说明如表 4-10 所示。

表 4-10　浮动属性值及说明

属 性 值	说　　　明
left	元素向左浮动
right	元素向右浮动
none	元素不浮动，默认值

　　虽然浮动定位和绝对定位一样，元素被抽出了文档流，但这两种情况对其他元素的影响并不一样。绝对定位的元素不会影响其他元素的定位，但是浮动元素前后未被定位的块元素仅在垂直方向的定位不受影响，在文档流的方向上还是会受到影响。为了消除应用浮动属性后带来的影响，可以使用 clear 清除浮动属性。clear 属性的取值及说明如表 4-11 所示。

表 4-11　清除浮动的属性值及说明

属 性 值	说　　明
left	左侧不允许有浮动元素，即清除左侧浮动元素带来的影响
right	右侧不允许有浮动元素，即清除右侧浮动元素带来的影响
both	取消所有浮动设置带来的影响
none	允许元素两侧有浮动设置，默认值

　　【例 4-7】设置浮动和清除浮动，示例代码参见本书配套的代码文件 ch04\ex4-7.html。具体代码如下，运行结果如图 4-13 所示。

ex4-7.html

```
1  <!DOCTYPE html>
2  <head>
3    <meta charset="utf-8">
4    <meta http-equiv="X-UA-Compatible" content="IE=edge">
5    <title> 设置浮动 </title>
6    <style>
7      .box,.box1,.box2,.box3,.box4{
8        border: 1px dashed black;
9        margin: 5px;
10     }
11     .box1,.box2,.box3,.box4{
12       background-color: #e9e9e9;
13       border: 1px solid black;
14       text-align: center;
15     }
16     .box{
17       min-height: 60px;
18       width: 300px;
19     }
20     .box1,.box4{
21       float: left;              /* 向左浮动 */
22       height: 50px;
23       width: 50px;
24     }
25     .box2{
26       float: right;             /* 向右浮动 */
```

```
27          height: 50px;
28          width: 50px;
29        }
30        .box3{
31          float: left;              /* 向左浮动 */
32          height: 20px;
33          width: 60px;
34        }
35        .clear{
36          clear: both;              /* 清除两侧浮动 */
37        }
38      </style>
39    </head>
40    <body>
41      <p> 设置浮动 </p>
42      <div class="box">
43        <div class="box1">box1</div>
44        在浮动元素前后的文字。看起来就像是围绕在这些浮动元素的周围。
45      </div>
46      <div class="box">
47        <div class="box2">box2</div>
48        在浮动元素前后的文字。看起来就像是围绕在这些浮动元素的周围。
49      </div>
50      <div class="box">
51        <div class="box3">box3-1</div>
52        <div class="box3">box3-2</div>
53        <div class="box3">box3-3</div>
54        <div class="box3">box3-4</div>
55        <div class="box3">box3-5</div>
56        宽度不够时浮动元素会换行
57      </div>
58      <div class="box">
59        <div class="box4">box4</div>
60        浮动元素后的元素
61        <div class="clear"></div>
62        清除浮动后的元素
63      </div>
64    </body>
```

观察 ex4-7 的运行结果，第 1 个和第 2 个虚线框内的 box1 元素和 box2 元素分别设置了向左浮动和向右浮动；第 3 个虚线框内所有 class 为 box3 的元素设置了向左浮动，这些元素的总宽度大于虚线框宽度，所以产生了自动换行；第 4 个虚线框中 box4 元素设置了向左浮动，但在后面清除了浮动，后续的元素就会重新换行进行布局。需要注意的是，清除浮动后的文本虽然没有放置在单独的元素中，但是因为会生产匿名块，所以依旧是能够产生相关效果。

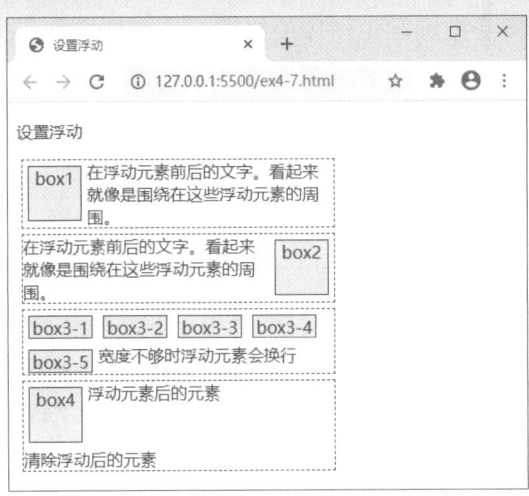

图 4-13　ex4-7 的运行结果

4. 设置堆叠级别

在 CSS 中，每一个盒子元素除了 X 轴（水平）和 Y 轴（垂直）方向外，还存在一个虚拟的 Z 轴方向，如图 4-14 所示。当不同的元素出现重叠时，Z 轴的位置决定了这些元素谁在上，谁在下，或者说这些元素哪个离用户更近，哪个更远。

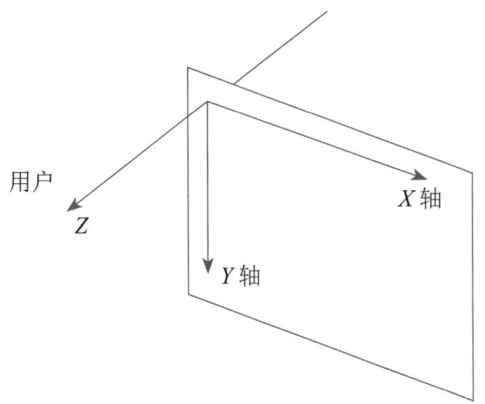

图 4-14　HTML 的三维定位示意图

页面中的元素按照堆叠的顺序，从底部向顶部进行堆叠。元素的堆叠顺序由其堆叠级别和所在的堆叠上下文元素的堆叠级别共同决定。没有自定义堆叠级别的元素，在其所属的堆叠上下文元素中，会按照该类元素默认的堆叠级别进行排列，相同级别的元素按照出现顺序进行堆叠。

页面中的元素在堆叠时，按照以下默认的顺序方式将元素从底部到顶部进行堆叠。

（1）根元素的背景和边框。

（2）普通流中没有定位的块元素（即 position 没有设置或设置为 static）；同级元素按 HTML 文档中的出现顺序堆叠。

（3）普通流中设置了定位的块元素；同级元素按 HTML 文档中的出现顺序堆叠。

堆叠上下文是对堆叠级别优先顺序的描述，具有堆叠上下文的元素可以不按照默认的堆叠顺序堆叠，而按照设置的堆叠级别进行堆叠。在 CSS2.1 和 CSS3 中，有多种情况可以产生堆叠上下文，此时，该元素将按照自定义的堆叠级别进行堆叠。在 HTML 页面中，有一个默认的堆叠上下文元素，即 html 元素，所有的子元素都属于这个默认的堆叠上下文。

注意：堆叠上下文元素内的子元素如果也定义了自定义堆叠级别，其堆叠级别只会影响其在父级堆叠上下文元素内部的堆叠顺序，但不会影响其与父级堆叠上下文元素间的堆叠顺序，也不会影响与父级堆叠上下文元素外的元素的堆叠顺序。

设置堆叠（z-index）属性可以生成堆叠上下文并自定义堆叠级别。CSS 中定义，所有的层都可以用一个整数来表明当前层在 Z 轴的位置（顺序）。数字越大，元素越接近观察者。

堆叠属性值及说明如表 4-12 所示。

表 4-12　堆叠的属性值及说明

属 性 值	说　明
<interger>	整数，越大离用户越近，可以是负数
auto	堆叠顺序与父元素相同，默认值

注意：z-index 设置需要和定位设置（position、float 等取值）结合。如果没有设置或者设置 position 值为 static，z-index 将失效。

除了通过设置元素的 z-index 外，还有多种设置可以使元素产生堆叠上下文。

① opacity 属性值小于 1。

② mix-blend-mode 属性值不为 normal。

③以下任意属性值不为 none：

· transform。

· filter。

· perspective。

· clip-path。

· mask / mask-image / mask-border。

· isolation 属性值为 isolate。

④ -webkit-overflow-scrolling 属性值为 touch。

⑤ contain 属性值为 layout、paint 或包含它们其中之一的合成值（比如 contain: strict、contain: content）。

【例 4-8】设置元素堆叠属性，示例代码参见本书配套的代码文件 ch04\ex4-8.html。具体代码如下，运行结果如图 4-15 所示。

ex4-8.html

```
1   <!DOCTYPE html>
2   <head>
3     <meta charset="utf-8">
4     <meta http-equiv="X-UA-Compatible" content="IE=edge">
5     <title> 设置堆叠顺序 </title>
6     <style>
7       div{
8         border: 1px dashed #ff0011;
9       }
10      .box1,.box2,.box4 {
11        position: absolute;
12        width: 200px;
13        height: 150px;
14      }
15      .box2,.box2-1,.box2-2 {
16         position: absolute;
17        width: 300px;
18        height: 150px;
19        text-align: right;
20      }
21      .box1 {
22        z-index: 2;
23        background: #aaaaaa;
24        left: 10px;
25        top: 10px
26      }
27      .box2 {
28        z-index: 1;
29        background: #cccccc;
30        left: 30px;
31        top: 30px
32          }
33      .box2-1{
34        z-index: 10;
35        background: #dddddd;
36        left: 50px;
37        top: 50px
38          }
39      .box2-2{
40        z-index: 20;
41        background: #eeeeee;
42        left: 70px;
43        top: 70px
44      }
45    </style>
```

46	`</head>`
47	`<body>`
48	`  <div class="box1">box-1,z-index:2</div>`
49	`  <div class="box2">box-2,z-index:1`
50	`    <div class="box2-1">box-2-1,z-index:10</div>`
51	`    <div class="box2-2">box-2-2,z-index:20</div>`
52	`  </div>`
53	`</body>`

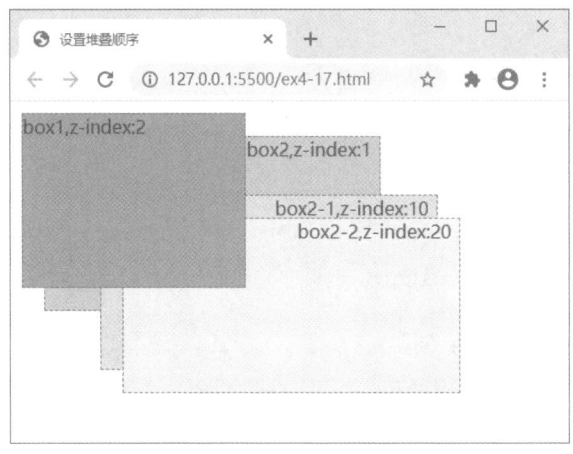

图 4-15　ex4-8 的运行结果

观察图 4-15，页面中一共有 4 个 <div> 层，其中 box2 元素包含 2 个子元素 box2-1 和 box2-2。box1 和 box2 设置的堆叠属性值分别为 2 和 1，box2-1 和 box2-2 设置的堆叠属性值分别为 10 和 20。根据堆叠上下文顺序和堆叠级别设置，可知 box1 比 box2 堆叠级别高，所以 box1 显示在上方。box2-2 的堆叠级别比 box2-1 高，所以显示在上方。需要注意的是，虽然 box2-1 和 box2-2 的堆叠属性值比 box1 大，但是因为两者是 box2 的子元素，而堆叠级别仅在父级堆叠上下文范围有效，box2 堆叠级别比 box1 低，所以两个子元素最终显示在 box1 的下方。

任务 4-5　背景设置

┌─────────────────────────────────────┐
│ **知识目标：**
│
│ ● 了解并掌握背景颜色相关 CSS 属性的使用方法
│ ● 了解并掌握背景图像相关 CSS 属性的使用方法
│ ● 了解并掌握背景简写 CSS 属性的使用方法
└─────────────────────────────────────┘

导语

对元素的装饰除了边框、字体、字体颜色外，还包括背景。本任务将对背景相关的 CSS 属性进行详细介绍。

知识点 📖

背景属性可以设置的内容众多，包括背景颜色、背景图像、背景图像位置、背景图像大小、背景图像的重复方式、背景图像的固定方式、背景绘制区域、背景图像定位区域等。下面介绍其中常用的一些设置。

1. 设置背景颜色

背景颜色（background-color）属性可以为元素设置一种颜色作为背景。background-color 可设置的属性值及说明如表 4-13 所示。

表 4-13　背景颜色的属性值及说明

属 性 值	说　　明
\<color\>	设置背景颜色，可以使用颜色名称、RGB 等颜色表示方式设置
transparent	设置为透明，默认值

【例 4-9】设置背景颜色，示例代码参见本书配套的代码文件 ch04\ex4-9.html。具体代码如下，运行结果如图 4-16 所示。

ex4-9.html

```
1   <!DOCTYPE html>
2   <head>
3     <meta charset="utf-8">
4     <meta http-equiv="X-UA-Compatible" content="IE=edge">
5     <title>设置背景颜色</title>
6     <style type="text/css">
7       #box1{
8       background-color: red;
9       /* 等同于
10      background-color:#ff0000;                   十六进制
11      或
12      background-color:rgb(255,0,0);              RGB 方式
13      或
14      background-color:rgba(255,0,0,100%);        增加 Alpha 通道参数
15      或
16      background-color:hsl(0,100%,50%);           CSS3 特性
17      或
18      background-color:hsla(0,100%,50%,100%);     CSS3 特性
19      */
20      color: white;                               /* 添加文字颜色 */
21      }
22      #box2{background-color: #e9e9e9;}
```

```
23        .block{
24          margin: 10px;
25          border: 1px solid black;
26        }
27      </style>
28   </head>
29   <body>
30     <p> 设置背景颜色 </p>
31     <div id="box1" class="block">box1 red</div>
32     <div id="box1" class="block">box2 #e9e9e9</div>
33   </body>
```

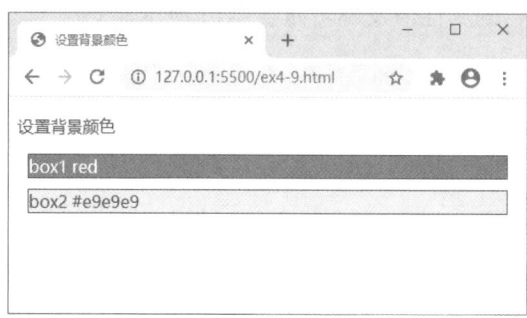

图 4-16　ex4-9 的运行结果

2. 设置背景图像

（1）背景图像。通过设置背景图像（background-image）属性可以将一张或多张图像作为元素的背景。该属性通过设置 URL 地址来添加图像背景，其格式为"url（图像文件路径）"。图像文件的路径可以使用相对路径，也可以使用绝对路径，可以使用本地资源地址，也可以使用远程资源地址。CSS3 中还可以使用渐变色彩函数创建背景图像，包括线性渐变（linear gradients）、径向渐变（radial gradients）、重复线性渐变和重复径向渐变 4 种。

background-image 的基本语法格式如下：

```
background-image :<image># | none
```

背景图像属性可设置的属性值及说明如表 4-14 所示。

表 4-14　背景图像的属性值及说明

属 性 值		说　　明	
<image>	图像背景，可以设置多个背景	<url>	使用背景图像资源地址，例如 url(img/cat.png)
		<gradient>	使用渐变色彩函数，包括 linear-gradient()、repeating-linear-gradient()、radial-gradient()、repeating-radial-gradient()
none		无背景图像	

【例 4-10】添加背景图像，示例代码参见本书配套的代码文件 ch04\ex4-10.html。
作为背景的图像文件如 4-17 所示，具体代码如下，运行结果如图 4-18 所示。

ex4-10.html

```
1   <!DOCTYPE html>
2   <head>
3     <meta charset="utf-8">
4     <meta http-equiv="X-UA-Compatible" content="IE=edge">
5     <title>设置背景图像</title>
6     <style type="text/css">
7       #box1{
8         height: 100px;
9         background-color: rgb(212, 212, 212);
10        background-image:url(img/cat.png),url(img/star.png);
11      }
12      #box2{
13        height: 50px;
14        background-color: red;
15        background-image: linear-gradient(red,green);
16        color: white;
17      }
18      #box3{
19        height: 50px;
20        background-color: red;
21        background-image: radial-gradient(red, yellow, green);
22        color: blue;
23      }
24      .block{
25        margin: 10px;
26        border: 1px solid black;
27      }
28    </style>
29  </head>
30  <body>
31    <p>设置背景图像</p>
32    <div id="box1" class="block">多个背景图像</div>
33    <div id="box2" class="block">线性渐变背景图像</div>
34    <div id="box3" class="block">径向渐变背景图像</div>
35  </body>
```

图 4-17　ex4-10 的背景图像

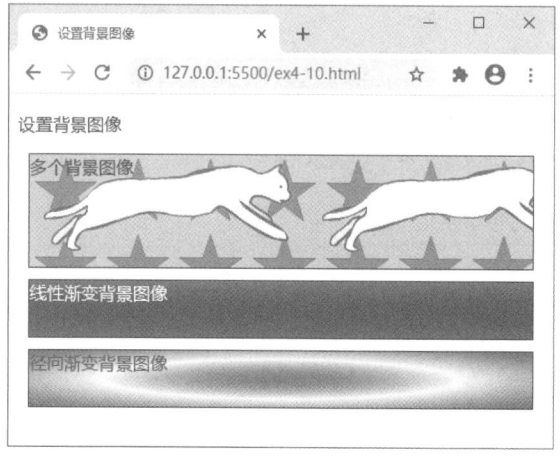

图 4-18　ex4-10 的运行结果

观察图 4-18，下列两点需要注意。

① box1 元素添加了两个背景图像。首先，可设置多个背景图像是 CSS3 的特性，需要浏览器支持，否则只能显示一个背景图像。其次，仔细观察两个背景图像，可以发现两个特点：一是虽然两张图像本身尺寸较小，但是最终图像填充了整个元素，背景图片默认在垂直和水平两个方向进行平铺；二是设置中排在前面的 cat.png 显示在了排在后面的 star.png 上方。使用多个背景图像时存在叠放次序，排在越前面的，显示时越靠近用户。

②使用线性和径向渐变函数填充背景图像时，需要考虑浏览器支持，这都是 CSS3 中较新的特性。为了避免浏览器不兼容，使用线性或径向渐变函数时，尽量同时将 background-color 属性设置为和渐变色相近的颜色。这样即使在不支持该特性的浏览器上，也能让用户获得接近原始设计的体验。

（2）背景图像平铺。通过例 4-10 可知，默认情况下，如果背景图像尺寸小于设置背景图像的元素，则背景图像会在水平和垂直方向重复图像，铺满整个元素区域。通过设置 backgroud-repeat 属性，可以自定义平铺的规则。背景图像平铺属性的取值及说明如表 4-15 所示。

表 4-15　背景图像平铺的属性值及说明

属 性 值	说 明
repeat	水平、垂直方向都重复，默认值
no-repeat	不重复

续表

属 性 值	说　　明
repeat-x	仅水平方向重复
repeat-y	仅垂直方向重复

【例 4-11】设置背景图像平铺，示例代码参见本书配套的代码文件 ch04\ex4-11.html。具体代码如下，运行结果如图 4-19 所示。

ex4-11.html

```
1   <!DOCTYPE html>
2   <head>
3     <meta charset="utf-8">
4     <meta http-equiv="X-UA-Compatible" content="IE=edge">
5     <title>设置背景图像平铺</title>
6     <style type="text/css">
7       .box1{
8         width: 300px;
9         height: 300px;
10        border: 1px dashed black;
11        background-color: gainsboro;
12        background-image:url(img/cat.png),url(img/star.png);
13        background-repeat: repeat-y;          /* 仅在垂直方向平铺 */
14      }
15    </style>
16  </head>
17  <body>
18    <p>设置背景图像平铺</p>
19    <div class="box1"></div>
20  </body>
```

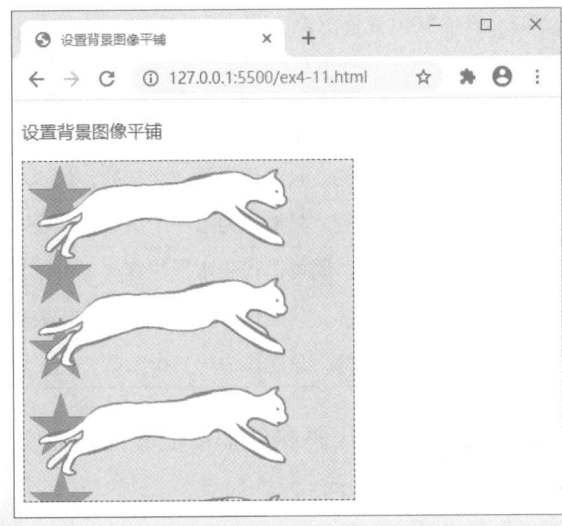

图 4-19　ex4-11 的运行结果

（3）背景图像位置。通过背景图像位置（background-position）属性可以设置背景图像在元素中的显示位置。background-position 属性语法格式较为灵活，可以通过多种格式进行设置。

语法格式 1：

```
backgroud-position :left | center | right | top | bottom | <length-percentage>
```

使用该格式仅需要一个参数，用方位关键词表示对应背景图像的方向位置。使用 <length-percentage> 时，代表的是水平方向位置，缺省的第二个值默认为 center。

语法格式 2：

```
backgroud-position :left | center | right | <length-percentage>
                     top | center | bottom | <length-percentage>
```

使用该格式需要 2 个参数，第 1 个参数使用部分方位关键词、长度或百分比来表示水平方向位置，第 2 个参数使用部分方位关键词、长度或百分比来表示垂直方向位置。

语法格式 3：

```
backgroud- position :[ center | [ left | right ] <length-percentage>? ] &&
                      [ center | [ top | bottom ] <length-percentage>? ]
```

使用该格式需要 3 个或 4 个参数，参数分为 2 组，第 1 组代表水平方向，第 2 组代表垂直方向。每组值通过关键字 + 偏移值的方式表达，每组值可以设置 1 个或 2 个值，第 1 个值必须是关键词，第 2 个值可以不设置。如果两组值都只设置一个值，就变为语法格式 2。

背景图像位置可以设置的属性值及说明如表 4-16 所示。

表 4-16　背景图像位置的属性值及说明

属 性 值	说　　明
<length-percentage>	使用长度单位或百分比表示水平或垂直位置
right	靠右侧，只能作为第一个参数，代表水平位置
left	靠左侧，只能作为第一个参数，代表水平位置
center	居中，既可以代表水平位置，也可以代表垂直位置
top	靠顶部，只能作为第二个参数，代表垂直位置
bottom	靠底部，只能作为第二个参数，代表垂直位置

【例 4-12】设置图像位置，示例代码参见本书配套的代码文件 ch04\ex4-12.html。具体代码如下，运行结果如图 4-20 所示。

ex4-12.html

```
1   <!DOCTYPE html>
2   <head>
3     <meta charset="utf-8">
4     <meta http-equiv="X-UA-Compatible" content="IE=edge">
5     <title>设置背景图像位置</title>
6     <style type="text/css">
7       #box1{ background-position: 70px; }
8       #box2{ background-position: right; }
9       #box3{ background-position: right 50%; }
10      #box4{ background-position: 70px 50%; }
11      #box5{ background-position: right 0px center; }
12      #box6{ background-position: left 70px top 50%;}
13      .block{
14        height: 100px;
15        width: 120px;
16        margin: 10px;
17        float: left;
18        border: 1px dashed black;
19        background-image:url(img/star.png);
20        background-size: 50px;
21        background-repeat: no-repeat;
22      }
23    </style>
24  </head>
25  <body>
26    <p>设置背景图像位置</p>
27    <div id="box1" class="block">1 个参数</div>
28    <div id="box2" class="block">1 个参数</div>
29    <div id="box3" class="block">2 个参数</div>
30    <div id="box4" class="block">2 个参数</div>
31    <div id="box5" class="block">3 个参数</div>
32    <div id="box5" class="block">4 个参数</div>
33  </body>
```

图 4-20　ex4-12 的运行结果

（4）背景图像尺寸。通过背景图像尺寸（background-size）属性可以设置背景图像的尺寸。这是 CSS3 中新增的属性，其语法如下：

```
backgroud-size :[ <length-percentage> | auto ]{1,2} | cover | contain
```

背景图像尺寸可以设置的属性值及说明如表 4-17 所示。

表 4-17　背景图像尺寸的属性值及说明

属 性 值	说　　明
<length-percentage>	使用长度单位、百分比或让浏览器自动计算大小来设置背景图像的高和宽。只设置一个值时高度采用设置值，宽度由浏览器自动计算；
auto	设置两个值时第一个值表示高度，第二个值表示宽度
cover	把背景图像等比例缩放，使背景图像完全覆盖背景区域。可能会造成部分图像无法完全显示
contain	把背景图像尽可能等比例缩放到能够在背景区域内完整显示

【例 4-13】设置背景图像尺寸，示例代码参见本书配套的代码文件 ch04\ex4-13.html。具体代码如下，运行结果如图 4-21 所示。

ex4-13.html

```
1   <!DOCTYPE html>
2   <head>
3     <meta charset="utf-8">
4     <meta http-equiv="X-UA-Compatible" content="IE=edge">
5     <title> 设置背景图像尺寸 </title>
6     <style type="text/css">
7       #box1{
8         background-repeat: no-repeat;
9         background-size: 75px 50%;         /* 分别设置水平垂直方向尺寸 */
10      }
11      #box2{
12        background-repeat: no-repeat;
13        background-size: cover;            /* 最大大小 */
14      }
15      #box3{
16        background-repeat: no-repeat;
17        background-size: contain;          /* 最大完整图像 */
18      }
19      .block{
20        margin: 10px;
21        float: left;
22        background-image:url(img/cat.png);
23        width: 150px;
24        height: 150px;
```

```
25        border: 1px solid black;
26      }
27    </style>
28  </head>
29  <body>
30    <p>设置背景图像尺寸</p>
31    <div id="box1" class="block"></div>
32    <div id="box2" class="block"></div>
33    <div id="box3" class="block"></div>
34  </body>
```

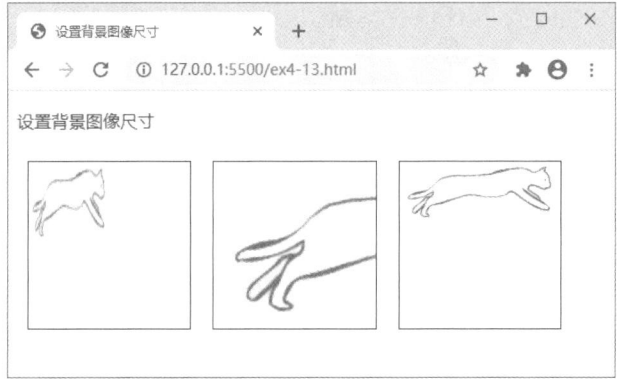

图 4-21　ex4-13 的运行结果

（5）背景图像固定。通过背景图像固定（background-attachment）属性可以设置背景图像固定的方式。背景图像固定属性值及说明如表 4-8 所示。

表 4-18　背景图像固定属性值及说明

属 性 值	说　　　明
scroll	仅随页面的滚动而滚动，默认值
fixed	不随页面或元素的滚动而滚动
local	既随页面滚动，也随元素的滚动而滚动

【例 4-14】设置背景图像固定，示例代码参见本书配套的代码文件 ch04\ex4-14.html。具体代码如下，运行结果如图 4-22 所示。

ex4-14.html

```
1  <!DOCTYPE html>
2  <head>
3    <meta charset="utf-8">
4    <meta http-equiv="X-UA-Compatible" content="IE=edge">
5    <title>设置背景图像固定</title>
6    <style type="text/css">
7      .box2 {
```

```
8        background-attachment: fixed;         /* 设置背景位置固定 */
9      }
10     .box3 {
11        background-attachment: local;         /* 设置背景位置固定 */
12     }
13     .block {
14       height: 200px;
15       margin: 10px;
16       border: 1px solid black;
17       background-image: url(img/star.png);
18       background-repeat: no-repeat;         /* 不平铺 */
19       background-position: center;          /* 水平居中 */
20       overflow-y: scroll;                   /* 垂直方向溢出后使用滚动条 */
21     }
22   </style>
23 </head>
24 <body>
25   <p>设置背景图像固定</p>
26   <div id="box1" class="block">
27     <p>scroll</p>
28     <p>向下滚动页面</p>
29     <p>向下滚动页面</p>
30     <p>向下滚动页面</p>
31     <p>向下滚动页面</p>
32     <p>向下滚动页面</p>
33     <p>向下滚动页面</p>
34     <p>向下滚动页面</p>
35   </div>
36   <div id="box2" class="block">
37     <p>fixed</p>
38     <p>向下滚动页面</p>
39      ……
40     <p>向下滚动页面</p>
41   </div>
42   <div id="box3" class="block">
43     <p>local</p>
44     <p>向下滚动页面</p>
45      ……
46     <p>向下滚动页面</p>
47   </div>
48 </body>
```

观察图 4-22 可知，box1 没有设置 background-attachment，故默认为 scroll，背景会随页面的滚动而滚动，但不会随元素内部的滚动而滚动；box2 将该属性设置为 fixed，背景图片的位置是以整个视口为参照的，无论页面还是元素滚动，背景图像均不滚动，但是这样会出现背景被遮挡的情况；box3 的 background-attachment 设置为 local，背景图片的位置以元素为参照，元素内部发生滚动时，背景图像也一起滚动，同时如果页面发生滚动时，背景也会随之滚动。

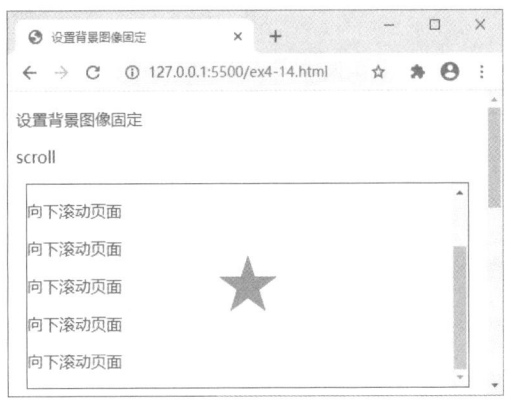

（a）box1

（b）box2

（c）box3

图 4-22　ex4-14 的运行结果

（6）其他背景设置。除了上述与背景图像位置有关的设置外，还有两个属性用于设置背景绘制区域和定位区域，这是 CSS3 中新增的属性。这些属性的取值如表 4-19 所示。

表 4-19 其他背景取值

属 性 名 称	设　　置	可设置值和说明	
background-clip	设置元素的背景图像或颜色绘图区域	border-box	延伸到边框下，默认值
		padding-box	延伸到内边距位置
		content-box	仅在内容区域内
		text	仅文字部分显示，实验性质
background-origin	设置背景图像的起始定位区域	border-box	延伸到边框下，默认值
		padding-box	延伸到内边距位置
		content-box	仅在内容区域内

注意：① background-clip 同时影响背景图像和背景颜色，而 background-origin 只影响背景图像。

② background-origin 与 background-attachment 的设置有关。如果 background-attachment 设置为 fixed，则 background-origin 的设置将无效。

【例 4-15】设置背景显示区域，示例代码参见本书配套的代码文件 ch04\ex4-15.html。具体代码如下，运行结果如图 4-23 所示。

ex4-15.html

```
1   <!DOCTYPE html>
2   <head>
3     <meta charset="utf-8">
4     <meta http-equiv="X-UA-Compatible" content="IE=edge">
5     <title>设置其他背景属性</title>
6     <style type="text/css">
7       #box1 { background-clip: border-box;  }
8       #box2 { background-clip: padding-box; }
9       #box3 { background-clip: content-box; }
10      #box4 {
11        background-clip: text;                /* 浏览器可能不兼容 */
12        -webkit-background-clip: text;
13        color: transparent;
14      }
15      #box5 { background-origin: border-box; }
16      #box6 { background-origin: padding-box;}
17      #box7 { background-origin: content-box;}
18      #box8 {
19        background-clip: content-box;
20        background-origin: content-box;   /* 同时设置两种属性 */
21      }
22      .block {
23        height: 80px;
24        width: 80px;
```

```
25        margin: 10px;
26        padding: 10px;
27        float: left;
28        border: 5px dotted black;
29        background-image: url(img/star.png);
30        background-size: 100px 100px;
31        background-color:#afafaf;
32        background-repeat: no-repeats;
33        color: white;
34        font-size: 20px;
35        text-align: center;
36      }
37      .clear{ clear: both; }
38    </style>
39  </head>
40  <body>
41    <p>设置其他背景属性 </p>
42    <p>background-clip</p>
43    <div id="box1" class="block">border-box</div>
44    <div id="box2" class="block">padding-box</div>
45    <div id="box3" class="block">content-box</div>
46    <div id="box4" class="block">text</div>
47    <p class="clear">background-origin</p>
48    <div id="box5" class="block clear">border-box</div>
49    <div id="box6" class="block">padding-box</div>
50    <div id="box7" class="block">content-box</div>
51    <div id="box8" class="block">content-box</div>
52  </body>
```

图 4-23　ex4-15 的运行结果

　　观察图 4-23 可知，background-clip 可以同时设置背景图像和背景颜色，其中 text 方式较为特殊，只让背景在有文字的部分显示，但是目前处于实验状态，只有部分浏览器支持；background-origin 只对背景图像有效，对背景颜色无效。由于绘制图像的起点不同，可以看到背景图像的位置不一样。最后一个盒子同时设置了 background-clip 和 background-origin，两种属性进行了叠加。

3. 设置背景简写属性

通过上述介绍，读者已经掌握了背景的大部分属性设置，本节介绍背景简写（background）属性。利用 background 可以在一次声明中定义一个或多个背景图像，还可以设置背景色。下面是其语法说明：

```
background :<bg-layer># ,<background-color>? <bg-layer>
```

CSS3 允许元素设置多个背景图像，每个背景图像分为一层。< bg-layer > 表示一个背景图像的所有属性集合，设置时可以按任意顺序设置背景图像的不同属性，属性间用空格隔开；没有设置的属性将使用该属性的默认值。设置多个背景图像时，不同背景图像间用 "," 分隔。<background-color> 表示背景颜色，由于一个元素最多允许设置一个背景颜色，所以背景颜色只能设置在最后一个背景图像属性的前方。相关属性值及说明如表 4-20 所示。

表 4-20　background 背景简写属性值及说明

属 性 值	说　明
<bg-layer>	用于设置一个背景图像的相关属性： <background-image>||<background-position>[/<background-size>]?||<background-repeat>||<attachment>||<box>||<box> 其中，<box> 代表 background-clip 和 background-origin。如果只设置一个，则代表 2 个属性使用相同的值；如果设置两个 <box>，则第一个代表 background-origin，第二个代表 background-clip
<background-color>	背景颜色

【例 4-16】设置背景简写属性，示例代码参见本书配套的代码文件 ch04\ex4-16.html。具体代码如下，运行结果如图 4-24 所示。

ex4-16.html

```
1   <!DOCTYPE html>
2   <head>
3     <meta charset="utf-8">
4     <meta http-equiv="X-UA-Compatible" content="IE=edge">
5     <title>设置背景简写属性 </title>
6     <style type="text/css">
7       body{
8         /* 分别设置 2 个背景图像的相关属性 */
9         background:url(img/cat.png) no-repeat right top fixed  #d8d8d8
    url(img/star.png);
```

```
10        }
11      #box1 {
12        height: 250px;
13        /* 只设置1个背景图像的相关属性 */
14        background: #ffffff url(img/cat.png) no-repeat 50% local;
15        color: gray;
16        overflow-y: scroll;
17      }
18      .block {
19        border: 1px solid black;
20      }
21    </style>
22  </head>
23  <body>
24    <p>设置背景简写属性</p>
25    <br/>
26    <div id="box1" class="block">层叠样式表……从而实现级联效果。</div>
27  </body>
```

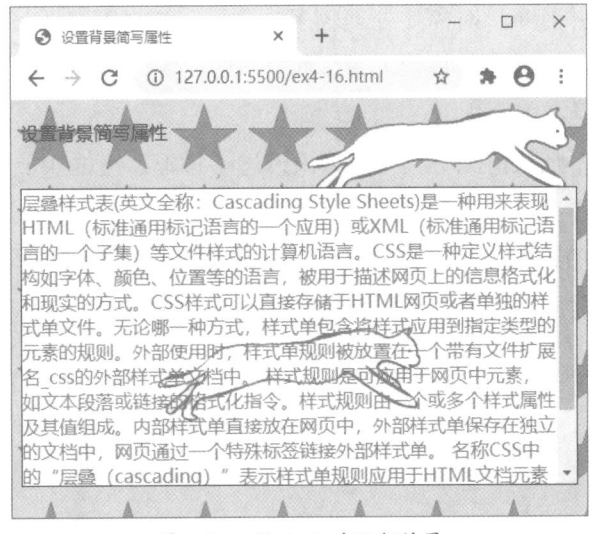

图 4-24　例 4-16 的运行结果

任务 4-6　CSS3 新增效果设置

知识目标：

- 了解和掌握圆角（radius）、阴影（shadow）和反射（reflect）属性的使用方法
- 了解和掌握过渡（transition）属性的使用方法
- 了解和掌握变形（transform）属性的使用方法
- 了解和掌握动画（animate）属性的使用方法

导语 🐝

本任务将对 CSS3 中与效果相关的 CSS 属性进行详细介绍。

在 CSS3 之前，要让网站动起来，增加一些特效，例如动画、过渡效果等，需要借助一些技巧或者利用动态图片、Flash 和 JavaScript 等方式实现。虽然通过各种方法能够实现这些效果，但实现起来都较为复杂，开发效率不高，甚至存在运行效率和系统安全问题。

CSS3 提供了多种效果设置，能够大幅提升开发效率。本任务将介绍动画、过渡、变形、圆角等效果的设置方法。

知识点 📖

1. 设置边框圆角、阴影

在没有 CSS3 原生属性支持前，边框圆角、阴影也能够实现，但非常烦琐。首先需要预先绘制好所需的效果图片，然后对图片进行切图，最后将切好的圆角、阴影和反射效果图片设置为对应元素的背景图片。这样，为了实现相关设计，就需要大量的美工工作作为铺垫，并且布局时需要处理较多的元素。如果需要调整效果，就需要重复上述工作，效率极其低。CSS3 提供了一系列全新的设置，完成上述工作变得非常简便。下面对这些属性进行详细的介绍。

（1）设置圆角。默认情况下，元素如果设置了边框，边框 4 个角都是直角。CSS3 中提供了将边框 4 个角设置为圆角的方式。边框的 4 个角可以分别设置圆角的参数，圆角可以是圆形或椭圆形。如果采用圆形，需给出圆的半径；如果是椭圆，则需要分别给出水平半径和垂直半径，如图 4-25 所示。

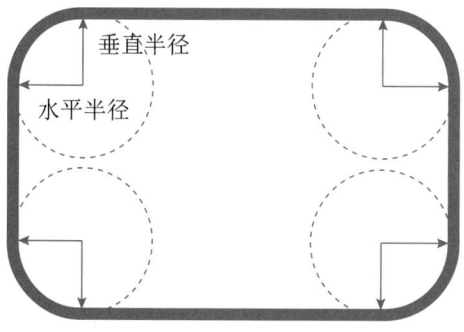

图 4-25　圆角绘制示意图

四角独立的圆角属性语法如下：

```
border-top-left-radius
border-top-right-radius                :<length-percentage>{1,2}
border-bottom-right-radius
border-bottom-left-radius
```

圆角属性的属性值及说明如表 4-21 所示。

表 4-21　圆角属性值及说明

属 性 值	说　　明		
<length-percentage >	设置边框圆角	<length>	用长度值设置圆角，只能为正
		<percentage>	用百分比设置圆角，只能为正

其中，第 1 个参数代表水平半径，第 2 个参数代表垂直半径。同时设置 2 个参数，则圆角为椭圆形；如果只设置 1 个参数，则圆角为圆形。

除了使用独立设置方式外，CSS 中还可以使用 border-radius 简写属性，一次性设置一个或同时多个方位的内边距。border-radius 属性的语法格式为：

```
border-radius :<length-percentage>{1,4} [ / <length-percentage>{1,4} ]?
```

边框圆角设置可以设置两组参数，用"/"符号分割，每组参数可以设置 1~4 个属性值。第 1 组属性代表对应角的水平半径，第 2 组属性代表对应角的垂直半径。每组属性有以下几种表达方式。

①左上　右上　右下　左下
②左上　右上、左下　右下
③左上、右下　右上、左下
④左上、右下、右上、左下

上述格式中，每个属性需设置一个与表 4-21 要求一样的属性值。

（2）设置边框阴影。边框阴影（box-shadow）属性用于设置元素阴影，其语法格式为：

```
box-shadow :none | [ <color>? && [ <length>{2} <length [0,∞] >?
            <length>?] && inset? ]#
```

利用 box-shadow 属性可以为元素设置多个阴影，阴影属性值及说明如表 4-22 所示。

表 4-22　边框阴影属性值及说明

属 性 值	说　　明
<color>	阴影颜色，可选
<length>	第一个 <length>：阴影离元素的水平偏移，可为负； 第二个 <length>：阴影离元素的垂直偏移，可为负； 第三个 <length>：阴影的模糊范围，不能为负，可不设置； 第四个 <length>：阴影的扩散距离，可为负，可不设置
inset	设置该关键词后，阴影将从默认的外阴影变为内阴影
none	无阴影，默认值

【例 4-17】设置圆角和阴影属性，示例代码参见本书配套的代码文件 ch04\ex4-17.html。具体代码如下，运行结果如图 4-26 所示。

ex4-17.html

```
1   <!DOCTYPE html>
2   <head>
3       <meta charset="utf-8">
4       <meta http-equiv="X-UA-Compatible" content="IE=edge">
5       <title>设置边框圆角、阴影 </title>
6       <style>
7           .box1 {
8               border: 1px solid #2e6da4;
9               width: 400px;
10              height: 45px;
11              font-size: 32px;
12              text-align: center;
13              margin: 80px auto;
14          }
15          .box1:hover{
16              /* 设置圆角 */
17              border-radius: 30px 30px 30px 30px / 30px 30px 10px 10px;
18              /* 设置阴影 */
19              box-shadow:10px 10px 10px 10px #444444;
20              background-color: #337ab7;
21              color: white;
22              cursor: pointer;
23          }
24      </style>
25  </head>
26  <body>
27      <div class="box1">移到元素上试试 </div>
28  </body>
```

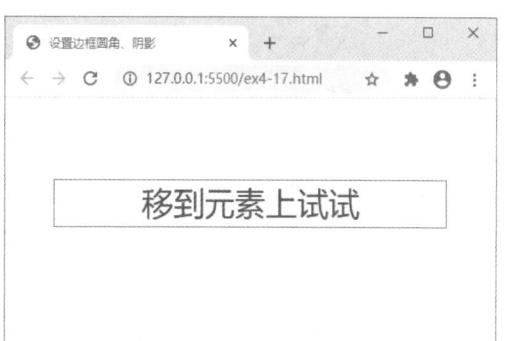

（a）未设置圆角和阴影

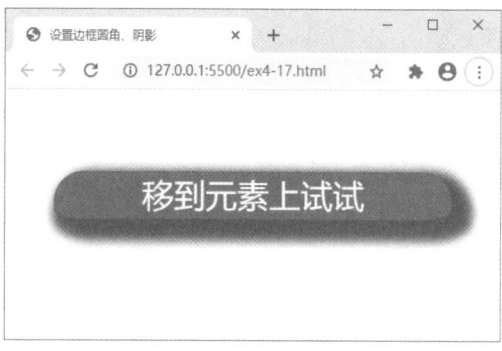

（b）设置圆角和阴影

图 4-26 ex4-17 的运行结果

观察图 4-24，页面中 box1 元素在默认情况下没有设置圆角，也没有设置阴影。当鼠标移动到元素上时，通过 :hover 伪元素为 box1 添加了圆角设置和阴影设置，box1 元素的左上角和右上角设置了圆形圆角，左下角和右下角设置了椭圆形圆角；元素外侧添加了一个颜色为 #444444 的阴影。

思考：只利用圆角设置，如何将一个元素变成圆形？

2. 设置变形

CSS3 支持将元素按照 2D 或 3D 的方式进行旋转、缩放、移动或倾斜等形象变形，即变形（transform）属性。通过 transform 属性，一方面扩展了元素的表现形式；另一方面配合过渡、动画等设置，可以实现更多的特效。

（1）变形属性。transform 属性用于设置元素变形，语法格式如下（该格式同时适用于 2D 和 3D 变形）：

```
transform :none | <transform-function>+
```

变形需要通过设置 <transform-function> 变形函数实现，transform 属性支持同时设置一个或多个变形函数。transform-function 种类较多，相关的 2D、3D 变形函数及说明如表 4-23、表 4-24 所示。其中一部分函数有对应的 CSS 属性，可以单独设置，包括 rotate、scale、translate、perspective 等。

表 4-23 2D 变形函数及说明

类　别	函　　数	说　　明
倾斜扭曲	skew(<angle>[,<angle>])	设置图像倾斜扭曲，第 1 个 <angle> 代表沿 X 轴扭曲的角度，第 2 个 <angle> 代表沿 Y 轴扭曲的角度。如果第 2 个 <angle> 未提供，则默认为 0
	skewX(<angle>)	单独设置 X 轴倾斜扭曲的角度
	skewY(<angle>)	单独设置 Y 轴倾斜扭曲的角度
缩放	scale(<number>[,<number>])	设置图像缩放，第 1 个 <number> 对应 X 轴的缩放比例，第 2 个 <number> 对应 Y 轴的缩放比例。如果第 2 个 <number> 未提供，则默认等于 X 轴比例，即等比例缩放
	scaleX(<number>)	单独设置 X 轴的缩放比例
	scaleY(<number>)	单独设置 Y 轴的缩放比例
平移	translate(<length |percentage>,[<length |percentage>])	设置图像平移，第 1 个 <length | percentage> 对应 X 轴，第 2 个对应 Y 轴。如果第 2 个未提供，则默认为 0
平移	translateX(<length |percentage >)	单独设置 X 轴的图像平移量
	translateY(<length |percentage >)	单独设置 Y 轴的图像平移量

续表

类　别	函　数	说　明
旋转	rotate(<angle>)	设置图像旋转，<angle> 代表旋转角度
变换矩阵	matrix(<number>[,<number>]{5})	通过一个含 6 个数值的变形矩阵指定一个 2D 变形。所有的 2D 变形实际都可以用该矩阵表达

表 4-24　3D 变形函数及说明

类　别	函　数	说　明
缩放	scale3d(<number>,<number>,<number>)	设置图像缩放，第 1 个 <number> 对应 X 轴，第 2 个 <number> 对应 Y 轴，第 3 个 <number> 对应 Z 轴
	scaleX(<number>)	单独设置 X 轴的缩放比例，2D、3D 通用
	scaleY(<number>)	单独设置 Y 轴的缩放比例，2D、3D 通用
	scaleZ(<number>)	单独设置 Z 轴的缩放比例，仅适用于 3D
平移	translate3d(<length|percentage>,<length|percentage>,<length>)	设置图像平移，第 1 个参数对应 X 轴，第 2 个参数对应 Y 轴，第 3 个参数对应 Z 轴
	translateX(<length |percentage >)	单独设置 X 轴图像的平移量
	translateY(<length |percentage >)	单独设置 Y 轴图像的平移量
	translateZ(<length>)	单独设置 Z 轴图像的平移量
旋转	rotate3d(<number>,<number>,<number>,[<angle>])	设置 3D 图像旋转，3 个 0~1 的数值分别代表 X、Y、Z 轴的旋转矢量，<angle> 代表旋转角度
	rotateX(<angle>)	单独设置 X 轴的旋转角度
	rotateY(<angle>)	单独设置 Y 轴的旋转角度
	rotateZ(<angle>)	单独设置 Z 轴的旋转角度
变换矩阵	matrix3d(<number>#{16})	通过一个含 16 个数值的 4×4 变形矩阵指定一个 3D 变形。所有的 3D 变形实际都可以用该矩阵表达
透视	perspective(<length[0, ∞]>)	为 3D 转换元素定义透视视图，定义 z=0 平面与用户之间的距离

（2）变形原点。元素进行变形时，还涉及一个变形原点的问题。所谓变形原点，就是元素变形时围绕的中心点。例如旋转时需要围绕一个旋转中心，这个旋转中心就是变形原点。默认情况下，原点在元素的几何中心位置，即 X 轴的 50%、Y 轴的 50% 处。

可以通过设置变形原点（transform-origin）属性自定义原点位置。transform-origin 属性语法和参数说明如下（该格式同时适用于 2D 和 3D 变形）：

语法格式 1：

```
transform-origin :left | center | right | top | bottom | <length-percentage>
```

使用该格式仅需要一个参数，用方位关键词、长度或百分比表示原点的 X 轴和 Y 轴使用相同的坐标或方位。

语法格式 2：

```
transform-origin :left | center | right | <length-percentage>
                  top | center | bottom | <length-percentage>  [<length>]
```

使用该格式需要至少 2 个参数：第 1 个参数使用部分方位关键词、长度或百分比来表示原点的 X 轴坐标或方位；第 2 个参数表示原点的 Y 轴坐标或方位；第 3 个参数为可选参数，只能使用长度单位，表示 Z 轴的位置。

（3）变形样式。transform 属性可实现对单个元素的 2D 或 3D 变形。如果多个元素都进行了变形，那么元素与元素间的空间关系也存在 2D、3D 的区别。如果元素间以 2D 空间呈现，那么元素都在同一个平面上，无论元素本身是 2D 还是 3D 变形；如果元素间以 3D 空间呈现，而元素本身进行了 3D 变形，那么元素间将呈现 3D 空间效果。CSS3 中引入了 transform-style 属性来设置变形后元素间的空间呈现方式，其语法格式如下：

```
transform-style :flat | preserve-3d
```

transform-style 需要设置在变形元素的父元素上才有效，flat 表示子元素以平面 2D 方式呈现，preserve-3d 表示子元素保留 3D 空间的位置信息。

【例 4-18】设置元素的变形属性，示例代码参见本书配套的代码文件 ch04\ex4-18. html。具体代码如下，运行结果如图 4-27 所示。

ex4-18.html

```
1   <!DOCTYPE html>
2   <head>
3     <meta charset="utf-8">
4     <meta http-equiv="X-UA-Compatible" content="IE=edge">
5     <title> 设置变形效果 </title>
6     <style>
7       .box2d,.box3d{
8         border: 1px dashed red;
9         width: 74px;
10        height: 102px;
11        float: left;
12        margin: 20px;
13      }
14      .box3d{
15        /* 设置 3D 透视深度 */
16        perspective: 100px;
17      }
```

```
18      .box3d-style{
19          /* 设置元素以 3D 方式呈现 */
20          transform-style: preserve-3d;
21      }
22      .box1,.box2{
23          border: 1px solid #2e6da4;
24          width: 72px;
25          height: 100px;
26          font-size: 12px;
27          text-align: center;
28          background-image: url(img/A.png);
29          background-size: 100%;
30      }
31      .clearfloat{
32          clear: both;
33      }
34      .box1-2{   transform:skew(15deg,15deg);        /* 2D 倾斜 */        }
35      .box1-3{   transform:scale(0.8);               /* 2D 缩放 */      }
36      .box1-4{   transform:translate(-30px,-20px); /* 2D 平移 */   }
37      .box1-5{   transform:rotate(30deg);            /* 2D 旋转 */        }
38      .box1-6{
39          transform:rotate(30deg);
40          transform-origin: left 0px;                /* 修改变形原点 */
41      }
42      .box1-7{
43          /* 使用 2D 矩阵实现和 box1-6 一样的效果 */
44          transform:matrix(0.866,0.5,-0.5,0.866,0,0);
45          transform-origin: left 0px;
46      }
47      .box2-2{
48          transform:scale3d(1,1,1.5) rotate3d(0,1,0,30deg); /* 3D 缩放 */
49      }
50      .box2-3{   transform:translate3d(0,0,-20px) ;         /* 3D 平移 */ }
51      .box2-4{   transform:rotate3d(0,1,0,30deg);           /* 3D 旋转 */ }
52      .box2-5{
53          /* 使用 3D 矩阵实现和 box2-4 一样的效果 */
54          transform:matrix3d(0.866,0, -0.5,0,
55                                       0,1,     0,0,
56                                     -0.5,0,0.866,0,
57                                       0,0,     0,1);
58      }
59      .box2-6{
60          position: absolute;
61          top: 0;
62          transform:scale3d(1,1,1.5) translate3d(10px,15px,0) ;
63      }
64  </style>
```

65	`</head>`
66	`<body>`
67	`<p>2D 变形 </p>`
68	`<div class="box2d"><div class="box1 box1-1"> 正常 </div></div>`
69	`<div class="box2d"><div class="box1 box1-2"> 倾斜扭曲 </div></div>`
70	`<div class="box2d"><div class="box1 box1-3"> 缩放 </div></div>`
71	`<div class="box2d"><div class="box1 box1-4"> 平移 </div></div>`
72	`<div class="box2d"><div class="box1 box1-5"> 旋转 </div></div>`
73	`<div class="box2d"><div class="box1 box1-6">修改原点再旋转 </div></div>`
74	`<div class="box2d"><div class="box1 box1-7">2D 矩阵 </div></div>`
75	`<p class="clearfloat">3D 变形 </p>`
76	`<div class="box3d"><div class="box2 box2-1"> 正常 </div></div>`
77	`<div class="box3d"><div class="box2 box2-2"> 缩放 </div></div>`
78	`<div class="box3d"><div class="box2 box2-3"> 平移 </div></div>`
79	`<div class="box3d"><div class="box2 box2-4"> 旋转 </div></div>`
80	`<div class="box3d"><div class="box2 box2-5">3D 矩阵 </div></div>`
81	`<div class="box3d"><div class="box2 box2-4">Flat</div><div`
82	`class="box2 box2-6">Flat</div></div>`
83	`<div class="box3d box3d-style"><div class="box2 box2-4">3d</`
84	`div><div class="box2 box2-6">3d</div></div>`
85	`</body>`

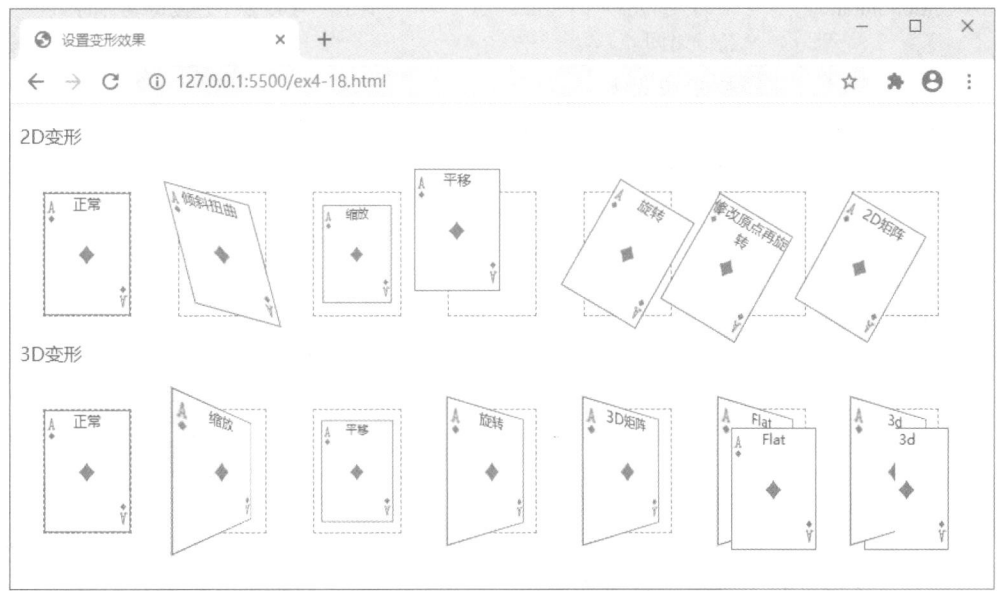

图 4-27　ex4-18 运行结果

观察图 4-27，2D 变形时，需要注意以下几点：①关于变形原点（transform-origin）。观察 2D 变形的图案 5 和图案 6，两者原点不同，旋转后呈现了不同效果。②关于 2D 矩阵（matrix）。观察图案 6 和图案 7，效果是一致的，其中前者使用了旋转函数，后者使用了矩阵。3D 变形时，需要注意以下几点：① *Z* 轴方向的变换有时需要通过叠加其他变换才能有效果，这是因为视口是 2D。例如 3D 变形中的图案 2，Z 轴的缩放结合了旋转才被体现出来。②关于呈现方式（transform-style）。观察 3D 变形的图案 6 和图案 7，两者呈现方式不同，前者是平面方式，后者是 3D 方式。在 3D 方式下，2 个元素因 Z 轴位置的不同而出现了遮挡。

3. 设置过渡

CSS3 可将元素从一个 CSS 样式平滑地过渡到另一个样式，即过渡（transition）属性。典型的应用是当鼠标移入、移出元素时，给样式变化的过程增加过渡效果。

要实现过渡，需要设置参与过渡的 CSS 属性、过渡的持续时间、过渡开始的延迟时间以及过渡的动画效果类型。过渡的属性值及说明如表 4-25 所示。

表 4-25　过渡的属性值及说明

属性名称	说　　明	属 性 值	
transition-property	检索或设置对象中参与过渡的属性	all	所有支持过渡的属性都过渡
		none	无过渡性
		\<property>	指定需要过渡的 CSS 属性，例如 width、height 等
transition-duration	检索或设置对象过渡的持续时间	\<time>	设置一个或多个过渡持续时间
transition-delay	检索或设置对象延迟过渡的时间	\<time>	设置一个或多个过渡延迟时间
transition-timing-function	检索或设置对象中过渡的动画类型	linear	线性过渡
		ease	平滑过渡
		ease-in	由慢到快过渡
		ease-out	由快到慢过渡
		ease-in-out	由慢到快再到慢过渡
		cubic-bezier()	自定义贝塞尔曲线，指定 4 个 [0,1] 的数值，用逗号隔开

除了使用独立设置方式外，CSS3 中还可以使用 transition 简写属性在一条设置中同时设置多组不同的过渡效果，每组设置用于定义一个 CSS 属性的渐变参数，其语法格式为：

```
transition :[ [ none | all | <'property'>] || <'transition-duration'> ||
            <'transition-timing-function'> || <'transition-delay'>]#
```

【例 4-19】设置元素的过渡属性，示例代码参见本书配套的代码文件 ch04\ex4-19.html。具体代码如下，运行结果如图 4-28 所示。

ex4-19.html

```
1   <!DOCTYPE html>
2   <head>
3     <meta charset="utf-8">
4     <meta http-equiv="X-UA-Compatible" content="IE=edge">
5     <title>设置过渡效果</title>
6     <style>
7       .box1{
8         margin: 10px;
9         border: 1px solid #2e6da4;
10        width: 200px;
11        height: 100px;
12        font-size: 1em;
13        text-align: center;
14        color: white;
15        background-color: gray;
16        /* 恢复到默认状态的过渡效果 */
17        transition-property: width;
18        transition-duration: 2s;
19        transition-timing-function: ease-in-out;
20        transition-delay: 1000ms;
21      }
22      .box1:hover{
23        width: 50px;
24        background-color: red;
25        /* 鼠标在元素上时的过渡效果 */
26        transition: all 1s linear;
27      }
28    </style>
29  </head>
30  <body>
31    <div class="box1">移到元素上试试</div>
32  </body>
```

（a）正常样式

（b）鼠标移动到元素上时的样式

图 4-28　ex4-19 的运行结果

　　观察图 4-28，页面中 box1 元素具有两种样式，一个正常样式，一个是鼠标移动到元素上时的样式。分别为两个状态下的样式添加了两个过渡效果：①鼠标移到元素上时，通过复合设置将所有发生变化的样式在 1 秒内以线性过渡方式过渡到 hover 样式；②鼠标移开元素时，通过 4 个独立的过渡设置将 width 属性延迟 1 秒后按照平滑过渡方式在 2 秒内过渡到原样式。

　　4. 设置动画

　　上面介绍的过渡属性可以实现动画效果，其功能相对简单。如果需要设置多段动画的复杂效果，可以使用动画属性进行设置。

　　动画属性主要包括两个重要的内容，一个是 @keyframes 关键帧设置，另外一个是 animation 相关属性。下面分别介绍相关内容。

　　（1）@keyframes。@keyframes 用于指定动画期间关键帧的属性值。关键帧用于控制动画序列的中间步骤。一个动画序列允许包含若干关键帧，通过设置百分比来定位关键帧在动画中的位置。每个关键帧可以绑定若干需要产生动画的 CSS 样式属性。@keyframes 设置可以被复用，在不同的动画设置中可以使用相同的关键帧设置。

　　@keyframes 的语法如下：

```
@keyframes <keyframes-name> { <keyframe-selector># { <declaration-list> } }
```

　　@keyframes 属性值及说明如表 4-26 所示。

表 4-26　@keyframes 属性值及说明

参 数 名 称	说　　明	属　性　值	
<keyframes-name>	设置该关键帧序列的名称	<custom-ident>	自定义名称
		String	使用字符串自定义名称
<keyframe-selector>	定位关键帧，允许设置若干个关键帧	<percentage>	使用 0~100% 百分比表示
		from	等同于 0%
		to	等同于 100%
<declaration-list>	CSS 样式属性	每个关键帧可以绑定一个或多个 CSS 属性如果绑定的 CSS 不支持动画属性则会被忽略	

　　（2）animation。仅依靠关键帧信息还不足以创建动画。关键帧仅描述了动画序列信息，要实现动画还需要描述动画的持续时间、关键帧过渡函数等属性。

　　CSS3 中的动画属性由多条独立属性构成，这些独立属性值及说明如表 4-27 所示。

表 4-27 动画属性值及说明

属 性 名 称	说 明	属 性 值	
animation-name	绑定关键帧动画的名称	<keyframes-name>	即 @keyframes 中设置的名称
animation-duration	每个动画完成一个循环的持续时间	<time>	持续时间
animation-timing-function	设置两个关键帧间的平滑过渡函数	linear	线性过渡
		ease	平滑过渡
animation-timing-function	设置两个关键帧间的平滑过渡函数	ease-in	由慢到快过渡
		ease-out	由快到慢过渡
		ease-in-out	由慢到快再到慢过渡
		cubic-bezier()	自定义贝塞尔曲线，指定 4 个 [0,1] 的数值，用逗号隔开
animation-delay	设置动画在启动前的延迟间隔	<time>	延迟时间
animation-iteration-count	设置动画播放次数	<number>	重复指定次数
		infinite	动画将不断重复
animation-fill-mode	设置当动画不播放（当动画完成或当动画有一个延迟未开始播放时）时，应用到的元素样式	none	没有效果
		forwards	动画结束后应用结束时的样式
		backwards	使用在 animation-delay 定义期间启动动画第一次循环的关键帧中定义的属性值
		both	forwards 和 backwards 情况下的样式都会应用
animation-play-state	设置动画为运行或暂停	running	动画正常运行
		paused	动画暂停
animation-direction	设置关键帧播放的顺序	normal	总是按顺序播放
		reverse	总是倒序播放
		alternate	奇数次按顺序播放，偶数次按逆序播放
		alternate-reverse	偶数次按顺序播放，奇数次按逆序播放

除了使用独立设置方式外，CSS3 中还可以使用 animation 简写属性在一条设置中设置表 4-25 中的动画属性，其语法格式如下：

```
animation :<single-animation>#
```

<single-animation> 可以设置多条，通过逗号隔开。每一条就代表一个动画设置，每条设置可以包含一个或多个动画属性，类似 transition 属性。每组的动画属性可以按任意顺序编写，但是设置中的第一个时间值表示 animation-duration，第二个时间值表示 animation-delay。

【例 4-20】设置元素的动画属性，示例代码参见本书配套的代码文件 ch04\ex4-20.html。具体代码如下，运行结果如图 4-28 所示。

ex4-20.html

```
1   <!DOCTYPE html>
2   <head>
3       <meta charset="utf-8">
4       <meta http-equiv="X-UA-Compatible" content="IE=edge">
5       <title>设置动画效果</title>
6       <style>
7           .box{
8               margin: 50px auto;
9               border: 1px dashed red;
10              width: 200px;
11              height: 175px;
12          }
13          .box1{
14              margin: 0 auto;
15              width: 200px;
16              height: 175px;
17              background-image: url("img/heart.png");
18              background-size:100% 100%;
19              /* 添加 2 组动画 */
20              animation: animation-scale  2s 1s 3 ease forwards ,
21              animation-background 8s 7s  infinite ;
22              /* 倒叙播放 */
23              animation-direction: reverse;
24          }
25          /* 两组动画对应的关键帧序列 */
26          @keyframes animation-scale
27          {
28              from {transform:scale(0.8);}
29              50%{transform:scale(1.5);}
30              to {transform:scale(1);}
31          }
32          @keyframes animation-background
33          {
34              from {background-color: white;}
35              10%,30%{background-color: yellow;}
36              40%,60%{background-color: blue;}
37              70%,90%{background-color:green;}
```

```
38              to {background-color:white;}
39          }
40      </style>
41  </head>
42  <body>
43      <div class="box">
44          <div class="box1"></div>
45      </div>
46  </body>
```

（a）实现元素大小变换

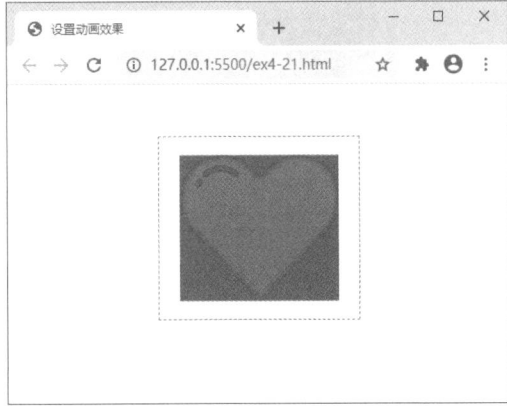

（b）实现背景颜色变换

图 4-29　ex4-20 的运行结果

　　观察图 4-29，图中的爱心设置了 2 组关键帧动画效果，动画都按照逆序播放。第一组关键帧动画实现了元素大小的变换，动画时长 2 秒，延迟 1 秒开始动画，动画重复 3 次，关键帧之间采用平滑函数过渡，动画完成后保留最后的样式；第二组关键帧动画实现了背景颜色的变换，动画时长 8 秒，延迟 7 秒开始动画，动画无限重复播放。其中每种颜色变换完成后能够保持 1.6 秒（20% 总时长）不变化，这是因为这些样式设置了 2 个 <keyframe-selector>，在设定的时间范围内，样式不会发生变化。

任务 4-7　企业网站首页分析

导语

　　通过学习任务 4-1~4-6，了解和掌握了盒子模型相关的知识以及 CSS3 新增效果的内容。从本任务开始，将利用已学习的知识来设计和实现一个较为复杂的企业网站首页，如图 4-30 所示。本任务首先对页面进行分析并完成基本的架构。

页面分析 ✎

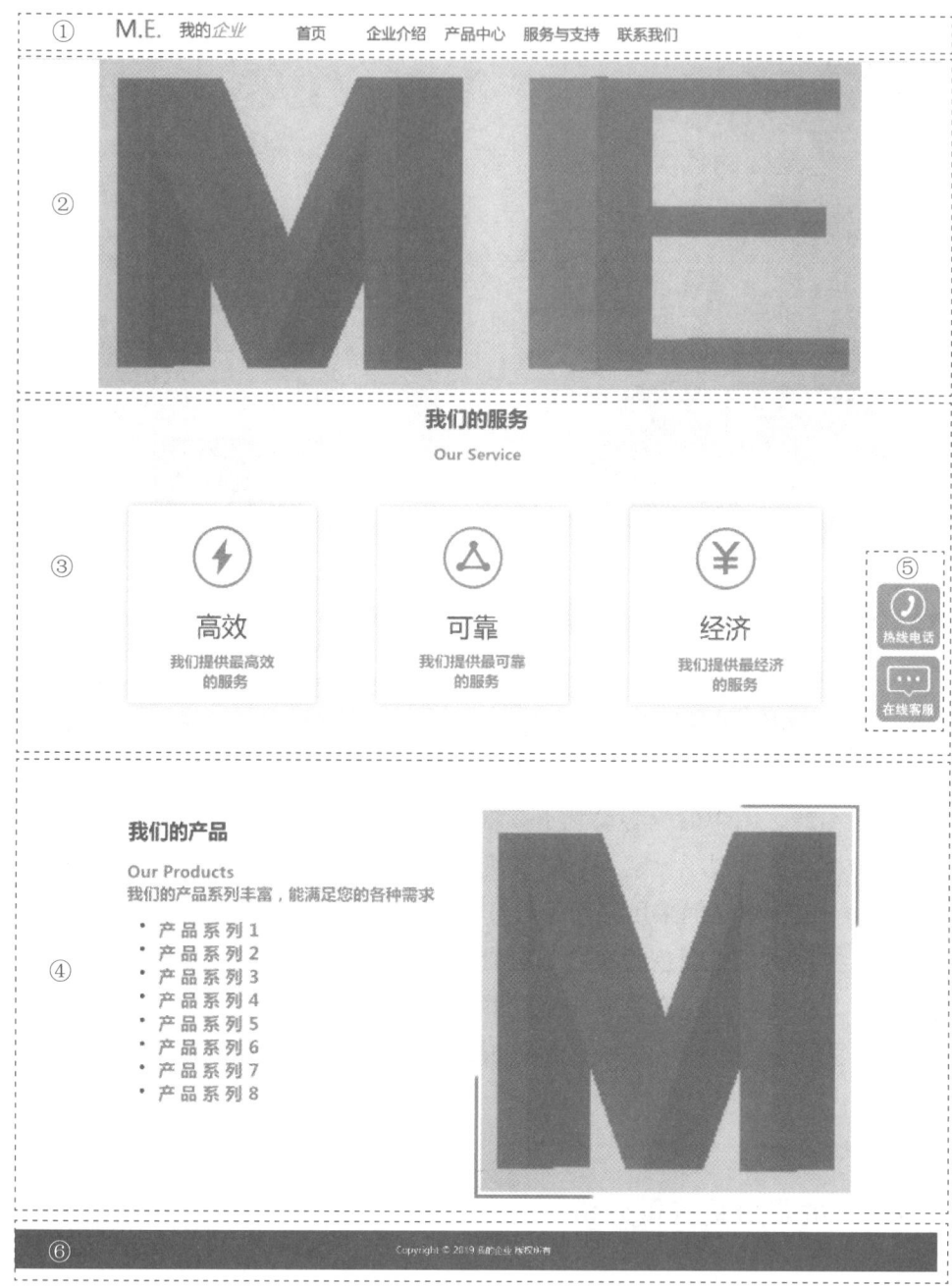

图 4-30　企业网站首页页面分析

虽然企业网站的首页看似略显复杂，但是通过将其分解成不同区块，可以降低分析的难度。如图 4-30 所示，企业网站首页已经按页面功能区域，从顶部到底部分割为 6 个模块，分别是①导航、②巨幕、③服务、④产品介绍、⑤浮动图标和⑥页脚。

页面架构

1. 准备工作

在计算机文件系统中创建项目文件目录，本书给项目文件夹取名为 PROJECT04；在 Visual Studio Code 中创建项目文件夹，在工作区中创建 HTML 文件 index.html、CSS 文件 main.css、header.css、footer.css；在项目文件夹下再创建一个 img 文件夹，将本项目所需的图片文件复制到该文件夹中。

2. 页面架构

（1）页面布局。使用 Visual Studio Code 打开 index.html 文件进行页面布局，相关代码如下所示：

```
1   <!DOCTYPE html>
2   <html class="no-js">
3   <head>
4     <meta charset="utf-8">
5     <meta http-equiv="X-UA-Compatible" content="IE=edge">
6     <title>M.E. 我的企业 -- 首页 </title>
7     <meta name="description" content="">
8     <meta name="viewport" content="width=device-width, initial-scale=1">
9     <link rel="stylesheet" href="index.css">
10  </head>
11  <body>
12    <!-- 导航 -->
13    <header></header>
14    <!-- 主要内容 -->
15    <main>
16      <!-- 巨幕 -->
17      <div class="jumbo_container"></div>
18      <!-- 服务 -->
19      <div class="service_container"></div>
20      <!-- 产品介绍 -->
21      <div class="product_container"></div>
22    </main>
23    <!-- 浮动图标 -->
24    <div class="float_container"></div>
25    <!-- 页脚 -->
26    <footer></footer>
27  </body>
28  </html>
```

上述 HTML 代码按照页面分析所划分的 6 个模块进行构建，导航部分放置在 <header> 中，页脚部分放置在 <footer> 元素中，浮动广告放置在 <div> 中。巨幕、服务、产品介绍属于页面的主要内容，分别放置在互相独立的 <div> 中，这些 <div> 被统一置于 <main> 中。

（2）基本样式。使用 Visual Studio Code 打开 index.css 文件，定义页面的基本样式，相关代码如下所示：

```
1  body {
2    /* 覆盖浏览器默认样式 */
3    margin: 0;
4    /* 全局字体设置 */
5    font-family: 微软雅黑 , 黑体 , 宋体 ,Arial, Helvetica, sans-serif;
6  }
```

至此，企业网站首页已经搭建好了框架，下面将按照页面的不同部分进一步展开分析并进行实现。

任务 4-8　导航模块的实现

页面分析 📝

导航模块由三部分构成，分别是企业 logo、企业名称和导航菜单，其中导航菜单由多个菜单项构成，如图 4-31 所示。

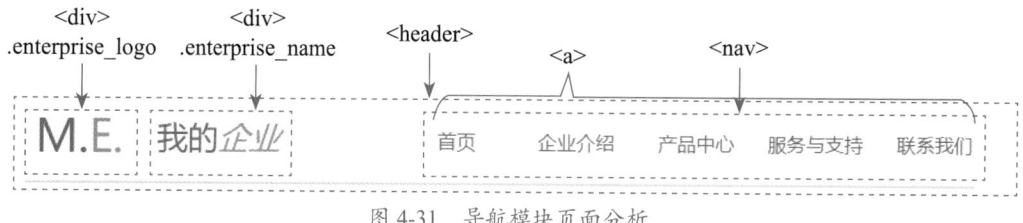

图 4-31　导航模块页面分析

根据上述分析，对首页界面进行如下设计。

（1）模块的各个部分放置在 <header> 中，这个容器用于控制模块的基本属性。

（2）企业 logo 放置在一个 <div> 中，图片通过 <img> 元素加载。

（3）企业名称文字放置在一个 <div> 中。

（4）导航菜单放置在 <nav> 中，每一个菜单项通过 <a> 超链接实现。

页面实现 📝

1. 页面布局

使用 Visual Studio Code 打开 index.html 文件，在 <header> 标签内添加相关代码，页面代码如下所示：

```
1  <header>
2    <!-- 企业 logo -->
```

```
3      <div class="enterprise_logo">
4        <img src="logo.png" />
5      </div>
6      <!-- 企业名称 -->
7      <div class="enterprise_name">
8        我的 <em> 企业 </em>
9      </div>
10     <!-- 导航菜单 -->
11     <nav>
12       <a href="#"> 首页 </a>
13       <a href="#"> 企业介绍 </a>
14       <a href="#"> 产品中心 </a>
15       <a href="#"> 服务与支持 </a>
16       <a href="#"> 联系我们 </a>
17     </nav>
18     <div class="clear"></div>
19   </header>
```

2. 页面样式

使用 Visual Studio Code 打开 index.css 文件，定义页面导航模块的相关样式，样式代码如下所示：

```
1    /* 导航模块 */
2    header {
3      width: 1200px;
4      height: 62px;
5      margin: 0 auto;                    /* 水平居中 */
6      border-bottom: 1px solid #ddd;  /* 添加水平线效果 */
7    }
8    /* logo */
9    .enterprise_logo,.enterprise_name,nav{  float: left;    }
10   /* 企业名称 */
11   .enterprise_name{
12     font-size: 26px;float: left;
13     padding: 10px 0 0 10px;
14   }
15   .enterprise_name em{  color: red;   }
16   /* 导航菜单 */
17   nav {
18     margin-top: 20px;
19     padding-left: 100px;
20   }
21   nav a{
22     padding-left: 40px;
23     color: #000000;
24     text-decoration: none;
```

```
25    }
26    nav a:hover{
27      cursor: pointer;
28      color: #05a;
29    }
30    .clear{  clear: both;  }
```

任务 4-9　巨幕、服务和产品介绍模块的实现

页面分析 ✏

巨幕、服务和产品介绍模块是页面的主要构成部分，下面对这三部分进行进一步分析。

1. 巨幕模块

巨幕模块用于实现图片轮播功能，屏幕上每次只显示 1 张巨幕图片，多张图片通过动画效果划动切换，页面结构如图 4-32 所示。

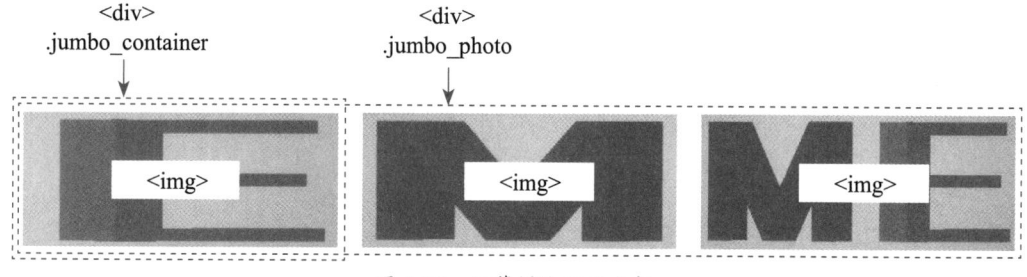

图 4-32　巨幕模块页面分析

可通过如下技巧来实现轮播功能。

（1）构建 1 个最外层的 <div> 元素 .jumbo_container，该元素的宽度 width 为正常页面宽度；设置溢出属性为 overflow:hidden，使大于元素宽度的任何内容不会被显示。

（2）构建 1 个内层 <div> 元素 .jumbo_photo，该元素的 width 为 300%，即父元素的 3 倍宽度。由于上层设置了隐藏溢出部分，所以实际看到的部分和最外层完全一致。

（3）轮播的图片一共 3 张，都通过 <img> 元素加载。每张图片宽度为 .jumbo_photo 宽度的 33.33%，即和最外层宽度一致；同时 <img> 设置了 float:left，这样 3 张图片将在同一行内显示。

（4）经过上述设计后，界面还只能看到第 1 张图片，接下来要利用动画效果来实现图片的轮播。在 .jumbo_photo 元素上添加 animation 动画。动画创建 3 个关键帧，3 个关键帧样式的 margin-left 属性分别设置为 0%、−100% 和 −200%，这些设置使在视口范围内看到的图片正好是不同的图片，其他的图片会被隐藏。

2. 服务模块

服务模块主要由标题和 3 个服务介绍框构成,页面结构如图 4-33 所示。

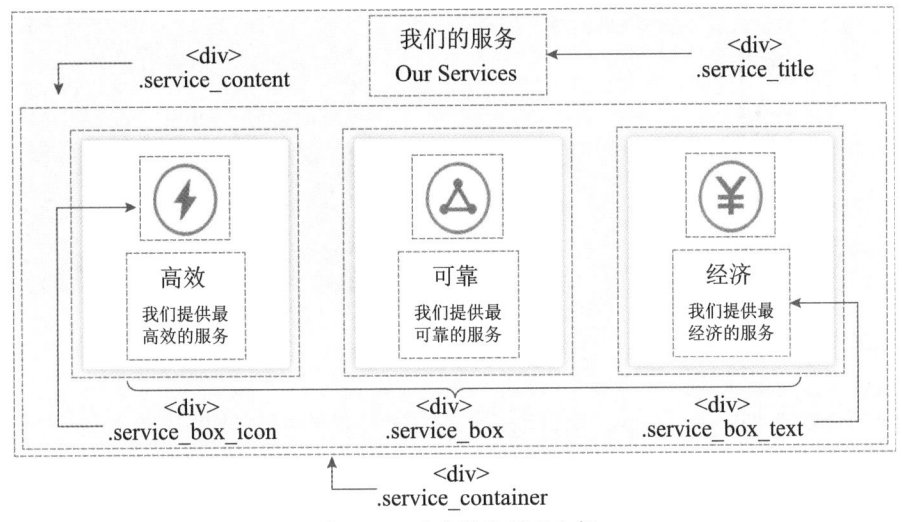

图 4-33　服务模块页面分析

服务模块页面的设计说明如下。

(1)构建 1 个最外层的 <div> 元素 .service_container,其宽度与巨幕一致。

(2)构建 1 个 <div> 元素 .service_title,用于显示标题文字。

(3)构建 1 个 <div> 元素 .service_content,内部构建 3 个 <div> 元素 .service_box,用于展示服务介绍。为了实现并列显示,可设置向左浮动。为了增加显示效果,可设置盒子阴影和边框圆角,鼠标移动到元素上时设置的阴影效果会更加明显。

(4)每个 .service_box 内包含 2 个 <div> 元素 .service_box_icon 和 .service_box_text,分别用于显示图标和文字。鼠标移动到图标元素上方时具有缩放效果和过渡效果。

3. 产品介绍模块

产品介绍模块由左侧的产品介绍和右侧的产品图像构成,页面结构如图 4-34 所示。

产品介绍模块页面的详细分析说明如下。

(1)构建 1 个最外层的 <div> 元素 .product_container,其宽度与巨幕一致。

(2)构建 2 个 <div> 元素 .product_content_left 和 .product_content_right,用于显示左侧的产品介绍文字和右侧的产品图片。为了实现并列显示,可设置浮动 float:left。

(3)product_content_left 内部文字由 <h1>、<h3> 及一个无序列表 <ul> 构成。

(4)product_content_right 内部仅包含一个 <img> 元素,用于加载产品图片。<img> 元素还设置了 1 张图片来当边框,作为装饰。

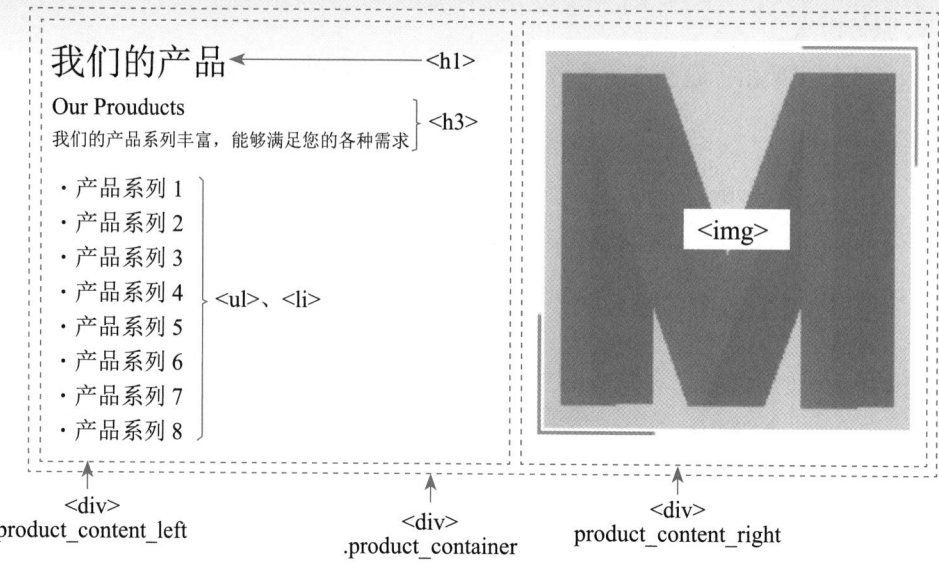

图 4-34　产品介绍模块页面分析

页面实现

1.页面布局

使用 Visual Studio Code 打开 index.html 文件，在 <main> 标签内添加巨幕、服务和产品介绍相关页面代码，具体代码如下所示：

```
1   <!-- 主要内容 -->
2   <main>
3     <!-- 巨幕 -->
4     <div class="jumbo_container">
5       <div class="jumbo_photo">
6         <img src="img/product1.png" />
7         <img src="img/product2.png" />
8         <img src="img/product3.png" />
9       </div>
10    </div>
11    <!-- 服务 -->
12    <div class="service_container">
13     <div class="service_title">
14       <h1> 我们的服务 </h1>
15       <h3 style="color: #888888;">Our Services</h3>
16     </div>
17     <div class="service_content">
18       <div class="service_box">
19       <div class="service_box_icon">
20         <img src="img/icon_efficient.png" />
21       </div>
22       <div class="service_box_text">
```

```
23        <div class="service_box_text_main ">高效 </div>
24        <div class="service_box_text_description">我们提供最高效的服务
   </div>
25      </div>
26     </div>
27     <div class="service_box">
28       <div class="service_box_icon">
29         <img src="img/icon_reliable.png" />
30       </div>
31       <div class="service_box_text">
32         <div class="service_box_text_main ">可靠 </div>
33         <div class="service_box_text_description">我们提供最可靠的服
   务 </div>
34       </div>
35     </div>
36     <div class="service_box">
37       <div class="service_box_icon">
38         <img src="img/icon_economical.png" />
39       </div>
40       <div class="service_box_text">
41         <div class="service_box_text_main ">经济 </div>
42         <div class="service_box_text_description">我们提供最经济的服
   务 </div>
43       </div>
44     </div>
45    </div>
46   </div>
47   <!-- 产品介绍 -->
48   <div class="product_container">
49     <div class="product_content_left">
50       <h1>我们的产品 </h1>
51       <h3>Our Prouducts</h3>
52       <h3>我们的产品系列丰富，能够满足您的各种需求 </h3>
53       <ul>
54         <li>产品系列 1</li>
55         ……
56         <li>产品系列 8</li>
57       </ul>
58     </div>
59     <div class="product_content_right">
60       <img src="img/product1.png" />
61     </div>
62   </div>
63 </main>
```

2. 页面样式

使用 Visual Studio Code 打开 index.css 文件，定义页面巨幕、服务和产品介绍模块的相关样式，样式代码如下所示：

```css
1   /* 巨幕模块 */
2   .jumbo_container {
3     width: 1200px;
4     height: 500px;
5     overflow: hidden;                        /* 溢出的图像隐藏 */
6     margin: 0 auto;
7   }
8   .jumbo_photo {
9     width: 300%;
10    animation: switch 6s ease-out infinite;       /* 动画设置 */
11  }
12  /* 关键帧 */
13  @keyframes switch {
14    0%, 25%   {  margin-left: 0; }
15    35%, 60%  { margin-left: -100%; }
16    70%, 100% { margin-left: -200%; }
17  }
18  .jumbo_photo>img {
19    float: left;
20    width: 33.33%;
21    height: 500px;
22  }
23  /* 服务模块 */
24  .service_container {    background-color: #f8f8f8;    }
25  .service_title {
26    width: 1200px;
27    margin: 0 auto;
28    text-align: center;
29    padding-top: 1px;
30  }
31  .service_content {
32    width: 1200px;
33    margin: 0 auto;
34    height: 450px;
35  }
36  .service_box {
37    float: left;
38    width: 300px;
39    height: 300px;
40    margin: 48px;
41    background-color: #fff;
42    box-shadow: 0px 0px 10px #BBB;                /* 阴影 */
43    border-radius:5px;                            /* 圆角 */
```

```
44    }
45    .service_box:hover {
46      box-shadow: 0px 0px 30px #888;
47    }
48    .service_box img{
49      width: 100%;
50      height: 100%;
51    }
52    .service_box:hover > .service_box_icon{
53      transform: scale(1.2);                    /* 缩放 */
54      transition: linear 0.6s;                  /* 过渡 */
55    }
56    .service_box_icon {
57      width: 96px;
58      height: 96px;
59      margin: 30px auto;
60    }
61    .service_box_text {
62      width: 128px;
63      height: 128px;
64      margin: 20px auto;
65      text-align: center;
66    }
67    .service_box_text_main {
68      font:40px  bold  宋体;
69    }
70    .service_box_text_description {
71      font:20px  bold  宋体;
72      color: #888;
73      margin-top: 10px;
74    }
75    /* 产品模块 */
76    .product_container {
77      width:1200px;
78      height: 600px;
79      margin: 0 auto;
80      padding: 50px;
81    }
82    .product_content_left,.product_content_right {
83      width:600px;
84      float: left;
85    }
86    .product_content_left ul{
87      margin-top:20px;
88      font-size:20px;
89    }
90    .product_content_left li{
```

```
91      font-size:20px;
92      margin: 10px auto;
93      letter-spacing:10px;
94   }
95   .product_content_right img{
96      /* 总宽度 600,img 宽度等于 width+border 宽度 */
97      width: 580px;
98      margin-left: 50px;
99      border: 10px solid transparent;
100     border-image: url(boarder.png) 10 10 stretch;
101  }
```

任务 4-10　浮动图标和页脚模块的实现

页面分析

　　浮动图标和页脚模块位于页面结构的最后，两者结构相对比较简单。浮动图标用于显示热线电话和在线客服的链接。浮动图标的显示方式与其他模块不同，其固定在视口右侧中间位置，且不随页面滚动而滚动。页脚模块用于显示版权信息。下面对这两部分进行进一步分析。

　　1. 浮动图标模块

　　浮动图标模块主要由两个超链接构成，页面结构如图 4-35 所示。

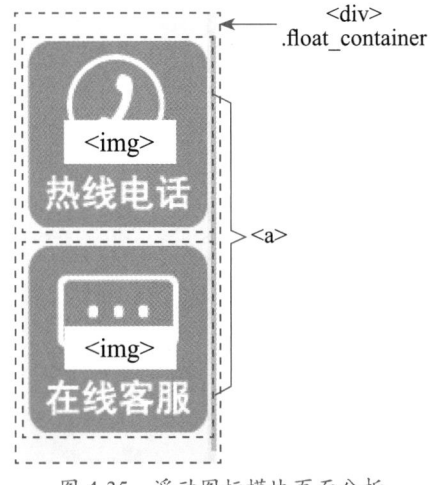

图 4-35　浮动图标模块页面分析

　　浮动图标模块的详细设计说明如下：

　　（1）构建 1 个最外层的 <div> 元素 .float_container，其定位方式属性 position 设置为 fixed，结合位置设置，就实现了将模块固定在视口右侧的中间位置；

（2）在 .float_container 中建立 2 个超链接 <a>，超链接的内容为对应的图片，这样通过单击图片就能触发超链接跳转。本项目没有进一步编写后续功能，感兴趣的读者可以自行完善这些功能。

2. 页脚模块

页脚模块比较简单，<footer> 元素中仅包含一个居中的 <div> 元素，此处不再赘述。

页面实现

1. 页面布局

使用 Visual Studio Code 打开 index.html 文件，在 <main> 标签内添加浮动图标和页脚模块的相关页面代码，具体代码如下所示：

```
1   <!-- 浮动广告 -->
2   <div class="float_container">
3     <a href="tel:1234567890"><img src="img/telephone.png" /></a>
4     <a href="#"><img src="img/online_service.png" /></a>
5   </div>
6   <!-- 页脚 -->
7   <footer>
8     <div class="copyright">Copyright © 2020 我的企业 版权所有 </div>
9   </footer>
```

2. 页面样式

使用 Visual Studio Code 打开 index.css 文件，定义页面浮动图标和页脚模块的相关样式，样式代码如下所示：

```
1   /* 浮动广告 */
2   .float_container{
3     position: fixed;           /* fixed 定位方式 */
4     right:5px;                 /* 因为图片有 5px 填充，所以离右侧 5px */
5     bottom: 50%;               /* 离底部距离等于所有 img 高度 + 填充 */
6     width: 100px;
7   }
8   .float_container img{
9     float: left;
10    width: 100%;
11    padding: 5px;
12  }
13  /* 页脚模块 */
14  footer{
15    margin: 0 auto;
16    background-color: black;
```

```
17  }
18  .copyright{
19    width: 1200px;
20    margin: 0 auto;
21    padding: 10px 10px;
22    text-align: center;
23    color: white;
24    font-size: 14px;
25  }
```

项目小结 🖉

项目 4 重点介绍了以下几个重要概念：① CSS 盒子模型；②视觉格式化模型和基本的元素显示类型；③定位方案。通过实例演示了以下 CSS 属性的设置方法：①内边距、外边距和边框属性；②显示类型属性；③定位、浮动和层叠级别属性；④背景颜色和背景图像属性；⑤ CSS3 边框圆角、图像变形、过渡和动画属性。最后通过一个企业网站首页的综合实例，演示了在实际开发中如何运用项目 4 介绍的相关知识。

行业网站设计篇

用 户 注 册 页 面

任务描述与技能要求

　　面向 C 端的现代企业通常会通过网站向其客户提供线上服务，客户享受这些服务通常需要注册账户。本项目将介绍如何制作用户注册页面。

　　本项目根据注册界面的一般需求，设计了如图 5-1 所示的用户注册页面效果。这个页面中主要用到了 HTML 表单元素。本项目将首先学习掌握包括表单元素及其控件在内的相关知识，然后完成用户注册页面的设计与实现。

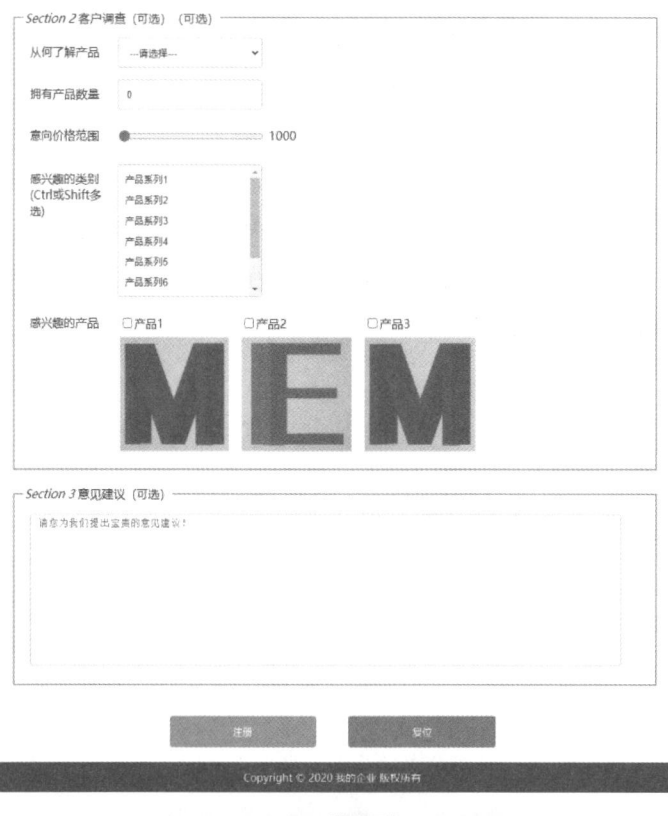

（a）第 1 页

（b）第 2 页

图 5-1　用户注册页面的效果

任务 5-1　表单的基本概念

> **知识目标：**
>
> - 了解并熟悉 HTML 表单
> - 掌握构建表单的基本方法

导语

本任务将向读者介绍表单的概念，学习如何构建一个简单的表单，并为表单增加基本的样式。

知识点

1.什么是表单

表单（form）是 Web 网页的重要组成部分，由控件（controls）（例如文本框、按钮、复选框等）、控件对应的标签（label）以及用来修饰表单的其他普通 HTML 元素构成。用户访问网页时通过表单可以与页面或后台服务器进行交互。这些表单中的数据随后可以通过页面的 JavaScript 进行处理，例如校验数据的有效性；也可以提交到服务器进行进一步处理，例如保存数据到数据库。

完成一个完整的表单应用通常需要以下几个步骤：编写用户界面、实现服务器端处理以及配置用户界面与服务器之间的通信。上述开发步骤可以按任意顺序进行。

下面通过一个用户登录表单，来介绍表单的基本构成。观察图 5-2 所示的表单，其内部主要包含 2 个文本输入框、2 个文字标签和 1 个按钮。文本输入框用于收集所需的数据，包括用户名和密码；标签用于提示用户对应的输入框应该输入什么内容；按钮用于提交该表单。

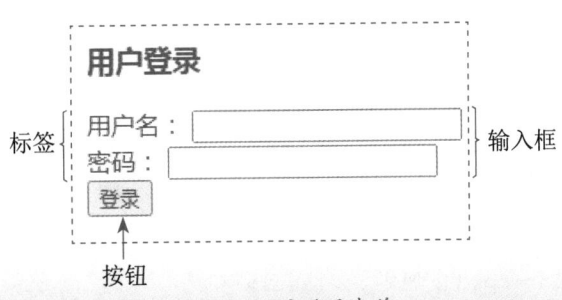

图 5-2　用户登录表单

2. 构建表单

为了构建图 5-2 所示的表单，将用到下列 HTML 表单元素：<form>、<label>、<input> 和 <button>。

使用 <form> 元素构建一个表单。<form> 元素是表单控件的容器，和 <table> 元素的作用类似，就像用于印刷传统表格的纸张。<form> 元素提供了一些属性，这些属性用于定义表单的某些基本特性。<form> 属性值及说明如表 5-1 所示。

表 5-1　<form> 属性值及说明

属 性 值	说　　明
action	规定表单提交到的地址（URL）
method	规定提交表单时所用的 HTTP 方法，主要指 get、post 等方法，默认为 get。get 方法将表单数据随 action 配置的 URL 地址一同提交，post 方法随表单数据隐式传递。无论用哪种方式传递，数据都是不够安全的，需要根据情况考虑是否对数据加密
target	规定在提交表单之后，在哪里显示响应信息，包括 _self（同一浏览上下文，即当前页面）、_blank（新建浏览上下文，即新开页面）、_parent（如果有父页面在父页面打开，否则同 _self）和 _top（在顶级浏览上下文中开打），默认为 _self
enctype	规定 method 为 post 时的内容格式（MIME Types），主要包括 application/x-www-form-urlencoded 和 multipart/form-data。前者是默认值，代表使用 URL 编码方式编码数据；后者不对数据编码，用于上传文件
novalidate	规定提交表单时不需要验证，使用布尔值代表，默认 false

下面是构建图 5-2 所示表单的 <form> 标签代码：

```
1  <form method="get" action="/login">
2  </form>
```

上述代码中使用了 method 属性和 action 属性，代表表单在提交时将使用 get 方式提交到 /login 这个地址处理。

完成表单构建后，就可以在表单中按需添加所需的表单控件了。在 <form> 表单中增加标题、文本框、对应的文字标签及提交按钮。添加相关功能后，上述代码片段修改如下：

```
1  <form method="get" action="/login">
2    <h3>用户登录 </h3>
3    <div>
4      <label for="username"> 用户名 :</label>
5  <input    required>
6    </div>
7    <div>
8      <label for="pwd"> 密码 :</label>
9      <input id="pwd" name="pwd" type="password">
10   </div>
```

```
11      <button type="submit">登录</button>
12    </form>
```

标题使用了 <h3> 元素，然后放置 2 个 <div> 元素作为容器来放置表单控件元素，这样便于后面设置 CSS 样式。每个 <div> 元素中包含 1 个 <label> 元素和 1 个 <input> 元素。

元素使用文字描述对应的表单控件填写的内容，类似表格的标题栏。<label> 元素还能绑定表单控件，当单击 <label> 时，就能让对应的控件自动获得焦点（Focus）。可以通过两种方法来绑定元素：①利用 for 属性，将 for 属性值设置为待绑定表单元素的 id 值。②将绑定的控件元素直接放置在 <label> 元素内部。

<input> 元素用于收集用户填写的各类数据。上述代码中使用了两种不同类型（type）的 <input> 控件，一种是普通的文本框（text），另一类是密码框（password）。<input> 元素通过 type 属性设置这些类型。另外 <input> 元素还可通过设置 name 属性区分不同的表单项。<input> 的具体用法将在后面展开介绍。

最后，<button> 元素用于实现表单提交。将 <button> 的 type 属性设置为 submit，这样用户单击"提交"按钮后，将提交表单数据至 <form> 元素中 action 属性指定的 URL 地址。

至此，就实现了一个基本的登录表单。

3. 表单样式

图 5-2 所示的表单功能上已经完整，但是还缺少较好的界面排版和布局，用户体验并不好。接下来将为表单添加一些 CSS 样式，实现表单的美化。

在 HTML 文档头部中添加下列样式代码：

```
1    <style>
2      form {
3        margin: 0 auto;              /* 使元素居中 */
4        padding: 10px;
5        width: 500px;
6        border: 1px dashed black;    /* 增加边框 */
7      }
8      h3 { text-align: center;  }
9      form div {
10       margin: 10px 0 10px 60px;
11       height: 2em;
12     }
13     label {
14       display: inline-block;       /* 使标签内部具有块元素特性 */
15       width: 100px;
16       text-align: right;           /* 文字右对齐 */
17     }
```

```
18    input {
19      padding: 0;
20      height: 90%;
21      width: 200px;
22      border: 1px solid #999;
23      border-radius: 5px;                /* 边框圆角 */
24    }
25    button {
26      margin-left: 200px;
27      height: 2em;
28      width: 100px;
29      border: 1px solid #999;
30      border-radius: 5px;
31      background-color: deepskyblue;
32      font-size: 1em;
33      color: white;
34    }
35  </style>
```

添加样式代码后的结果如图 5-3 所示，现在看起来整齐美观多了。当然，这个例子仅仅是抛砖引玉，在任务 5-3 中将对表单的样式设计做进一步详细介绍。上述代码参见本书配套的代码文件 ch05\ex5-demo.html。

用户登录

用户名：[   ]

密码：[   ]

[登录   ]

图 5-3　增加样式后的用户登录表单

任务 5-2　表单控件

知识目标：

- 了解并掌握 **<input>** 控件元素的使用方法
- 了解并掌握 **<textarea>** 控件元素的使用方法
- 了解并掌握 **<button>** 控件元素的使用方法
- 了解并掌握 **<select>**、**<datalist>**、**<option>**、**<optgroup>** 控件元素的使用方法
- 了解并掌握 **<progress>**、**<meter>** 控件元素的使用方法
- 了解并掌握 **<fieldset>**、**<legend>** 控件元素的使用方法

导语

在任务 5-1 中已经了解了表单的基本概念，并学习了如何完整构建一个简单表单。在本任务中将对表单控件逐一展开详细介绍。

知识点

1.<input> 控件元素

<input> 控件元素是表单中最常用的一种控件，该控件是多种不同类型的控件集合。虽然控件名称字面上叫输入，但实际上 <input> 除了支持文本输入外，还支持单选框、复选框、按钮等多种形式的数据收集功能。在 HTML5 中，<input> 还新增了不少实用的类型。

<input> 是一个自闭合元素，标签不需要成对。<input> 在 HTML 中不需要强制使用 "/" 结尾，但在 XHTML 中需要使用 "/" 结尾。下面是 <input> 控件的基本语法：

```
<input name=" 控件名称 " type=" 类型 " >
```

<input> 控件除支持 HTML 全局属性之外，还具有数量较多的专有属性，其中一部分属性对所有类型的 <input> 都适用，还有一部分属性只有特定类型的 <input> 才支持。

首先介绍 <input> 最重要的 type 属性，该属性区分了不同类型的 <input> 控件。<input> 控件的 type 类型及说明如表 5-2 所示，表中🈁代表 HTML5 新增的类型。

表 5-2　<input> 控件的 type 类型及说明

类别	type 类型	说　　明
单行文本框	text	文本框，输入中的换行会被自动去除，默认值
	search 🈁	搜索文本框，部分浏览器中可能显示删除按钮，用于清除当前文本
	password	密码文本框，输入的文本使用诸如 * 号的形式隐藏真实数据。
	email 🈁	电子邮箱文本框，支持 email 地址校验
	url 🈁	URL 文本框，支持 URL 验证
	tel 🈁	电话号码文本框。与 email 和 url 不同，tel 没有默认验证功能，因为电话号码规则本身很复杂，通常需要结合正则表达式完成验证
选框	radio	单选框，允许在设置相同 name 属性值的单选框中实现互斥，即只能选中其中一个
	checkbox	复选框，允许在设置相同 name 属性值的复选框中选中任意个
按钮	button	没有默认行为的按钮，按钮文字默认为空，通过设置 value 属性设置文字
	reset	重置所在表单内所有可以重置控件的 value 为默认值，不推荐使用

续表

类别	type 类型		说　明
按钮	**submit**		提交表单按钮
	image	5	带图像的 submit 按钮，显示图像通过设置 src 属性实现。如果缺少 src，则显示 alt 属性值
文件	**file**		文件选择控件，使用 accept 属性规定控件能选择的文件类型
日期时间	date	5	输入日期的控件（年、月、日，不包括时间）。在支持的浏览器激活时打开日期选择器或年月日的数字滚轮
	datetime-local	5	输入日期和时间的控件，不包括时区。在支持的浏览器激活时打开日期选择器或年月日的数字滚轮
	month	5	输入年和月的控件，没有时区
	week	5	输入以年和周数组成的日期，不带时区
	time	5	输入时间的控件，不包括时区
数值、范围	number	5	用于输入数字的控件。如果支持的话，会显示滚动按钮并提供缺省验证（即只能输入数字）。拥有动态键盘的设备上会显示数字键盘
	range	5	此控件用于输入不需要精确值的数字。控件是一个范围组件，默认值为正中间的值。同时使用 min 和 max 来规定值的范围
其他	hidden	5	隐藏输入框，其 value 值仍会提交到服务器
	color	5	取色器

设置好 type 属性后，根据控件类型不同，还有其他属性可以设置。除 type 外 <input> 控件可以设置的属性及说明如表 5-3 所示，表中 5 代表 HTML5 新增的属性。

表 5-3　<input> 属性及说明

属性名称	可设置 type	说　明
name	所有	表单控件名称，提交表单时以名字 / 值对的形式提交
value	所有	表单控件值，提交表单时以名字 / 值对的形式提交
autocomplete 5	除按钮和 hidden	表单自动填充功能
autofocus	所有	页面加载时自动聚焦到此表单控件
disabled	所有	禁用控件，无法复制或修改控件的输入值或获取焦点
readonly	单行文本框、数值、时间日期	只读模式
form 5	所有	将控件和一个 form 元素联系在一起
required 5	除按钮和 hidden	控件的值不能为空
list 5	除按钮和 hidden	自动填充选项的 <datalist> 控件的 id 值

续表

属 性 名 称	可设置 type	说　　明
pattern 🔵	单行文本框	通过模式（pattern）自定义验证来匹配有效的 value
placeholder 🔵	单行文本框、数值	当控件 value 为空时，控件中显示的提示文字
size	单行文本框	控件的大小（字符长度）
minlength 🔵	单行文本框	内容的最小长度（最少字符数目）
maxlength 🔵	单行文本框	内容的最大长度（最多字符数目）
dirname 🔵	text，search	表单区域的名字，用于提交表单时发送元素的方向性
checked	单选框、复选框	用于控制控件是否被选中
min 🔵	数值、范围、日期时间	对应类型的最小值，例如 1、2021/1/1
max 🔵	数值、范围、日期时间	对应类型的最大值，例如 100、2021/12/31
step 🔵	数值、范围、日期时间	有效的递增值（步进）
multiple 🔵	email，file	布尔值，是否允许多个值
accept	file	用于规定文件上传控件中期望的文件类型
capture 🔵	file	文件上传控件中媒体拍摄的方式
formaction 🔵	image，submit	用于提交表单的 URL，将覆盖 \<form\> 对应的属性值
formenctype 🔵	image，submit	表单提交时的编码方式，将覆盖 \<form\> 对应属性
formmethod 🔵	image，submit	用于表单提交的 HTTP 方法，将覆盖 \<form\> 对应属性
formnovalidate 🔵	image，submit	表单提交时绕过验证，将覆盖 \<form\> 对应属性
formtarget 🔵	image，submit	表单提交时的浏览上下文，将覆盖 \<form\> 对应的属性值
height 🔵	image	和 \<img\> 的 height 属性相同，用于设置图片高度
src	image	和 \<img\> 的 src 属性相同，用于设置图像资源地址
width 🔵	image	和 \<img\> 的 width 属性相同，用于设置图片宽度
alt	image	和 \<img\> 的 alt 属性相同，用于设置图片替换文字

【例 5-1】学习 \<input\> 控件的使用方法，示例代码位于本书配套的代码文件 ch05\
ex5-1.html 中。具体代码如下，运行结果如图 5-4 所示。

ex5-1.html

```
1   <!DOCTYPE html>
2   <html>
3   <head>
4     <meta charset="utf-8">
5     <meta http-equiv="X-UA-Compatible" content="IE=edge">
6     <title> &lt;input&gt; 控件 </title>
7     <meta name="viewport" content="width=device-width, initial-scale=1">
8     <style>
9        label { font-size: 0.8em; margin-bottom: 5px;
10               display: inline-block; width: 100%;}
11    </style>
12  </head>
13  <body>
14    <form method="get" action="/submit.html">
15       <p> &lt;input&gt; 控件 </p>
16       <label>text: <input name="text" type="text" value="readonly"
17       readonly> 属性 :value readonly</label>
18       <label>search: <input name="search" type="search"
19       placeholder="input something" minlength="1"> 属性 :placeholder
20       minlength</label>
21       <label>password: <input name="password" type="password"
22       required maxlength="10"> 属性 :required maxlength</label>
23       <label>email: <input name="email" type="email"
24       list="emaillist" autocomplete="on"> 属性 :value autocomplete
25       list</label>
26       <label>email: <input name="tel" type="tel" value="13800138000"
27       pattern="^[1][0-9]{10}$"> 属性 :value pattern</label>
28       <label>url: <input name="url" type="url" value="http://www.
29       tup.tsinghua.edu.cn/" size="30"> 属性 :value size</label>
30       <label>radio:
31         <input name="radio" type="radio" value="1" checked>value=1
32         checked
33         <input name="radio" type="radio" value="2">value=2
34         <input name="radio" type="radio" value="3">value=3
35       </label>
36       <label for="radio">checkbox:
37         <input name="checkbox" type="checkbox" value="1"
38   checked>value=1 checked
39         <input name="checkbox" type="checkbox" value="2"
40   checked>value=2 checked
41         <input name="checkbox" type="checkbox" value="3">value=3
42       </label>
43       <label>file: <input name="file" type="file" multiple>属性 :
44       multiple</label>
45       <label>date: <input name="date" type="date" min="2020-01-01">
46       属性 :min</label>
```

```
47   <label>datetime-local: <input name="datetime-local"
48   type="datetime-local" max="2020-12-31T12:00"> 属性:max</label>
49   <label>month: <input name="month" type="month" min="2021-06">
50   属性:min</label>
51   <label>week: <input name="week" type="week" max="2021-W15">
52   属性:max</label>
53   <label>time: <input name="time" type="time" min="07:00:00"
54   max="20:00:00"> 属性:min max</label>
55   <label>number: <input name="number" type="number" min="10"
56   max="20"> 属性:min max</label>
57   <label>range: <input name="range" type="range" min=0 max=100
58   step=50 属性: min max step</label>
59   <label>color: <input name="color" type="color"></label>
60   <label>hidden: <input name="hidden" type="hidden"
61   value="secret"></label>
62   <label>submit:<input name="submit" type="submit"
63   value="submit" autofocus formaction="/test2"> 属性:value
64   autofocus formaction</label>
65   <label>reset: <input name="reset" type="reset"> 未设置属性
66   </label>
67   <label>button: <input name="button" type="button"
68   value="button" disabled> 属性:disabled</label>
69   <label>image: <input name="image" type="image" value="image"
70   width="53px" height="25px" src="img/image_button.png" alt="
71   图片不存在"> 属性:src width height alt</label>
72   </form>
73   <datalist id="emaillist">
74     <option value="a@fakeemail.com.cn"></option>
75     <option value="b@fakeemail.com.cn"></option>
76   </datalist>
77   </body>
78   </html>
```

图 5-4 展示了 <input> 所有类型控件在 Windows 10 Chrome 浏览器环境下的运行结果。使用相关控件时，需要注意以下三点：

（1）不同浏览器对各控件的表现形式和支持程度不一致，在使用时需要考虑兼容性，例如 Firefox 和 Safari 浏览器对时间日期组件的兼容性不够好；

（2）不同控件的可设置属性不完全一致，除了通用属性外，每个控件还有一些特殊的属性，相关说明可参见表 5-3 第二列；

（3）<input> 中的 name 属性尤为重要，如果不设置 name 属性，则提交到的服务器将无法获取数据。对于单选框和多选框，如果不填写或者与同组选项的值不一致，会导致选中提交表单后得不到预期的结果。

图 5-4　ex5-1 的运行结果

2. <textarea> 控件元素

<input> 控件虽然也用于文本输入，但只支持单行文本输入，不支持换行，具有局限性。为此，HTML 提供了 <textarea> 元素，一个多行文本输入框控件，其大小可调，适合输入大段文本。下面是 <textarea> 的基本语法：

```
<textarea name=" 控件名称 " cols=" 行数 " rows=" 列数 "> 默认内容 </textarea>
```

<textarea> 控件除支持 HTML 全局属性之外，还具有一些专有属性。<textarea> 控件的属性及说明如表 5-4 所示，表中 5 代表 HTML5 新增的属性。

表 5-4　<textarea> 属性及说明

属 性 名 称	说　　明
name	表单控件名称，提交表单时以名字 / 值对的形式提交
cols	规定文本区内的可见宽度（列数）
rows	规定文本区内的可见高度（行数）
disabled	禁用控件，不可复制、修改控件的值或获取焦点
readonly	只读模式

续表

属 性 名 称		说　　明
autocomplete	🔲	是否使用浏览器的记忆功能自动填充文本，on 或 off
autofocus	🔲	规定在页面加载后文本区域自动获得焦点
required	🔲	控件的值不能为空
placeholder	🔲	当控件 value 为空时，控件显示的提示文字
minlength	🔲	内容的最小长度（最少字符数目）
maxlength	🔲	内容的最大长度（最多字符数目）

【例 5-2】学习使用 \<textarea\> 控件，示例代码位于本书配套的代码文件 ch05\
ex5-2.html 中。具体代码如下，运行结果如图 5-5 所示。

ex5-2.html

```
1   <!DOCTYPE html>
2   <html>
3   <head>
4     <meta charset="utf-8">
5     <meta http-equiv="X-UA-Compatible" content="IE=edge">
6     <title><textarea> 控件 </title>
7     <meta name="viewport" content="width=device-width, initial-
    scale=1">
8     <style>
9       label { font-size: 0.8em; margin-bottom: 5px;
10             display: inline-block; width: 100%;}
11      #textarea1{ font-size: 1em; }
12      #textarea2{ font-size: 5em; }
13    </style>
14  </head>
15  <body>
16    <form method="get" action="/submit.html">
17      <p>&lt;textarea&gt; 控件 </p>
18      <label for="textarea1">textarea1: </label>
19      <textarea id="textarea1" name="textarea1" cols="10" rows="3"
20      placeholder="1234567890" required minlength="10" maxlength="50"
21      autofocus ></textarea>
22      <label for="textarea2">textarea2: </label>
23      <textarea id="textarea2" name="textarea2" cols="10" rows="3"
24      readonly>1234567890</textarea>
25      <div><input type="submit" value=" 提交试试 "></div>
26    </form>
27  </body>
28  </html>
```

图 5-5　ex5-2 的运行结果

图 5-5 展示了 <textarea> 控件在 Windows 10 Chrome 浏览器环境下的运行结果。代码中放置了 2 个 <textarea> 控件，且其 cols 和 rows 属性设置了相同值，CSS 设置的 font-size 不同。观察图 5-3 可以发现 cols 和 rows 属性会根据字符数量和字体大小来控制文本框大小。同时，控件右下角可以使用鼠标进行拖放，用户可以自行调整框大小。正是由于这种特点，在一般情况下，不建议单独使用这些属性，而是结合 CSS 样式来控制 <textarea> 控件尺寸。

3. <button> 控件

<button> 控件提供了按钮功能，这与 <input> 中 type 属性为 button、submit、reset 的功能基本一致。下面是 <button> 的基本语法：

```
<button name=" 控件名称 " type=" 按钮类型 "> 按钮文字 </button >
```

<button> 控件与 <input> 控件功能上虽然一致，但还存在以下几点区别。

（1）<button> 标签需要成对出现，而不是像 <input> 那样自闭合。

（2）<button> 的按钮文字放置在标签对内，而 <input> 是通过设置 value 属性实现。

（3）由于上述原因，<button> 控件更便于自定义样式，控件内部除处理文字外，可以包含其他 HTML 元素，甚至使用伪元素，从而实现更加个性化、复杂化的按钮。

<button> 控件除支持 HTML 全局属性之外，也具有一些专有属性。<button> 控件的属性及说明如表 5-5 所示，表中🔲代表 HTML5 新增的属性。

表 5-5　<button> 属性及说明

属 性 名 称	说　　明
name	表单控件名称，提交表单时以名字 / 值对的形式提交
type	按钮类型，与 <input> button、submit、reset 相同
disabled	禁用控件，不可复制、修改控件的值或获取焦点
value	与按钮名称一起成为 key/value 对，提交时作为参数被提交

续表

属 性 名 称		说 明
form	5	将控件和一个 form 元素联系在一起
autocomplete	5	是否使用浏览器的记忆功能自动填充文本，on 或 off
autofocus	5	规定在页面加载后文本区域自动获得焦点
formaction	5	用于提交表单的 URL，可以覆盖 <form> 对应的属性值
formenctype	5	表单数据提交时的编码方式，可以覆盖 <form> 对应的属性值
formmethod	5	用于表单提交的 HTTP 方法，可以覆盖 <form> 对应的属性值
formnovalidate	5	提交表单时绕过表单验证，可以覆盖 <form> 对应的属性值
formtarget	5	表单提交时的浏览上下文，可以覆盖 <form> 对应的属性值

【例 5-3】学习使用 <input> 控件，示例代码位于本书配套的代码文件 ch05\ex5-3. html 中。具体代码如下，运行结果如图 5-6 所示。

ex5-3.html

```
1   <!DOCTYPE html>
2   <html>
3   <head>
4     <meta charset="utf-8">
5     <meta http-equiv="X-UA-Compatible" content="IE=edge">
6     <title><textarea> 控件 </title>
7     <meta name="viewport" content="width=device-width, initial-
      scale=1">
8     <style>
9       label { font-size: 0.8em; margin-bottom: 5px;
10             display: inline-block; width: 100%;}
11    </style>
12  </head>
13  <body>
14    <form method="get" action="/submit.html">
15      <p>&lt;button&gt; 控件 </p>
16      <label>button1: <button name="button1" type="button"
17      autofocus>button</button> 其他属性 :autofocus</label>
18      <label>button2: <button name="button2" type="submit"
19      value="2">submit</button> 属性 :autofocus value</label>
20      <label>button3: <button name="button3" type="reset"
21      disabled>reset</button> 其他属性 :disabled</label>
22      <label>button4: <button name="button4" type="button"><img
23      src="img/image_button.png"><div>button4</div></button> 自定义内
24      部元素 </label>
25    </form>
26  </body>
27  </html>
```

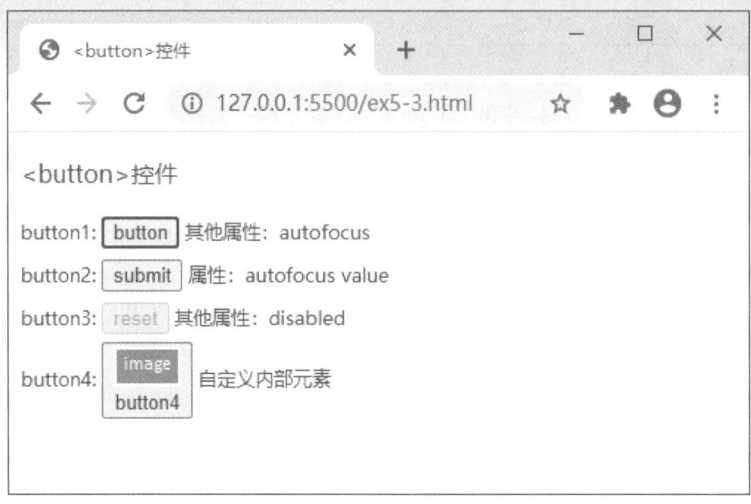

图 5-6　ex5-3 的运行结果

图 5-6 展示了 <button> 控件在 Windows 10 Chrome 浏览器环境下的运行结果。button2 元素添加了 value 属性，属性值会随着表单提交，就像 <input> 一样。button4 元素内部增加了 <img> 和 <div> 元素，实现了对按钮的自定义，这是 <button> 控件的特有优势。

4. <select>、<option>、<optgroup>、<datalist> 控件元素

下拉菜单是表单交互中的一种常用形式，有两种实现的方式：一种由 <select> 实现，另一种通过 <input> 和 <datalist> 配合实现。

（1）<select> 方式。<select> 控件作为下拉菜单项的容器，内部可以放置多个 <option> 选项和 <optgroup> 选项分组，同时可以设置菜单的基本属性。<select> 默认只显示当前选中的选项，通过单击等事件触发菜单弹出。<option> 可以设置多个下拉菜单选项，通过设置 <select> 的属性，可以实现单选或多选。可使用 <optgroup> 对多个 <option> 进行分组，方便用户选择。下面是用 <select> 方式实现下拉菜单的基本方法：

```
<select name=" 控件名称 " >
  <optgroup label=" 分组名称 ">
    <option value=" 值 ">选项显示文字 </option>
    ……
  </optgroup>
  ……
</select>
```

<select>、<option>、<optgroup> 控件的属性及说明如表 5-6~ 表 5-8 所示，表中 🔲 代表 HTML5 新增的属性。

表 5-6　<select> 属性及说明

属性名称	说　明
name	表单控件名称，提交表单时以名字 / 值对的形式提交
disabled	表单控件是否被禁用
multiple	启用多选。设置多选后控件会变为一个可以滚动的列表框
size	设置可见行数，控件变为一个可以滚动的列表框，通常配合 multiple 使用
form 🔲	将控件和一个 form 元素联系在一起
autocomplete 🔲	是否使用浏览器的记忆功能自动填充文本，on 或 off
autofocus 🔲	规定在页面加载后文本区域自动获得焦点
required 🔲	存在此属性表示必填或者提交表单前须校验

表 5-7　<option> 属性及说明

属性名称	说　明
disabled	选项是否被禁用
label	选项组的名字，菜单中将会显示设置的文字。必须设置这个属性
selected	选项是否一开始就被选中，如设置 multiple 则可以有多个选项设置该属性
value	选项被选中时提交给表单的值，如果不设置则元素内的文本将被提交

表 5-8　<optgroup> 属性及说明

属性名称	说　明
disabled	分组下的所有选项是否被禁用
label	选项组的名字，菜单中将会显示设置的文字。必须设置这个属性

（2）<datalist> 方式。在例 5-1 中，<input type="email"> 控件演示了利用 <datalist> 控件实现的下拉菜单。与 <select> 方式不同，<datalist> 控件是一个 HTML5 新增元素，作为一个独立的选项容器，通过 <input> 控件的 list 属性进行绑定。<datalist> 控件的 id 属性用于建立与 <input> 之间的绑定关系，一个 <datalist> 可以被不同的 <input> 控件绑定。<datalist> 控件内部可以包含多个 <option> 选项。

需要注意的是，由于 <input> 控件默认允许输入文字，所以从 <datalist> 选择选项后可以在 <input> 中修改。此外，在 <input> 中直接输入文字，<datalist> 将会根据输入的文字过滤不符合条件的选项。所以这种方式通常用于设计一些智能提示功能，例如搜索提示、自动补全拼写等。

下面是用 <datalist> 方式实现下拉菜单的基本方法：

```
<input name=" 控件名称 " type=" 单行文本框控件类型 " list="datalist id">
<datalist id=" 控件 id">
  <option value=" 选项值 "></option>
  ……
</datalist>
```

【例 5-4】使用 <select>、<datalist>、<option>、<optgroup> 控件构建下拉菜单，示例代码位于本书配套的代码文件 ch05\ex5-4.html 中。具体代码如下，运行结果如图 5-7 所示。

ex5-4.html

```
1   <!DOCTYPE html>
2   <html>
3   <head>
4     <meta charset="utf-8">
5     <meta http-equiv="X-UA-Compatible" content="IE=edge">
6     <title> 下拉框控件 </title>
7     <meta name="viewport" content="width=device-width, initial-scale=1">
8     <style>
9       label {
10        font-size: 0.8em;
11        margin-bottom: 5px;
12        display: inline-block;
13        width: 100%;
14        }
15    </style>
16  </head>
17  <body>
18    <form method="get" action="/submit.html">
19      <p> 下拉框控件 </p>
20      <label>select1:
21        <select name="select1" id="select1" autofocus required>
22          <option value="">-- 请选择选项 --</option>
23          <option value="1">option1</option>
24          <option value="2">option2</option>
25          <option value="3" selected>option3 selected</option>
26        </select>
27      </label>
28      <label>select2:<br>
29        <select name="select2" size="10" multiple>
30          <optgroup label="optgroup1">
31            <option value="1-1">option1-1</option>
32            <option value="1-2">option1-2</option>
33          </optgroup>
34          <optgroup label="optgroup2" disabled>
35            <option value="2-1">option2-1</option>
```

```
36              <option value="2-2">option2-2</option>
37          </optgroup>
38          <optgroup label="optgroup3">
39              <option value="2-1">option2-1</option>
40              <option value="2-2" disabled>option2-2</option>
41          </optgroup>
42      </select>
43    </label>
44    <label>input1: <input name="input1" type="text"
45    list="datalist1"></label>
46    <datalist id="datalist1">
47      <option value="1">option1</option>
48     <option>option2</option>
49    </datalist>
50    <div><input type="submit" value=" 提交试试 "></div>
51  </form>
52 </body>
53 </html>
```

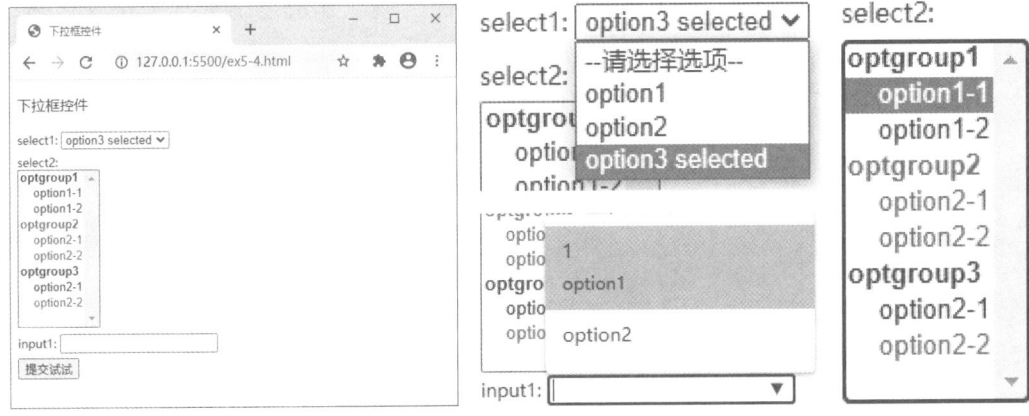

图 5-7　ex5-4 的运行结果

5. \<progress\>、\<meter\> 控件

HTML5 中新增加了 \<progress\> 控件和 \<meter\> 控件用于表示进度和程度。

（1）\<progress\> 控件。\<progress\> 控件用于表示进度，\<progress\> 控件的属性及说明如表 5-9 所示。进度有两种状态，一种是不确定进度，即没有设置当前值 value，此时进度条表现为来回滚动；另一种是确定进度，根据当前值 value 和最大值 max，控件会自动计算 value/max，得到当前的进度情况。

表 5-9　\<progress\> 属性及说明

属性名称		说　　明
value	5	表示当前进度的值。如果缺少值，则进度处于不确定状态，进度条将来回滚动
max	5	最大值，通过 value 和 max 确定进度条显示的效果

（2）<meter> 控件。

<meter> 控件用于表示已知范围内的标量或小数，例如表示磁盘空间用量，也被称为计量仪（gauge）。value、high、low、max、min、optimum 6 个属性用来描述不同的度量情况。value 代表当前度量值，min 和 max 用于表示度量的最小值和最大值，value/(max-min) 就是当前的度量情况；high、low 和 optimum 用于描述表示当前值的情况，high、low 表示偏高或偏低的临界值，optimum 表示最优值。根据 optimum 与 high、low 值的关系，可将 [min,max] 分为最优区域、次优区域和较差区域，实际值落在 3 个区域范围时的表现不同，最优区域默认为绿色，次优区域为黄色，较差区域为红色。

3 种不同的区域划分情况如下。

① optimum<=low，则 [min,low] 称为最优区域，[low,high] 称为次优区域，[high,max] 称为较差区域；

② optimum=>high，与（1）相反，[high,max] 称为最优区域，[low,high] 称为次优区域，[min,low] 称为较差区域；

③ low<optimum<high，则 [low,high] 称为最优区域，其余范围都称为次优区域，没有较差区域。

<meter> 控件的属性及说明如表 5-10 所示。

表 5-10 <meter> 控件的属性及说明

属 性 名 称		说 明
form	5	元素所属的一个或多个表单
value	5	度量的当前值，必须设置。如缺少 max 和 min，value 需要在 [0,1] 范围内
max	5	度量的最大值，缺省值为 0
min	5	度量的最小值，缺省值为 1
optimum	5	最优值，缺省时默认为 max 和 min 的中间值
high	5	value 被视作高值的边界，缺省值等于 max
low	5	value 被视作低值的边界，缺省值等于 min

【例 5-5】学习使用 <progress>、<meter> 控件，示例代码位于本书配套的代码文件 ch05\ex5-5.html 中。具体代码如下，运行结果如图 5-8 所示。

ex5-5.html

```
1    <!DOCTYPE html>
2    <html>
3    <head>
4      <meta charset="utf-8">
5      <meta http-equiv="X-UA-Compatible" content="IE=edge">
6      <title> 控件 </title>
7      <meta name="viewport" content="width=device-width, initial-scale=1">
8      <style>
9        label { font-size: 0.8em; margin-bottom: 5px;
10              display: inline-block; width: 100%;}
11     </style>
12   </head>
13   <body>
14     <form method="get" action="/submit.html">
15       <p>&lt;progress&gt;</p>
16       <label> 不确定 : <progress max="100"></progress></label>
17       <label>0%: <progress max="100" value="0"></progress></label>
18       <label>100%: <progress max="100" value="100"></progress></label>
19       <p>&lt;meter&gt;</p>
20       <label> 只设置 value:</label>
21       <label>value=0: <meter value="0"></meter></label>
22       <label>value=0.5: <meter value="0.5"></meter></label>
23       <label>value=1: <meter value="1"></meter></label>
24       <label> 不设置 optmium (类似磁盘空间利用率) :</label>
25       <label>value&gt;high: <meter value="95" min="0" max="100"
26       low="60" high="90"></meter></label>
27       <label>low&lt;value&lt;high: <meter value="85" min="0"
28       max="100" low="60" high="90"></meter></label>
29       <label>value&lt;low: <meter value="50" min="0" max="100"
30       low="60" high="90"></meter></label>
31       <label> 设置 optimum>high (类似磁盘空间剩余率) :</label>
32       <label>high&lt;value&lt;optimum: <meter value="95" min="0"
33       max="100" low="60" high="90" optimum="100"></meter></label>
34       <label>low&lt;value&lt;high&lt;optimum: <meter value="85"
35       min="0" max="100" low="60" high="90" optimum="100"></meter></label>
36       <label>value&lt;low: <meter value="50" min="0" max="100"
37       low="60" high="90" optimum="100"></meter></label>
38       <label>value=optimum: <meter value="100" min="0" max="100"
39       low="60" high="90" optimum="100"></meter></label>
40     </form>
41   </body>
42   </html>
```

图 5-8　ex5-5 的运行结果

图 5-8 展示了 <progress>、<meter> 控件在 Windows 10 Chrome 浏览器环境下的运行结果。可以发现 <progress>、<meter> 两者在外观上比较相似，<meter> 看上去就像 <progress>，但是在实际使用时不建议混用，尤其不建议将 <meter> 当作进度条来使用。<meter> 设置 low、high 和 optimum 后，不同的 value 会使得控件的背景色不同，用户能更直观地了解 value。在例 5-5 中，当 <meter> 不设置 optimum 时，optimum 默认等于 max 和 min 的平均值，即 50。low<optimum<high，故符合区域划分的第 3 种方式，所以 low<value<high 时控件显示为绿色，其余情况显示为黄色；而 optimum>high 时，符合区域划分的第 2 种方式，共有 3 个区域，实际值落在不同区域，显示不同的颜色。

6. <fieldset> 和 <legend> 控件

当表单内容较多时，可能需要对表单项进行分组。<fieldset> 控件专门用于对表单中的元素（包括控件、标签和普通元素）进行分组。这是一个特殊的表单控件，本身并不用于与用户直接进行交互。在 <fieldset> 控件内部可以最多添加一个 <legend> 元素，用于描述分组的标题。

<fieldset>、<legend> 都支持 HTML 全局属性，其中 <fieldset> 包括一些专有属性，<fieldset> 控件的属性及说明如表 5-11 所示。

表 5-11　<fieldset> 控件的属性及说明

属 性 名 称	说　　明
name	分组名称，与 <legend> 标题无关，不会显示在界面
form 🄷	将控件和一个 form 元素联系在一起
disabled	分组内的控件是否全部被禁用

【例 5-6】学习使用 <fieldset>、<legend> 控件，示例代码位于本书配套的代码文件 ch05\ex5-6.html 中。具体代码如下，运行结果如图 5-9 所示。

ex5-6.html

```
1   <!DOCTYPE html>
2   <html>
3   <head>
4     <meta charset="utf-8">
5     <meta http-equiv="X-UA-Compatible" content="IE=edge">
6     <title>&lt;fieldset&gt;、&lt;legend&gt;控件</title>
7     <meta name="viewport" content="width=device-width, initial-scale=1">
8     <style>
9       label { font-size: 0.8em; margin-bottom: 5px;
10             display: inline-block; width: 100%;}
11    </style>
12  </head>
13  <body>
14    <form method="get" action="/submit.html">
15      <p>未分组</p>
16      <label>text1: <input name="text1" type="text"></label>
17      <label>checkbox1:
18        <input name="checkbox" type="checkbox" value="1"
19        checked>value=1
20        <input name="checkbox" type="checkbox" value="2"
21        checked>value=2
22        <input name="checkbox" type="checkbox" value="3">value=3
23      </label>
24      <p>使用 &lt;fieldset&gt; 分组</p>
25      <fieldset>
26        <label>text2: <input name="text2" type="text"></label>
27        <label>checkbox2:
28          <input name="checkbox2" type="checkbox" value="1"
29          checked>value=1
30          <input name="checkbox2" type="checkbox" value="2"
31          checked>value=2
32          <input name="checkbox2" type="checkbox" value="3">value=3
33        </label>
34      </fieldset>
35      <p>使用 &lt;fieldset&gt;、&lt;legend&gt; 分组</p>
```

```
36      <fieldset disabled>
37       <legend> 分组 disabled</legend>
38       <label>text3: <input name="text3" type="text"></label>
39       <label>checkbox3:
40        <input name="checkbox3" type="checkbox" value="1" checked>value=1
41        <input name="checkbox3" type="checkbox" value="2" checked>value=2
42        <input name="checkbox3" type="checkbox" value="3">value=3
43       </label>
44      </fieldset>
45      <p><input type="submit" value=" 提交试试 "></p>
46    </form>
47  </body>
48  </html>
```

图 5-9 ex5-6 的运行结果

任务 5-3 表单样式设计

知识目标：

- 了解和掌握表单基本布局的方式
- 了解和掌握表单设计的几种常用方案
- 了解和掌握统一表单控件尺寸的几种方法
- 了解和初步掌握调整表单控件外观的常用方法

导语

表单控件具有默认的样式，但是这些样式并不统一，且略显简陋。通常在设计表单时，需要利用 CSS 重新定义表单样式，美化表单的显示效果。本任务将对表单样式的设计问题展开详细介绍。

知识点

1. 表单布局方式

表单控件种类繁多，外观各异，尺寸不同。为了使得表单控件和标签在显示时呈现给用户较为整齐的效果，就需要进行布局。回忆一下本项目开头时图 5-2 所展示的样例，表单排列较为杂乱无章。在增加了样式后，实现了图 5-3 的效果，此时的表单内容清晰、整洁。

表单布局的主要方式有两种，分别是表格布局和 DIV 布局方式。下面对这两种方式展开介绍。

（1）表格布局方式。表格布局方式利用 HTML 表格元素进行布局，是一种传统的布局方式，曾经被广泛应用在网页布局中。表格的特点是整齐划一，所以在布置界面时，可以非常简便地布局出规整的界面。但是这种布局方式的缺点也非常明显，现在很少用于完整页面的布局。首先，表格会把内部元素的逻辑顺序打乱，导致显示的顺序和布局的顺序不一致，这不利于搜索引擎抓取信息，同时也不利于后期维护修改；其次，实现表格所需的元素较多，如果页面内需要布局的元素较多，会导致文档结构过于复杂，同时影响浏览器渲染页面的速度。

虽然现在不再推荐使用表格布局方式进行完整页面的布局，但在数据表格、表单等结构明确的局部界面，表格布局方式依旧具有一定的实用性。

（2）DIV 布局方式。DIV 布局方式也被称为 DIV+CSS 布局方式，泛指使用 HTML 元素（主要指 <div> 区块元素）和 CSS 样式实现布局。随着 CSS 标准的发展，DIV 布局方式从最初的流式布局、浮动布局、定位布局，发展到 CSS3 的弹性布局、网格布局等多种布局方式。<div> 元素是实现布局的关键。作为一个特殊的块级元素，<div> 与 <table> 等元素不同，本身没有附加样式或功能，因此 <div> 元素就可以根据页面布局的需求，利用 CSS 实现各种自定义样式，甚至能够实现表格元素样式。DIV 布局的这种特点使之逐渐取代了表格布局方式，成为了页面布局的主要方式。

在进行表单布局时，表格布局方式和 DIV 布局方式各有特点，都能比较便捷地完成设计。

【例 5-7】利用表格布局方式和 DIV 布局方式实现表单布局，示例代码位于本书配套的代码文件 ch05\ex5-7.html 中。具体代码如下，运行结果如图 5-10 所示。

ex5-7.html

```
1   <!DOCTYPE html>
2   <html>
3   <head>
4     <meta charset="utf-8">
5     <meta http-equiv="X-UA-Compatible" content="IE=edge">
6     <title> 表单布局方式 </title>
7     <meta name="viewport" content="width=device-width, initial-scale=1">
8     <style>
9       body{font: 1em 宋体 ;}
10      form{width: 450px;}
11      textarea{ height: 130px; width: 290px; }
12      /* 表格布局样式 */
13      table{ border-collapse: collapse;     /* 取消单元格间的边框 */   }
14      table caption{
15        font-weight: bold;
16        margin:10px 0;
17      }
18      table tr{height: 30px;}
19      table th{
20        width: 100px;
21        padding-right:10px ;
22        font-weight: normal;                 /* 取消默认的加粗字体 */
23        text-align: right;
24      }
25      table td{  width: 350px; }
26      td,th{  padding: 0;        }
27      table td.center{  text-align: center; }
28      /* DIV 布局样式 */
29      form h4{
30        margin:10px 0;
31        text-align: center;
32      }
33      form>div{
34        min-height: 30px;
35        display: flex;
36        align-items: center;                 /* 利用 flex 布局实现垂直居中 */
37      }
38      form div.center{ justify-content: center;
39                                             /* 利用 flex 布局实现水平居中 */ }
40      form div.center>input:first-child{  margin-right: 8px;   }
41      form>div>div:first-child{            /* 利用伪类选择器设置 <label>
42                                             的父 <div> 样式 */
43        width: 100px;
44        text-align: right;
45        padding-right:10px;
46      }
```

```
47        </style>
48    </head>
49    <body>
50      <p> 表格布局方式 </p>
51      <form method="get" action="/submit.html">
52      <table>
53        <caption> 个人信息表 </caption>
54          <tr>
55            <th> 姓名 </th>
56            <td><input name="Username" type="text" ></td>
57          </tr>
58          <tr>
59            <th> 性别 </th>
60            <td>
61              <input name="Sex" type="radio" value=" 男 "> 男
62              <input name="Sex" type="radio" value=" 女 "> 女
63            </td>
64          </tr>
65          <tr>
66            <th> 爱好 </th>
67            <td>
68              <input name="Hobby" type="checkbox" value="1"> 看书
69              <input name="Hobby" type="checkbox" value="2"> 打篮球
70              <input name="Hobby" type="checkbox" value="3"> 游泳
71            </td>
72          </tr>
73          <tr>
74            <th> 学历 </th>
75           <td>
76              <select name="Education">
77                <option> 高中及以下 </option>
78                <option> 本科 </option>
79                <option> 研究生 </option>
80              </select>
81            </td>
82          </tr>
83          <tr>
84            <th> 自我介绍 </th>
85            <td><textarea name="Intro"></textarea></td>
86          </tr>
87          <tr>
88            <td class="center" colspan="2">
89              <input type="submit" value=" 提交 ">
90              <input type="reset" value=" 重置 ">
91            </td>
92          </tr>
93        </table>
```

```
94      </form>
95    <p>DIV 布局方式 </p>
96    <form method="get" action="/submit.html">
97      <h4 class="center"> 个人信息表 </h4>
98      <div>
99        <div><label for="Username"> 姓名 </label></div>
100       <div><input id="Username" name="Username" type="text" ></div>
101     </div>
102     <div>
103       <div><label> 性别 </label></div>
104       <div>
105         <input name="Sex" type="radio" value=" 男 "> 男
106         <input name="Sex" type="radio" value=" 女 "> 女
107       </div>
108     </div>
109     <div>
110       <div><label> 爱好 </label></div>
111       <div>
112         <input name="Hobby" type="checkbox" value="1"> 看书
113         <input name="Hobby" type="checkbox" value="2"> 打篮球
114         <input name="Hobby" type="checkbox" value="3"> 游泳
115       </div>
116     </div>
117     <div>
118       <div><label for="Education"> 学历 </label></div>
119       <div>
120         <select id="Education" name="Education">
121           <option> 高中及以下 </option>
122           <option> 本科 </option>
123           <option> 研究生 </option>
124         </select>
125       </div>
126     </div>
127     <div>
128       <div><label for="Intro"> 自我介绍 </label></div>
129       <div><textarea id="Intro" name="Intro"></textarea></div>
130     </div>
131     <div class="center">
132       <input type="submit" value=" 提交 ">
133       <input type="reset" value=" 重置 ">
134     </div>
135   </form>
136 </body>
137 </html>
```

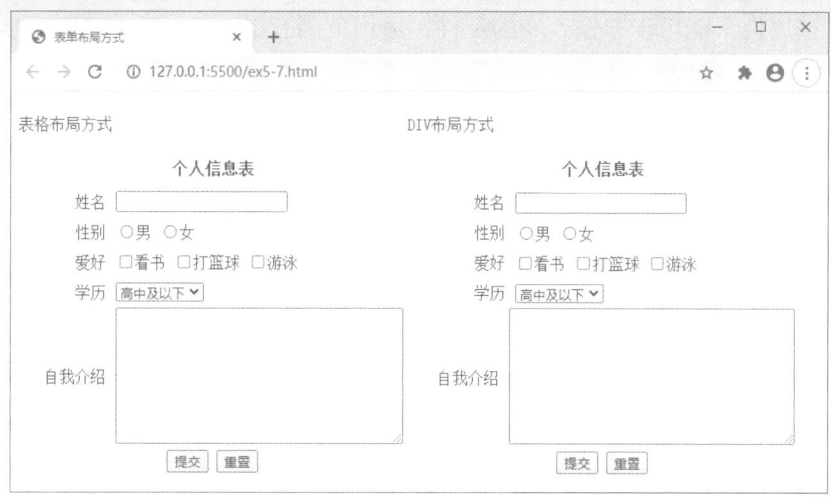

图 5-10　ex5-7 的运行结果

图 5-10 展示了两种不同的布局方式在 Windows 10 系统 Chrome 浏览器环境下的运行结果，可以发现两者的样式基本一致。实际上如果不刻意保持两者样式一致，CSS 代码还可以进一步精简。使用 DIV 布局时，通常需要对齐标签和控件，可以考虑使用下面两种方法实现：①使用 margin、padding 和 text-align 属性实现对齐；②使用 CSS3 新增的 flex 布局属性实现对齐。

2. 常用的表单设计方案

在布局表单时，为了使用户在填写表单时能快速理解每个填写项目的内容是什么，通常需要对表单进行一些设计，例如使用 <label> 元素或 HTML5 新增的表单控件 placeholder 属性给表单控件添加简洁的文字进行描述。

【例 5-8】根据不同的使用场景，常用以下三种方案来布置文字描述和控件。完整示例代码位于本书配套的代码文件 ch05\ex5-8.html 中。

（1）左右设计方案。左右设计方案用于将标签和控件置于一行，左侧布置标签，右侧布置控件，这是最常用的一种设计方案，适用于大部分场景，效果如图 5-11（a）所示。但是，这种方案对宽度有一定要求，如果存在标签文字较长、表单总宽度较窄或者输入控件需要输入的内容较多等情形，则不推荐使用该方案。

（2）上下设计方案。上下设计方案将标签和控件分为两行，上方布置标签，下方布置控件，适用于界面宽度较窄的场景，例如手机端界面，效果如图 5-11（b）所示。这种方案的标签和控件之间互相不再有影响，利用高度换取了宽度，弥补了左右设计方案对宽度要求较高的缺点。高度的增加势必影响用户的体验，填写项较多的表单慎用这种方案。

（3）无标签设计方案。无标签设计方案取消了标签，利用表单控件的 placeholder 属性将文字移到控件内显示，进一步优化了空间利用率，更加适合在手机端界面显示，结果如图 5-11（c）所示。这种方案的缺点是 placeholder 属性设置的文字在输入时不会显示，且该属性不能用于非输入类的控件，适用范围有限，填写项或者控件类型较多的表单中慎用这种方案。

（a）左右设计方案　　　　（b）上下设计方案　　　　（c）无标签设计方案

图 5-11　三种常用的表单设计方案

3. 统一控件尺寸

表单控件类型繁多，不同控件的默认样式不尽相同。在布局时，为了美观起见，通常需要对控件的样式统一处理。由于控件的尺寸直接影响页面的整齐度，所以需要优先进行统一处理。

表单控件的尺寸可以通过控件属性和 CSS 样式来设置，但是为了保证显示效果一致，通常都应该使用 CSS 样式进行设置。例如 <input> 的 length 属性、<select> 的 size 属性、<textarea> 的 cols 和 rows 属性都能影响控件的尺寸，但是这些属性并不精确，且容易受到其他属性影响，所以不建议使用这些属性调整尺寸。

通过 CSS 调整控件尺寸很简单，设置 width 和 height 属性即可。但是经过实践发现，给不同类型的控件设置相同的值后，控件尺寸并不一致。

【例 5-9】利用 <input>、<select> 和 <textarea> 设置相同控件尺寸，完整示例代码位于本书配套的代码文件 ch05\ex5-9.html 中。具体代码如下，运行结果如图 5-12 所示。

ex5-9.html

```
1  <style>
2    body{  font: 16px 宋体 ;    }
3    form>div{
4       float: left;
5       margin: 10px;
6    }
7    input, select, textarea{
8       width: 200px;
9       height: 30px;    /* 设置相同的宽和高 */
```

```
10          }
11  </style>
12  <form method="get" action="/submit.html">
13      <p> 设置尺寸 </p>
14      <div><input name="input" type="text" placeholder=" 单行文本框 ">
15      </div>
16      <div><select name="select">
17          <option> 下拉菜单 </option>
18          <option> 下拉菜单选项 </option>
19      </select></div>
20      <div><textarea name="Signature"> 多行文本框 </textarea></div>
21  </form>
```

单行文本框	下拉菜单　　　　　　　　⌄	多行文本框

　　（a）使用 \<input>　　　　　　（b）使用 \<select>　　　　　　（c）使用 \<textarea>

图 5-12　设置表单控件尺寸

　　观察图 5-12，可发现 \<input> 和 \<textarea> 尺寸基本一致，而 \<select> 却不同。使用浏览器的调试工具查看控件的实际尺寸，如图 5-13 所示，发现实际尺寸和 CSS 设置不相同。这是因为浏览器计算不同表单控件的盒子尺寸时使用的方法不完全相同。\<input> 和 \<textarea> 的尺寸只包含内容区域，\<select> 的尺寸除了内容外还包括边框和内边距。这样一来，在 CSS 设置的高和宽一样的情况下，\<select> 的内容区域就会比 \<input> 和 \<textarea> 小一些。

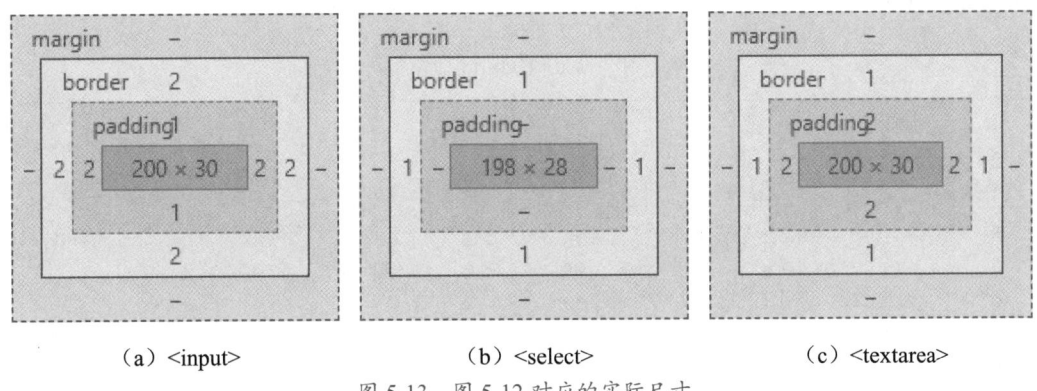

　　（a）\<input>　　　　　　　　（b）\<select>　　　　　　　（c）\<textarea>

图 5-13　图 5-12 对应的实际尺寸

　　一般有两种途径可以实现尺寸统一：①对不同的控件设置不同的尺寸。这种方法需要了解每种控件尺寸的差别，实施起来比较麻烦，这是在 CSS3 之前唯一可行的方案。②使用 CSS3 新增的 box-sizing 属性，让控件使用相同的尺寸计算方法。

　　box-sizing 属性的语法如下：

```
box-sizing :content-box | border-box ;
```

content-box 是浏览器默认的计算方式，也是 W3C 定义的盒子模型尺寸的计算方式，其宽度和高度分别等于内容区域的宽度和高度；border-box 是以前 IE 浏览器的计算方式，宽度等于左右边框、左右内边距和内容区域宽度三者之和，高度等于顶部底部边框、顶部底部内边距和内容区域宽度三者之和。实际上，只有 <input> 中的 type 为 text、email、tel 等单行文本框时以及 <textarea> 文本框遵循了 W3C 盒子模型，其他控件依旧使用 IE 盒子模型计算。

box-sizing 设置为 border-box 时可以实现表单控件的尺寸统一。不同的控件浏览器设置的默认边框宽度、内边距不完全一致，参考图 5-13，此时只有将边框宽度、内边距计算在内时，才能使元素的实际大小不受其影响。在例 5-9 的代码第 9 行之后增加"box-sizing: border-box;"，可以使控件大小一致，结果如图 5-14 所示。

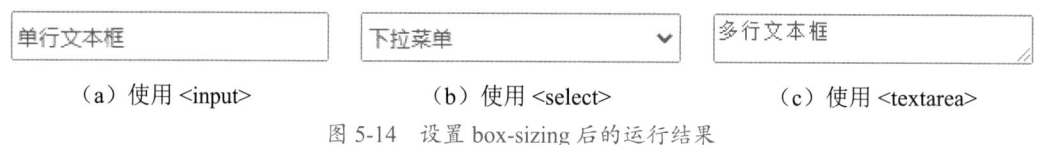

　　（a）使用 <input>　　　　　（b）使用 <select>　　　　　（c）使用 <textarea>

图 5-14　设置 box-sizing 后的运行结果

4. 美化控件外观

使用浏览器默认的控件外观并不是一个好主意。首先不同的浏览器样式不同，其次默认的样式并不美观。可以通过设置 CSS 样式重新定义控件的外观，一方面统一不同浏览器的浏览效果，另一方面通过美化控件，可以提升用户的交互体验。

【例 5-10】通过自定义控件样式实现美化，示例代码位于本书配套的代码文件 ch05\ex5-10.html 中。具体代码如下，运行结果如图 5-15 所示。

ex5-10.html

```
1   <!DOCTYPE html>
2   <html>
3   <head>
4     <meta charset="utf-8">
5     <meta http-equiv="X-UA-Compatible" content="IE=edge">
6     <title> 美化控件外观 </title>
7     <meta name="viewport" content="width=device-width, initial-scale=1">
8     <style>
9       body{ font: 16px 宋体 ;   }
10      form>div{ margin: 20px; }
11      input[type="text"],select,button{ /* 统一尺寸 */
12        width: 200px;
13        height: 32px;
14        box-sizing: border-box;
15        outline: none;
16      }
17      /* 文本输入框样式 */
18      input[type="text"]{
```

```
19        padding-left: 10px;
20        border: 1px solid gray;
21        border-radius: 5px;
22    }
23    input[type="text"]:invalid{
24        /* 验证失败时显示提示图标 */
25        background: right 5% center no-repeat url(img/error.png);
26        border-color:#ff8080 ;
27    }
28    input[type="text"]:valid{
29        /* 验证通过时显示提示图标 */
30        background: right 5% center no-repeat url(img/correct.png);
31        border-color:yellowgreen ;
32    }
33    /* 单选框和多选框通用样式 */
34    input[type="checkbox"] ,input[type="radio"]{
35        width: 0;                        /* 隐藏原始控件 */
36    }
37    input[type="checkbox"] + label::before,input[type="radio"] +
38    label::before {
39        display: inline-block;
40        content: "";                     /* 通过空白内容占位 */
41        width: 14px;
42        height: 14px;
43        margin-right: 7px;
44        line-height: 14px;
45        border:1px solid silver;
46        box-sizing: border-box;
47        transition: 0.5s linear;         /* 添加过渡效果 */
48    }
49    input[type="checkbox"]:checked + label::before,input
50    [type="radio"]:checked + label::before {
51        background-clip: content-box;
52        padding: 2px;
53        background-color: yellowgreen;
54        animation: checked 0.5s;         /* 选课选中时的动画 */
55    }
56    @keyframes checked{
57        50%{ transform: scale(1.2);}     /* 选中动画的关键帧 */
58    }
59    /* 单选框和多选框专用样式 */
60    input[type="checkbox"] + label::before {border-radius: 3px;}
61    input[type="radio"] + label::before {
62        border-radius: 7px;              /* 通过圆角将选框变成圆形 */
63    }
64    /* 下拉菜单样式 */
65    select{
```

```
66          border-top: none;
67          border-left: none;
68          border-right: none;
69          border-bottom:1px solid yellowgreen;
70          appearance:none;                       /* 不显示默认的箭头 */
71        }
72      select::-ms-expand {
73          display: none;              /* 兼容 IE 浏览器，不显示默认的箭头 */
74        }
75      select + label::after{
76          content: ">";                           /* 利用 ::after 添加自定义箭头 */
77          color:yellowgreen;
78        }
79      select + label{  margin-left:-25px; }
80      select:focus + label{
81          writing-mode:vertical-lr;               /* 垂直排版文字，使箭头向下 */
82        }
83      /* 按钮样式 */
84      button{
85          padding:0;
86          border: none;
87          border-radius: 5px;
88          color :white;
89          background: top/100% 100% no-repeat url(img/button_normal1.
    png) blue;
90          box-shadow: 4px 4px 4px gray;         /* 添加阴影 */
91        }
92      button:hover{
93          box-shadow: 2px 2px 2px gray;          /* 产生按钮按下的效果 */
94          margin: 1px;                           /* 产生按钮按下的效果 */
95        }
96    </style>
97  </head>
98  <body>
99    <form method="get" action="/submit.html">
100       <p> 自定义文本框 </p>
101       <div><input name="input" type="text" placeholder=" 不能为空 "
102       required></div>
103       <p> 自定义选框 </p>
104       <div> 单选框
105         <input name="radio" type="radio" id="rd1" checked><label
106         for="rd1"> 选项 1</label>
107         <input name="radio" type="radio" id="rd2"><label for="rd2">
            选项 2</label>
108         <input name="radio" type="radio" id="rd3"><label for="rd3">
            选项 3</label>
109       </div>
110       <div> 多选框
```

```
111        <input name="checkbox" type="checkbox" id="cb1"
112        checked><label for="cb1">选项 1</label>
113        <input name="checkbox" type="checkbox" id="cb2"
114        checked><label for="cb2">选项 2</label>
115        <input name="checkbox" type="checkbox" id="cb3"><label
116        for="cb3">选项 3</label>
117      </div>
118      <p>自定义菜单</p>
119      <div>
120        <select id="select" name="select">
121          <option>下拉菜单选项 1</option>
122          <option>下拉菜单选项 2</option>
123        </select>
124        <label for="select"></label>
125      </div>
126      <p>自定义按钮</p>
127      <div><button type="button">按钮</button></div>
128    </form>
129 </body>
130 </html>
```

图 5-15　ex5-10 的运行结果

　　例 5-10 演示了如何对文本框、单选框、多选框、下拉菜单和按钮进行自定义样
式。下面简单分析相关的实现方法。

　　（1）文本框。本例中，<input> 设置了 required 属性，这样就可以利用 CSS
的 ::invalid 和 ::valid 伪类分别设置文本框填写和未填写文字时的样式。本例中还利用
background 属性给文本框内添加了一个提示图标。

　　（2）单选框、多选框。浏览器默认的单选框和多选框的选框并不美观，且不能通过 CSS 直接修改样式。通常的做法是将原生选框隐藏，然后使用图片结合 CSS 样式重新绘制一个选框。这需要用到一些技巧。首先需要隐藏原始控件，本例通过将选框的宽度设置为 0 来实现；其次需要绘制新的选框，本例利用和元素绑定的 <label> 标签并结合 ::before 伪元素，生成了一个文档中不存在的元素，然后给这个伪元素添加相关的 CSS 样式，以实现选中和未选中时的样式以及切换状态时的过渡动画。

（3）下拉菜单。<select> 控件默认 size 属性为 1，即菜单为下拉弹出，此时只能设置 <select> 控件样式，对 <option> 的设置都是无效的。本例主要取消了顶部和左右的边框，替换了默认的下拉图标。为了自定义下拉图标，利用了一些技巧，首先隐藏原有下拉图标，将 appearance 属性设置为 none；为兼容 IE 浏览器，需要单独设置 :ms-expand 伪类 display 属性为 none；其次，利用和元素绑定的 <label> 标签并结合 ::after 伪元素为控件添加一个文本箭头 ">"；最后，利用 :focus 伪类结合 writing-mode 属性修改文字方向，使元素获取焦点时箭头方向发生变化。

（4）按钮。本例使用 <button> 控件实现按钮功能，设置 background 属性为按钮添加图案，设置 box-shadow 属性为按钮添加阴影。为了让用户能感受到这是一个按钮，利用 :hover 伪类添加了鼠标移动到控件上的样式，同时通过调整 box-shadow 设置增大了 margin 值，使按钮看上去像真的被按下去一样。

任务 5-4　企业用户注册页面分析

导语

通过学习任务 5-1~5-3，了解和掌握了网页表单的相关知识。从任务 5-4 开始，将利用已学习的知识来设计和实现一个企业用户注册页面。首先对页面进行分析并完成基本的架构。

页面分析

如图 5-16 所示，企业用户注册页面已经按页面功能区域，从顶部到底部分割为 4 个模块，分别是①导航、②巨幕、③表单和④页脚。

页面架构

1. 准备工作

在计算机文件系统中创建项目文件目录，本书给项目文件夹取名为 PROJECT05；在 Visual Studio Code 中创建项目文件夹，在工作区中创建 HTML 文件 register.html、CSS 文件 register.css；在项目文件夹下再创建一个 img 文件夹，将本项目所需的图片文件复制到该文件夹中。

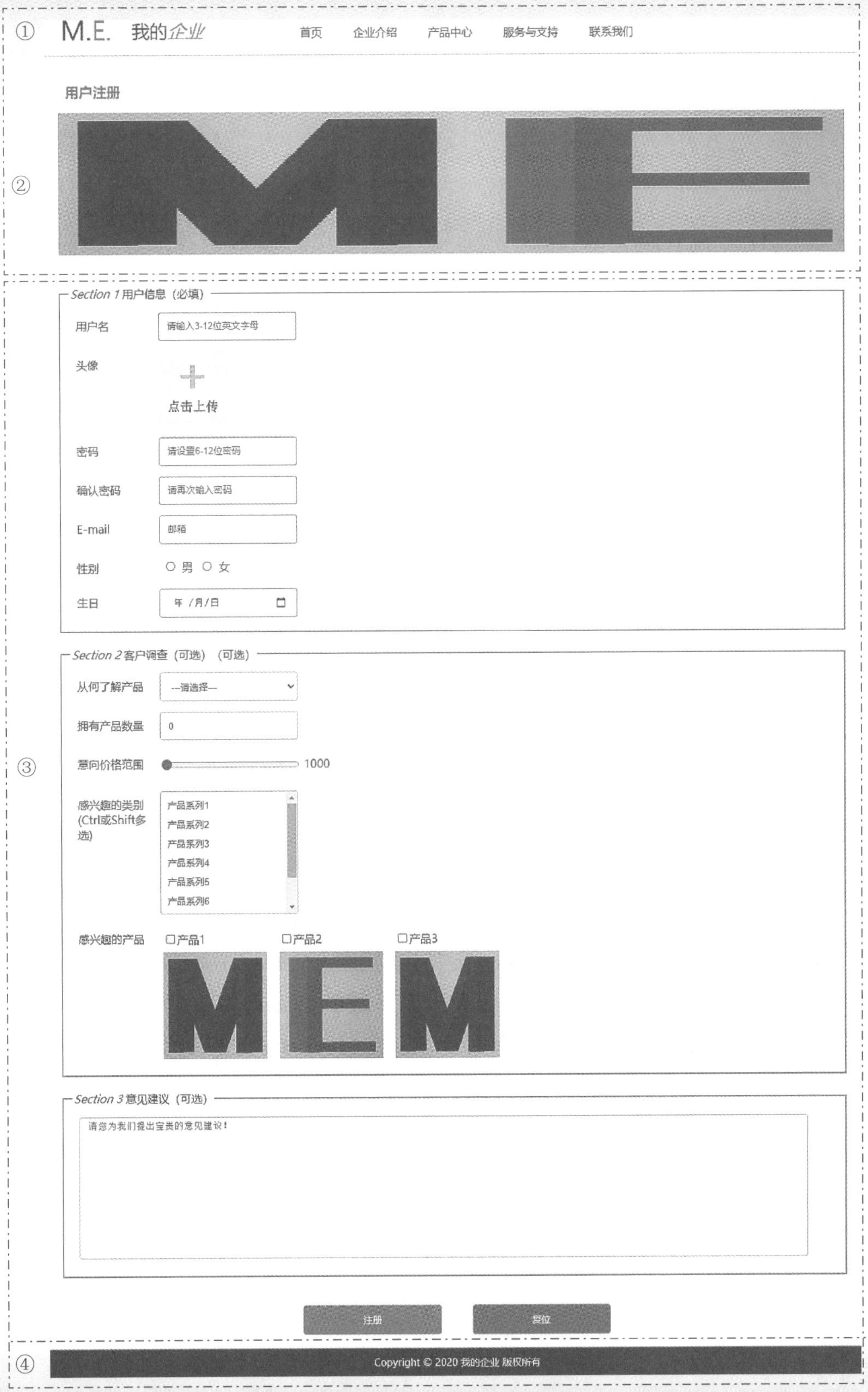
①
M.E. 我的企业
首页
企业介绍
产品中心
服务与支持
联系我们
用户注册
②
Section 1 用户信息（必填）
用户名
请输入3-12位英文字母
头像
点击上传
密码
请设置6-12位密码
确认密码
请再次输入密码
E-mail
邮箱
性别
男
女
生日
年 /月/日
Section 2 客户调查（可选）（可选）
从何了解产品
---请选择---
拥有产品数量
0
意向价格范围
1000
③
感兴趣的类别(Ctrl或Shift多选)
产品系列1
产品系列2
产品系列3
产品系列4
产品系列5
产品系列6
感兴趣的产品
产品1
产品2
产品3
Section 3 意见建议（可选）
请您为我们提出宝贵的意见建议！
注册
复位
④
Copyright © 2020 我的企业 版权所有

图 5-16 企业用户注册页面分析

2. 页面架构

（1）页面布局。使用 Visual Studio Code 打开 register.html 文件进行页面布局，相关代码如下所示：

```
1   <!DOCTYPE html>
2   <html>
3   <head>
4     <meta charset="utf-8">
5     <meta http-equiv="X-UA-Compatible" content="IE=edge">
6     <title>用户注册</title>
7     <meta name="viewport" content="width=device-width, initial-scale=1">
8     <link rel="stylesheet" href="register.css">
9   </head>
10  <body>
11    <!-- 导航 -->
12    <header></header>
13    <!-- 主要内容 -->
14    <main>
15      <!-- 巨幕 -->
16      <div class="jumbo_container"></div>
17      <!-- 表单 -->
18      <div class="register_container">
19        <form target="_blank" action="submit.html" method="get"><form>
20      </div>
21    </main>
22    <!-- 页脚 -->
23    <footer></footer>
24  </body>
25  </html>
```

上述 HTML 代码按照页面分析所划分的 4 个部分进行构建，导航部分放置在 <header> 中，页脚部分放置在 <footer> 元素中；巨幕和表单属于页面的主要内容，分别放置在互相独立的 <div> 中，这些 <div> 被统一置于 <main> 中。

（2）基本样式。使用 Visual Studio Code 打开 register.css 文件定义页面的基本样式，相关代码如下所示：

```
1   body {
2     margin: 0;
3     font-family: 微软雅黑，黑体，宋体，Arial, Helvetica, sans-serif;
4   }
5   .center { /* 实现居中和自适应视口宽度 */
6     min-width: 900px;
7     max-width: 1200px;
8     margin: 0 auto;
9   }
10  .red { color: #e63837; /* 常用色彩空间 */ }
```

至此，已经搭建好了用户注册页面的框架，下面将按照页面的不同模块进一步展开分析并进行实现。

页面的导航模块、巨幕模块和页脚模块与项目 4 中基本一致，本项目将不再进行介绍。

任务 5-5　表单模块的实现

页面分析

表单模块由三个表单组和一组按钮构成，表单组分为用户信息、客户调查、意见建议三部分。表单模块如图 5-17 所示。

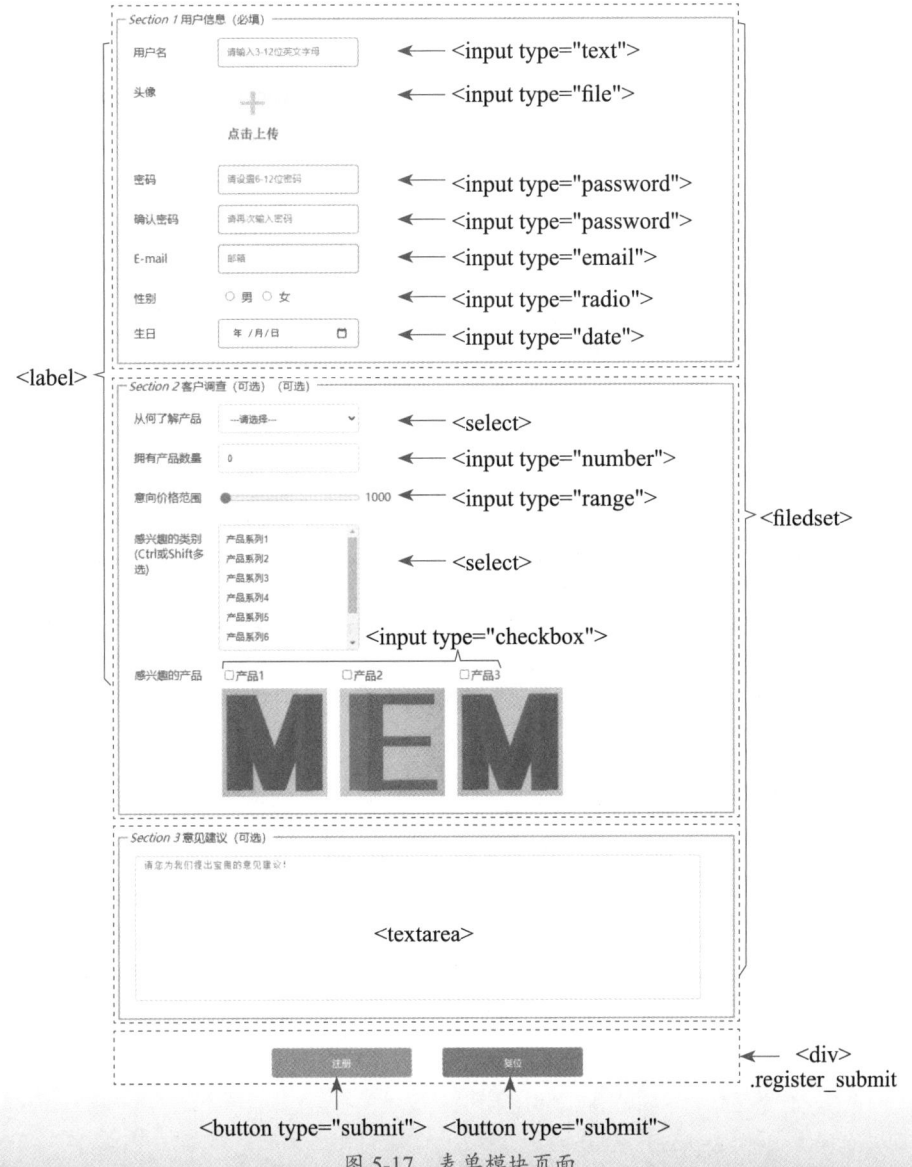

图 5-17　表单模块页面

上述页面分析的详细描述如下：

（1）用户信息、客户调查、意见建议三部分使用三个 <fieldset> 元素进行分组，按钮放置在一个 <div> 元素中；

（2）除最后的 <textarea> 控件外，在其他表单控件或控件组的左侧添加对应的 <label> 标签，来描述需要用户填写的项目，标签和控件需要根据情况居中或顶部对齐；

（3）用户信息部分的表单项都是必填项，需要控件设置 required 属性，并且需要对填写的数据进行校验。

页面实现

1. 页面布局

使用 Visual Studio Code 打开 register.html 文件，在 <form> 标签内添加相关代码，页面代码如下所示：

```
1  <fieldset name="user_fieldset">
2    <legend class="register_section_title"><em>Section 1</em> 用户信息
3    (必填) </legend>
4    <div>
5      <label> 用户名 </label>
6      <input type="text" name="Username" placeholder=" 请输入 3-12 位英
7      文字母 " required  pattern="^[A-Za-z][A-Za-z0-9]{2,11}">
8    </div>
9    <div>
10     <label> 头像 </label>
11     <img id="portrait" src="img/upload.png" onclick="document.
12  getElementsByName('Upload')[0].click();">
13     <input type="file" name="Upload" required accept="image/*">
14   </div>
15   <div>
16     <label> 密码 </label>
17     <input type="password" name="Password" placeholder=" 请设置 6-12 位
18     密码 " required pattern="[A-Za-z0-9\*\.\?\+\$\^\[\]\(\)\{\}\|\\\
19     /=%#!`.\-]{6,12}">
20   </div>
21   <div>
22     <label> 确认密码 </label>
23    <input type="password" name="Second_password" placeholder="
24     请再次输入密码"" required pattern="[A-Za-z0-9\*\.\?\+\$\^\[\]\(\)\
25     {\}\|\\\/=%#!`.\-]{6,12}" onblur="checkPassword()">
26   </div>
27   <div>
28      <label>E-mail</label>
```

```
29    <input type="email" name="Email" id="email" placeholder=" 邮箱 "
30    required list="email_hint" pattern="[^@]+@[^@]+\.[a-zA-Z]
      {2,6}">
31    <datalist id="email_hint">
32      <option value="@qq.com"></option>
33      <option value="@163.com"></option>
34      <option value="@gmail.com"></option>
35    </datalist>
36   </div>
37   <div>
38    <label>性别 </label>
39    <input type="radio" name="Gender" value="male" required/>男
40    <input type="radio" name="Gender" value="female" required/>女
41   </div>
42   <div>
43    <label>生日 </label>
44    <input type="date" name="Age" required/>
45    </div>
46  </fieldset>
47  <fieldset name="survey_fieldset">
48   <legend class="register_section_title"><em>Section 2 </em>客户调
49   查（可选）(可选)</legend>
50   <div>
51    <label> 从何了解产品 </label>
52    <select class="normal_select" name="channel">
53      <option value="">--- 请选择 ---</ option>
54      <option value="1">朋友介绍 </option>
55      <option value="2">媒体广告 </option>
56      <option value="3">公司网站 </option>
57    </select>
58   </div>
59   <div>
60    <label>拥有产品数量 </label>
61    <input type="number" name="Owned" min="0" value="0"/>
62   </div>
63   <div>
64    <label>意向价格范围 </label>
65    <input type="range" name="Price" min="1000" max="10000"
66    value="0" step="1000"/>
67    <label id="price_range">1000</label>
68   </div>
69   <div>
70    <label for="Interesting_type" >感兴趣的类别 (Ctrl 或 Shift 多选 )
      </label>
71    <select class="multi_select" name="Interesting_type" size="6"
      multiple>
72      <option value="1">产品系列 1</option>
```

```
73              ......
74          <option value="8">产品系列 8</option>
75        </select>
76      </div>
77      <div class="interesting_product">
78        <label> 感兴趣的产品 </label>
79        <div><input type="checkbox" name="Product" value="1" > 产品 1
80          <img src="img/product1.png" />
81        </div>
82        <div><input type="checkbox" name="Product" value="2"> 产品 2
83          <img src="img/product2.png" />
84        </div>
85        <div><input type="checkbox" name="Product" value="3"> 产品 3
86          <img src="img/product1.png" />
87        </div>
88      </div>
89    </fieldset>
90    <fieldset name="advise_fieldset">
91      <legend class="register_section_title"><em>Section 3 </em>
92      意见建议（可选）</legend>
93      <div>
94        <textarea name="advise" id="advise" placeholder=" 请您为我们提出
95        宝贵的意见建议！"></textarea>
96      </div>
97    </fieldset>
98    <div class="register_submit">
99      <button type="submit" value=""> 注册 </button>
100     <button type="reset" value=""> 复位 </button>
101   </div>
```

上述 HTML 代码按照页面分析要求进行构建，有一些细节需要注意：

（1）在用户信息中，用户名、密码、确认密码和 E-mail 对应的控件使用了 pattern 属性，用于辅助验证填写内容是否符合要求，pattern 使用正则表达式语法编写；

（2）文件上传控件是一个类似按钮的控件，界面较为简陋，这里使用 \<img\> 元素来美化界面，文本上传控件本身通过 CSS 样式进行了"隐藏"，与此同时 \<img\> 元素设置了 onclick 属性，其中的 JavaScript 代码实现了单击图片的同时模拟单击文件上传控件；

（3）Email 控件设置了 list 属性，配合 \<datalist\> 控件实现了下拉提示功能，但由于 \<datalist\> 内部的选项是静态数据，提示结果并不智能，在实际项目开发时通常还需要结合 JavaScript 和 Web 应用服务来动态更新选项，实现智能提示。

2. 页面样式

使用 Visual Studio Code 打开 register.css 文件，来定义页面导航模块的相关样式，样式代码如下所示：

```
1    /* 标签样式 */
2    label {
3      width: 100px;
4      padding: 8px 15px 0 0;                    /* 实现单行文本框居中对齐 */
5      display: inline-block;
6      vertical-align: top;                      /* 顶端对齐 */
7    }
8    /* 分组样式 */
9    fieldset{  margin: 20px;          }
10   fieldset div {  padding: 5px;   }
11   /* 通用表单样式 */
12   input[type=text],input[type=password],input[type=email],input[type
13   =number],input[type=date],select,textarea {
14     width: 200px;
15     padding: 4px 12px;
16     border: 1px solid #ccc;
17     border-radius: 4px;
18     box-sizing: border-box;                   /* 保证不同类型尺寸一致 */
19   }
20   /* 单行文本框样式 */
21   input[type=text],input[type=password],input[type=email],input[type
22   =number],input[type=date],select.normal_select{
23     height: 40px;
24   }
25   /* file 上传控件样式 */
26   input[type=file]{
27     width: 0;          /* 实现控件"隐藏";display:none 会和 required 冲突 */
28   }
29   /* 用于替换文件上传控件外观的图片样式 */
30   img#portrait{
31     max-width: 100px;
32     max-height: 140px;                        /* 自适应高宽 */
33   }
34   /* range 样式 */
35   input[type=range]{
36     width: 226px;
37     height: 36px;
38   }
39   /* radio 样式 */
40   input[type=radio] {
41     padding: 100px;
42     margin: 10px;
43   }
44   /* checkbox 样式 */
45   input[type=checkbox]{  padding-top: 14px; /* 调整控件和标签对齐 */ }
46   .interesting_product>div,interesting_product>label{
```

```
47      float: left;                              /* 使控件、标签向左浮动 */
48    }
49    .interesting_product>div {
50      width: 150px;
51      margin: 4px;
52    }
53    .interesting_product img {
54      width: 100%;
55      padding-top: 8px;                         /* 多选框对应的产品图片样式 */
56    }
57    /* select 多行下拉框样式 */
58    select.multi_select,select.multi_select>option{
59      padding: 5px;
60    }
61    /* textarea 样式 */
62    textarea{
63      width: 97%;
64      height: 200px;      /* 宽度和高度设置比 HTML 的 cols 和 rows 属性更准确 */
65      resize: none;       /* 不允许浏览器让用户修改文本框大小 */
66    }
67    /* button 样式 */
68    .register_submit {  text-align: center;   /* 按钮居中显示 */   }
69    button[type=submit] ,button[type=reset]{
70      width: 200px;
71      color: white;
72      margin: 20px;
73      padding: 12px;
74      border: none;
75      border-radius: 4px;
76      cursor: pointer;
77    }
78    button[type=submit] {  background-color: #4caf50; }
79    button[type=reset] {   background-color: #e63837; }
80    /* 全局事件样式 */
81    input:hover, select:hover, textarea:hover,input:focus, select:focus,
82    textarea:focus {
83      border-color: #05a;
84      box-shadow: inset 0 1px 1px rgba(0,0,0,.075), 0 0 8px
      rgba(102,175,233,.6);
85      outline: 0; /* 去除默认轮廓线条 */
86    }
87    button[type=submit]:hover { background-color: #45a049; }
88    button[type=reset]:hover {  background-color: #e03837; }
89    input[type=text]:invalid,input[type=password]:invalid,input[type=
      email]:invalid,
```

```
90   input[type=date]:invalid {
91     border-color: #e63837;
92   }
93   input[type=text]:valid, input[type=password]:valid,input[type=email]:
     valid,input[type=date]:valid{
94     border-color: green;
95   }
```

项目小结

项目 5 重点介绍了 HTML 表单及如何利用 CSS 对表单进行设计；通过实例演示了表单控件的基本使用方法，包括 <input>、<textarea>、<button>、<select>、<progress>、<fieldset> 等，以及如何布局和设计表单、统一表单控件的尺寸、美化表单控件的外观；最后通过设计和实现一个用户注册页面，演示了实际开发中如何设计表单以及如何应用表单控件。

酒店客房
预订网站

任务描述与技能要求

　　无论是出差办公，还是外出旅游，一般都需要解决住宿问题。随着互联网的发展，人们习惯通过网络预订酒店，一方面可以提前预订房间，另一方面可以通过酒店网站提前查看房间、价格、评价等信息，选择更符合自身需求的酒店。

　　本项目将设计实现一个酒店客房预订网站，首先利用 DIV+CSS 方式设计实现如图 6-1 所示的酒店客房预订界面，然后利用 JavaScript 实现页面的动态效果（酒店图片画廊滚动）以及用户交互（客房筛选、预订）等功能。

图 6-1　酒店客房预订界面

为完成客房预订操作，用户需要先输入入住时间、退房时间以及需预订的房间数量，根据条件（房间类型、是否含早餐、支付方式）筛选客房；然后在客房信息列表里选择符合需求的房间，单击"预订"按钮，弹出预订信息对话框，如图 6-2 所示；确认预订信息无误后，单击"确定"按钮即完成客房预订；若单击"取消"按钮，则取消此次客房预订。

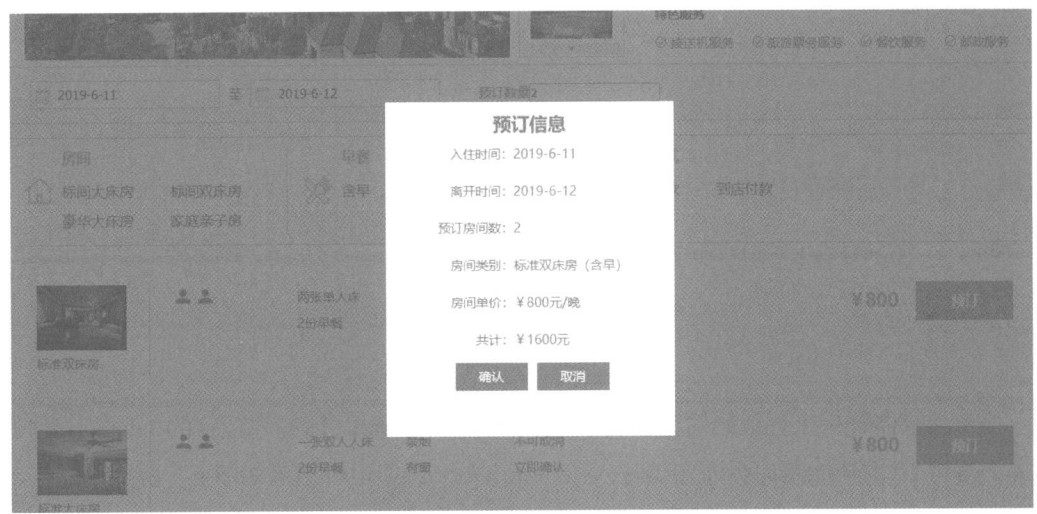

图 6-2　客房预订信息对话框

任务 6-1　JavaScript 概念

知识目标：

- 了解 JavaScript
- 掌握 JavaScript 引用方式

导语

JavaScript 是近年最受欢迎的一款直译式脚本编程语言，它能赋予网页生动的交互能力，丰富的动态效果，还能实现响应式界面，提升用户体验。当前主流网页前端框架一般都采用 JavaScript 进行构建。

知识点

1. JavaScript 的基本语法

在 HTML 中，JavaScript 脚本需要包含在 <script> 标签中，<script> 表示 JavaScript 的开始，</script> 则表示结束。

【例 6-1】介绍 JavaScript 的基本语法，示例代码位于本书配套的代码文件 ch06\ex6-1a.html 中，具体代码如下：

ex6-1a.html

```
1   <!DOCTYPE html>
2   <html>
3   <head>
4     <meta charset="utf-8" />
5     <title>JavaScript 入门</title>
6   </head>
7   <body>
8     <h3>JavaScript 入门 </h3>
9     <script>
10      document.write('Hello World!');
11    </script>
12  </body>
13  </html>
```

当浏览器解析上述代码时，会自动解释并执行 <script> 标签中包含的 JavaScript 脚本，语句 10 的功能是向页面文档写入 "Hello World!"，运行结果如图 6-3 所示。

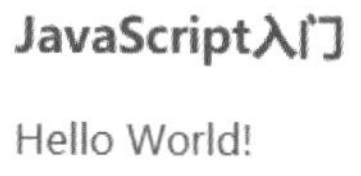

JavaScript入门

Hello World!

图 6-3　ex6-1a 的运行结果

2. 引用方法

JavaScript 是一门独立的语言。想要在网页使用 JavaScript，需要通过以下几种方法先将 JavaScript 程序引用到网页中。

（1）在页面任意位置添加 <script> 标签。JavaScript 代码可直接包含在网页主体 <body> 标签中，也可以写入网页文档的头标签 <head> 中。若要将 JavaScript 代码写在 <head> 标签中，可将 ex6-1a.html 代码修改成如下形式（示例代码位于本书配套的代码文件 ch06\ex6-1b.html 中）：

ex6-1b.html

```
1   <head>
2     <script>
3       document.write('<h3>JavaScript 入门 </h3>');
4     </script>
5   </head>
6   <body>
7     document.write('Hello World!');
8   </body>
```

在例 6-1b 中，当页面载入时，浏览器先解析 <head> 中的 <script> 标签，执行其中的 JavaScript 代码，页面写入标题"JavaScript 入门"；再解析 <body> 中 <script> 标签，执行 JavaScript 代码向页面写入"Hello World!"。

（2）在页面内引入 JavaScript 文件。当多个页面需要实现相同的功能时，可以将 JavaScript 代码先写入 JavaScript 文件（后缀为 .js，通常简称为 JS 文件）中，然后在页面内引入 JS 文件，以实现多个页面共享 JS 代码的目的。除此之外，将 JavaScript 代码封装在 JS 文件中，可以简化页面结构，使页面的源代码更加清晰。网页引用 JS 文件的代码如下所示：

```
1   <head>
2   <script src= "JS 文件路径 "></script>
3   </head>
```

（3）作为 HTML 的标签事件或超链接的链接属性值。简单的 JavaScript 代码可以直接作为标签事件或者超链接的属性值，属性值结构形如"javascript:JS 代码"，作用于事件属性时可以省略"javascript:"字样。当触发标签事件或单击超链接时，则执行 JavaScript 代码。

【例 6-2】通过超链接执行 JavaScript 代码，示例代码位于本书配套的代码文件 ch06\ex6-2.html 中，相关代码如下：

ex6-2.html

```
1    <!DOCTYPE html>
2    <html>
3    <head>
4      <meta charset="utf-8" />
5      <title>JavaScript 入门 </title>
6    </head>
7    <body>
8      <a href="javascript:alert('JavaScript 作为超链接属性值 ')">href 属性 </a>
9      <a onclick="javascript:alert('JavaScript 作为事件属性值 ')">onclick
10     事件属性 </a>
11   </body>
12   </html>
```

运行 ex6-2 页面，当单击第一个超链接时，页面将会执行链接属性 href 中的 JavaScript 代码，弹出如图 6-4（a）所示的提示框；单击第二个超链接时，会触发单击事件，也会执行对应的 JavaScript 代码，运行结果如图 6-4（b）所示。

（a）href 属性

（b）onclick 事件属性

图 6-4　ex6-2 的运行结果

任务 6-2　JavaScript 的基本使用

知识目标：

- 掌握 JavaScript 常量、变量的概念
- 掌握 JavaScript 常用数据类型
- 掌握 JavaScript 常用运算符和表达式

导语

任务 6-1 中介绍了 JavaScript 的基本概念以及应用方式。本任务将进一步对 JavaScript 的语法展开介绍，包括 JavaScript 的数据类型、变量、运算符和表达式。

知识点

1. 常量和变量

数据按其数值是否可变分为常量和变量。常量也称为字面量，数值固定不变，如整数 18、小数 1.8、字符串 Hi 等。

早期的 JavaScript 不区分变量和常量，直到 ES6（ECMAScript 6）才新增关键字 const，用于定义符号常量，其语法结构如下所示：

```
const  常量名 = 值
```

const 在声明常量的时候必须对常量进行初始化赋值，初始化后不允许再次修改数值，例如如下代码：

```
1  const pi=3.14      // 定义一个符号常量 pi
2  pi=3.14.1593       // 程序报错:Assignment to constant variable.
```

　　变量用于存储可变化的数值。JavaScript 的变量是弱引用类型，根据存储的数值决定其类型，并且可以随时更改数据类型。因此，JavaScript 在定义变量的时候不需要声明变量类型，通常使用关键字 var 来定义，语法结构如下所示：

```
var 变量名 1[, 变量名 2] [, 变量名 2] …[, 变量名 n]
```

　　ES6 新增了关键字 let，用于定义变量。let 与 var 的差别在于 let 定义的变量作用范围仅在其所在的语句块中，代码如下：

```
1  {
2  var a=3;          // 定义变量 a，赋值 3
3  let b=4;          // 定义变量 b，赋值 4
4  }
5  c=a              //a 的值赋值给 c
6  d=b              // 程序报错 :b is not define
```

　　变量名命名应符合标识符命名规则。JavaScript 的标识符须符合下述三个条件：

　　（1）标识符以字母、数字、下划线 _ 或美元符号 $ 组成；

　　（2）首字符不得为数字、下划线 _ 或美元符号 $；

　　（3）标识符不得为 JavaScript 保留的关键字，JavaScript 的关键字如表 6-1 所示。

表 6-1　JavaScript 的关键字

abstract	else	instanceof	super
boolean	enum	int	switch
break	export	interface	synchronized
byte	extends	let	this
case	false	long	throw
catch	final	native	throws
char	finally	new	transient
class	float	null	true
const	for	package	try
continue	function	private	typeof
debugger	goto	protected	var
default	if	public	void
delete	implements	return	volatile
do	import	short	while
double	in	static	with

变量定义示例代码如下：

```
1  var x;                    // 定义变量 x, 此时 x 的数据类型未知
2  x=18;                     // 将整数 18 赋值给变量 x, 此时 x 的数据类型为整型
3  x="eighteen";             // 修改变量 x 的值为 "eighteen", 此时 x 的数据类型为字符串
4  var y=1.8;                // 定义变量 y, 同时初始化赋值 1.8, y 的数据类型为浮点型
```

2. 数据类型

JavaScript 常用的数据类型主要有 Number、Bigint、Boolean、String、undefined、null、symbol 和 Object。

（1）Number 类型。Number 类型可以表示 $-(2^{53}-1)$~$(2^{53}-1)$ 范围的整数或浮点数。Number 类型支持科学计数法，可以将数学表达式 $a \times 10^n$ 用 "aen" 的结构来表示。下面是创建 Number 类型数据的一些例子：

```
1  var x=10000;              //x 为整数 10000
2  var y=1.2e-5;             //y 为浮点数 0.000012, 等价于 y=0.000012
3  var z = Number(-99);      //z 为负数, 等价于 z=-99
```

（2）Bigint 类型。Bigint 类型是 ES2020 中新增的基本数据类型，用于表示大于 $2^{53}-1$ 的整数，该类数据需要在数字后加上 n。下面是创建 Bigint 类型数据的例子：

```
1  var x = 9007199254740992n;              //x 为整数 9007199254740992
2  var y = BigInt("9007199254740992");     //y 为整数 9007199254740992
```

（3）Boolean 类型。Boolean 类型就是布尔型数据，只有两个值，分别用于表达逻辑上的真（true）与假（false）。下面是创建 Boolean 类型数据的例子：

```
1  var x=true;               //x 为真
2  var y=false;              //y 为假
3  var z=Boolean(false);     //z 为假
```

（4）String 类型。String 类型即字符串类型，指由零到多个字符组成的字符序列，使用时需要用单引号或双引号包含起来。下面是创建 String 类型数据的例子：

```
1  var x="";                 //x 为一个空字符串
2  var y="hello";            //y 为字符串 "hello"
3  var z=String("world");    //z 为字符串 "world"
```

（5）undefined 类型。undefined 类型只有一个值——undefined。对于未定义或未初始化的变量，引用该变量返回 undefined。undefined 的语法格式如下：

```
1  var x;                    //x 为 undefrined
```

（6）null 类型。null 类型也只有一个值——null，表示变量的值为空，通常将变量

的值设置为 null，以达到清空变量的目的。注意 null 与 undefined 的区别，undefined 是指变量不存在或者未对变量赋值，而 null 有值，只是值为 null。null 的语法格式如下：

```
1   var x=null;                    //x 为 null
```

（7）symbol 类型。symbol 是 ES6 新增的数据类型，用于生成一个唯一的标识符。下面是创建 symbol 类型数据的例子：

```
1   let sym1=Symbol();             // 创建 symbol
2   let sym2=Symbol("sym");        // 创建 symbol,"sym" 用于描述 sym2, 但对 sym2
                                   // 的值并无影响
3   Symbol("sym")==sym2;           // 值为 false
```

（8）Object 类型。JavaScript 基于 Object，几乎所有的其他对象都是 Object 类型的实例，使用对象可以描述一类事物。对象是一种集合的数据类型，它将多个属性（基本类型的数值或者其他对象）聚合在一起，通过索引的方式引用这些属性。例如，学生是一类对象，学生拥有学号、姓名等特征值，这些特征值称之为属性，属性及其对应的属性值构成了学生对象。

对象创建的常用方式有三种。

①工具函数。当通过工具函数的方法创建对象时，可以将任意值转换为对应的基本数据类型对象，例如：

```
1   var obj = Object(123);         // 等同于 obj=Number(123)
```

②对象字面量。对象字面量指由 "key:value" 结构的键值对构成对象，每个键值对为一个元素项，项与项之间使用逗号间隔，由 "{}" 包含对象集合中的所有元素项。例如，学生对象的创建代码如下：

```
1   var obj={id:1, name: "lily"};
```

③new 构造函数。Object 对象是所有 JavaScript 对象的基类。使用 new 关键字和 Object 对象的构造函数可以创建并实例化对象。学生对象的创建代码如下：

```
1   // 创建并初始化学生对象
2   var stu = new Object({id:1, name: "lily"});
```

对象是一个无序集合，集合中的项通过索引来访问，因此要求索引的值唯一。对象中元素项的访问方式有如下两种：

```
对象名 [key]
对象名 .key
```

对象创建及访问示例代码如下：

```
1    var obj={id:1, name: "lily"};          // 定义并初始化对象
2    document.write(obj["id"]);             // 输出 obj 对象中 key 为 "id" 的对象对应
                                            // 的 value 值,输出 1
3    document.write(obj.name);              // 输出 obj 对象中 key 为 "name" 的对象对
                                            // 应的 value 值,输出 lily
```

3. 运算符和表达式

为了能够进行各种各样的数据处理,不同的程序设计语言均提供了丰富的运算符,JavaScript 也不例外。根据运算符的运算特点,常用的运算符主要有以下几类:算术运算符、字符串连接运算符、关系运算符、逻辑运算符和条件运算符。

(1)算术运算符。算术运算符主要用于数字型数据的运算。常见的算术运算符如表 6-2 所示。

表 6-2　常见的算术运算符

运算符	结构	描　　述	示　　例	优先级
+	+a	正值运算符,相当于数学中的正号	var x=5; var y=+x; //y 的值为 5	1
−	−a	负值运算符,相当于数学中的负号	var x=5; var y=−x; //y 的值为 −5	1
+	a+b	加法运算符,实现两数相加运算	var x=3,y=4; var z=x+y; //z 的值为 7	3
−	a−b	减法运算符,实现两数相减运算	var x=3,y=4; var z=x−y; //z 的值为 −1	3
*	a*b	乘法运算符,实现两数相乘运算	var x=3,y=4; var z=x*y; //z 的值为 12	2
/	a/b	乘法运算符,实现两数相除运算	var x=6,y=3; var z=x/y; //z 的值为 2	2
%	a%b	求余运算符,实现两数相除求余数	var x=6,y=4; var z=x%y; //z 的值为 2	2

++	a++
	++a
		自增运算:
		++ 在后面,先取变量 a 的值参与运算,然后变量 a 的值自增 1;
		++ 在前面,变量 a 的值先自增 1,再参与运算
			var x=3;
			var y=x++; //x 的值 为 4,y 的值为 3
			var z=++x; //x 的值为 5,z 的值 5
				1

−	a−
	−a
		自减运算:
		− 在后面,先取变量 a 的值参与运算,然后变量 a 的值自减 1;
		− 在前面,变量 a 的值先自减 1,再参与运算
			var x=3;
			var y=x−; //x 的值为 2,y 的值为 3
			var z=−x; //x 的值为 1,z 的值 1
				1

（2）字符串连接运算符。字符串连接运算符主要用于实现两个字符串的拼接运算。下面是一组示例：

```
1  var s1="hello ";
2  var s2="world, ";
3  var s3=2000;
4  var s=s1+s2;          //s 的值为 "hello world, "
5  s=s+s3;               // 当字符串跟整数进行拼接时，会将整数转化为字符串后再进
                         // 行 + 运算，所以此时 s 的值为 "hello world, 2000"
```

（3）关系运算符。关系运算符主要用于比较两数的大小关系，其结果只有两个：关系成立 true 和关系不成立 false。常见的关系运算符如表 6-3 所示。

表 6-3　常见的关系运算符

运算符	结　　构	描　　述	示　　例
>	a>b	大于运算符，判断 a 是否大于 b	5>4　// 值为 true 4>5　// 值为 false
<	a<b	小于运算符，判断 a 是否小于 b	5<4　// 值为 false 4<5　// 值为 true
>=	a>=b	大于或等于运算符，判断 a 是否大于或等于 b	5>=5　// 值为 true 4>=5　// 值为 false
<=	a<=b	小于或等于运算符，判断 a 是否小于或等于 b	4<=5　// 值为 true 5<=4　// 值为 false

==	a==b	等于运算符，判断 a 与 b 是否相等	var x=4,y=4,z=5;
			x==y // 值为 true
			x==z // 值为 false

!=	a!=b	不等于运算符，判断 a 与 b 是否不等	var x=4,y=4,z=5; x!=y // 值为 false x!=z // 值为 true

（4）逻辑运算符。逻辑运算符用于布尔型数据的逻辑关系判断，逻辑关系为真则结果为 true，逻辑关系为假则为 false。逻辑运算主要有以下三种运算符：&&、|| 和 !。

参与逻辑运算的运算量可以是布尔型数据，也可以是其他类型的数据。当参与逻辑运算的运算量为 0、空字符串或空对象时，可以看成是 false 进行逻辑运算，除此以外的其他非布尔值数据等价于 true。

&& 为逻辑与运算符，它表示的是一种且满足的关系。当参与运算的操作数均等价于 true 时，取第 2 个等价于 true 操作数的值作为表达式的值；当参与运算的操作数中至少有一个等价于 false 时，则取第 1 个等价于 false 的操作数的值作为表达式的值。例如：

```
1    true &&true              // 值为 true
2    true &&false             // 值为 false
3    true && 8                // 值为 8
4    0 && ""                  // 值为 0
```

|| 为逻辑或运算符,它表示的是一种或满足的关系。当参与运算的操作数均等价于 false 时,取第 2 个等价于 false 操作数的值作为表达式的值;当参与运算的操作数中至少有一个等价于 true 时,则取第 1 个等价于 true 的操作数的值作为表达式的值。例如:

```
1    true || false            // 值为 true
2    false ||false            // 值为 false
3    0 || ""                  // 值为 ""
4    true || 8                // 值为 true
```

! 为取反运算,逻辑真取反为假,逻辑假取反为真。例如:

```
1    var x=true,y=false;
2    !x                       // 值为 false
3    !y                       // 值为 true
```

(5)条件运算符。简单的条件判断可以使用条件运算符来表示。条件运算符是 JavaScript 中唯一的一个三目运算符,即用问号(?)和冒号(:)串联三个表达式,形如:

```
表达式 1? 表达式 2: 表达式 3
```

表达式 1 为条件表达式,判断条件是否成立。如果条件成立,则整个条件表达式取表达式 2 的值;否则,取表达式 3 的值。例如:

```
1    var x=3,y=4;
2    x>y?x:y                  // 值为 4
```

(6)运算符优先级。JavaScript 通过上述运算符串连多个操作数构成表达式。当一个表达式中出现多种不同类型的运算符时,运算的顺序并不是简单地从左往右,而是取决于运算符的优先级。运算符优先级关系如下所示:

```
逻辑非运算 > 算术运算 > 关系运算 > 逻辑与、或运算 > 条件运算 > 赋值运算
```

任务 6-3   控制流程

知识目标:

- 掌握 JavaScript 的三种控制结构

导语 🐝

所有程序设计语言均包含三种控制结构：顺序、选择和循环。本任务将介绍 JavaScript 中三种控制结构的语法及其应用。

知识点 📖

1. 顺序结构

通常情况下，根据程序语句的顺序从上往下依次执行即顺序结构。例如：

```
1   var x=3,y=4,z;        // 定义 x,y,z 三个变量，并将 x,y 初始化为 3 和 4
2   z=x;                  //x 的值赋值给 z
3   z+=y;                 // 修改 z 的值为 x+y
```

顺序执行上述代码中的三条语句，通过赋值，最后 x 的值为 3，y 的值为 4，z 的值为 7。

JavaScript 的赋值有两种结构：简单赋值和复合赋值。

简单赋值的基本结构如下：

```
name = value
```

等号左边是变量，等号右边可以是常量、变量、表达式、对象和函数。通过计算得到 value 的值后再将其赋值给等号左边的变量 name。

复合赋值的基本结构如下：

```
name op= value   //op 可以为 +、-、*、/、% 等运算符
```

等价于

```
name = name op value
```

上述示例中，z+=y 即表示将 z+y 的结果赋值给 z。

使用复合赋值时，优先计算等号右边的 value 值，再与等号左边的变量 var 进行复合式赋值，因此，x*=y+1 等价于 x=x*(y+1)。

2. 选择结构

当根据不同的条件选择执行不同的功能时，需要使用选择结构。JavaScript 支持两种选择结构语句：if 和 switch。

（1）if 语句。if 语句可以实现单分支、双分支和多分支三种选择结构。

①if 单分支结构。if 单分支结构的语法格式为：

```
if(条件表达式)
{
  语句块
}
```

执行时，先计算条件表达式的值，条件成立为真，则执行 if 下的语句块，否则不执行。

例如，计算一个数的绝对值，代码如下：

```
1  if(x<0)
2  {
3    x=-x
4  }
```

当 x 为正数或 0 时，不满足条件，x 保持不变；而当 x 为负数时，满足条件，x 值修改为 -x。

② if 双分支结构。if 双分支结构的语法格式为：

```
if(条件表达式)
{
  语句块 1
}
else
{
  语句块 2
}
```

执行时，计算条件表达式的值，条件成立为真，则执行 if 下的语句块 1，否则执行 else 下的语句块 2。

例如，判断一个数的奇偶，代码如下：

```
1  if(x%2==0)
2  {
3    y= "even number";
4  }
5  else
6  {
7    y= "odd number";
8  }
```

当 x 为偶数时，x 对 2 求余，余数为 0，满足条件，因此执行 y="even number"；当 x 为奇数，x 对 2 求余，余数为 1，不满足条件，因此执行 y="odd number"。

③ if 多分支结构。if 多分支结构的语法格式为：

```
if(条件表达式1)
{
    语句块1
}
else if(条件表达式2)
{
    语句块2
}
else if(条件表达式3)
{
    语句块3
}
…
[else
{
    语句块n
}]
```

执行时，先计算表达式 1 的值，条件成立时执行语句块 1，跳出多分支结构；条件不成立，则计算表达式 2 的值。表达式 2 条件成立时执行语句块 2，跳出多分支结构，不成立则继续向下执行。如果所有条件表达式均不成立，则执行 else 下的语句块 n。

多分支结构的 else 分支是可以缺省的。当所有条件表达式都不成立又没有 else 分支时，则多分支结构不执行任何语句块。

例如，将数字（1~7）转换为对应的日期，例如，1 对应星期一，2 对应星期二。代码如下所示：

```
1   if(n==1)
2   {
3     date= " 星期一 ";
4   }
5   else if(n==2)
6   {
7     date= " 星期二 ";
8   }
9   else if(n==3)
10  {
11    date= " 星期三 ";
12  }
13  else if(n==4)
14  {
15    date= " 星期四 ";
16  }
17  else if(n==5)
18  {
19    date= " 星期五 ";
```

```
20    }
21    else if(n==6)
22    {
23      date= "星期六";
24    }
25    else if(n==7)
26    {
27      date= "星期日";
28    }
29    else
30    {
31      date="错误的日期";
32    }
```

（2）switch 语句。switch 是一种开关式的选择结构，其语法格式为：

```
switch(表达式)
{
  case 常量表达式 1: 语句块 1;[break;]
  case 常量表达式 2: 语句块 2;[break;]
  case 常量表达式 3: 语句块 3;[break;]
      …

  [default: 语句块 n]
}
```

执行时，先计算表达式的值，将计算结果与 case 后面的常量表达式进行匹配，若匹配到相同的值，执行对应 case 后面的语句块；若匹配不到对应的 case，则执行 default 下的语句块 n。default 是可以缺省的。在这种情况下，如果匹配不到对应的 case，则该 switch 结构不执行任何语句块。

与 if 语句不同的是，执行完 case 后面的语句块以后，默认不会跳出 switch 结构，程序会继续向下执行其他语句。若希望执行完对应的语句块以后跳出 switch 结构，则需要在对应语句块的尾部添加一条 break 语句。

基于 switch 结构的这个特点，若多个 case 分支执行相同的语句块，可以共享同一个语句块，例如：

```
1    switch(n)
2    {
3      case 1:
4      case 2:
5          document.write(n);
6      case 3:
7          documentwrite(n+1);
8    }
```

在上述代码中，case 1 和 case 2 这两个分支共享同一段代码"document.write(n);"。当 *n* 的值为 1 或 2 的时候，会先执行 case 2 下的语句"document.write(n);"，然后顺序向下执行 case 3 下的语句"document.write(n+1);"。

下面是用 switch 结构将数字（1~7）转换为对应日期的示例，错误的代码如下：

```
switch(n)
{
  case 1: date=" 星期一 ";
  case 2: date=" 星期二 ";
  case 3: date=" 星期三 ";
  case 4: date=" 星期四 ";
  case 5: date=" 星期五 ";
  case 6: date=" 星期六 ";
  case 7: date=" 星期日 ";
  default: date=" 错误的日期 ";
}
```

在上述代码中，当 *n* 为 5 时，匹配 case 5 分支，执行"date=" 星期五 ";"语句后，还会顺序向下执行 case 6、case 7、default 下的语句，导致显示的结果与预期不符。在上述代码合适的位置添加 break 语句后，就能正确运行了。修改后的代码如下：

```
switch(n)
{
  case 1: date=" 星期一 "; break;
  case 2: date=" 星期二 "; break;
  case 3: date=" 星期三 "; break;
  case 4: date=" 星期四 "; break;
  case 5: date=" 星期五 "; break;
  case 6: date=" 星期六 "; break;
  case 7: date=" 星期日 "; break;
  default: date=" 错误的日期 ";
}
```

3. 循环结构

当一段程序反复执行相同的功能代码时，可以采用循环结构。JavaScript 支持 while 和 for 两种循环结构。

（1）while 循环。while 结构包含循环条件和循环体两部分。循环条件是进入和结束循环的标志，循环体是循环一次所需执行的功能代码，其语法格式为：

```
while( 循环条件表达式 )
{
  循环体语句块
}
```

执行时，先计算循环条件表达式，若表达式成立，则执行循环体语句块；语句块执行完毕后，重新计算条件表达式，表达式的结果决定是否继续执行循环体语句块；如此循环，直至条件表达式不成立，结束循环。

例如，求 $\sum\limits_{i=1}^{100} i$，代码如下所示：

```
1  var sum=0,i=1;  //sum 用于表示和 ,i 用于表示每次循环要加的加数
2  while(i<=100)
3  {
4    sum+=i;
5    i++;
6  }
```

（2）for 循环。for 循环包含循环头和循环体两部分。循环头由 3 个表达式组成，表达式之间用分号分隔。3 个表达式的作用分别是循环变量赋初值、循环条件、循环增量表达式。for 循环的语法格式为：

```
for( 表达式 1； 表达式 2； 表达式 3)
{
   循环体语句块
}
```

运行程序时，先执行表达式 1 循环变量赋初值；再计算表达式 2，判断循环条件是否成立，若条件成立，执行循环体语句块，不成立则跳出循环；执行完循环体语句块后，执行表达式 3；表达式 3 执行完毕以后，回到表达式 2，再次判断表达式 2 是否成立，以决定是否进行下一次循环。

例如，将求 $\sum\limits_{i=1}^{100} i$ 使用 for 循环结构改写，代码如下所示：

```
1  var sum=0;
2  for(var i=1;i<=100;i++)
3  {
4    sum+=i;
5  }
```

（3）循环控制语句。通常一个循环结构是通过破坏循环条件（即循环条件表达式的值为 false）来结束循环的。在某些情况下，我们需要提前结束循环，那么又该如何处理呢？ JavaScript 提供了两条循环控制语句：break 和 continue。

break 语句用于跳出当前所在的循环结构，从而提前结束循环；而 continue 语句用于跳出当次循环，它将继续进行下一次循环。例如，

```
1  for(var i=1;i<=100;i++)
2  {
3    if(i%2==0)
4     break;
5    sum+=i;
6  }
```

当i的值为2时，i%2==0条件成立，执行break语句，此时将跳出循环，因此程序运行结果为1。

将上述代码的break语句改为continue。当i的值为偶数时，i%2==0条件成立，执行continue语句；此时将跳过当次循环，即continue下的循环体语句均不执行，然后继续执行下一次循环。因此，程序运行结果为1~100范围内奇数的和。

任务 6-4 函数

> **知识目标：**
>
> ● 掌握函数的概念
> ● 掌握 JavaScript 函数的定义和调用
> ● 掌握 JavaScript 的实现方式

导语

任务 6-1~6-4 介绍了 JavaScript 的编程基础以及如何编写可实现特定功能的代码。在实际开发中，往往会出现相同或相似的功能代码，重复的代码段会使程序显得臃肿，不易于维护。为了提高代码段的复用性，通常将功能代码段封装在一个函数中，通过函数的调用实现相应功能。本任务将对函数展开介绍。

知识点

1.函数概念

以完成某项功能为目，将一段代码封装起来放置到一个"容器"中，并对"容器"进行命名，这个容器就是函数。程序在需要使用这个功能的时候，只要调用函数即可。如此设计，避免了重复代码的出现，减少了代码的冗余，使程序结构清晰，便于日后的修改和维护。

（1）函数的定义。JavaScript 函数本质上是一种 JavaScript 对象，用于描述一段具有相同功能的、可重复多次使用的代码段。定义一个函数需要明确封装的功能代码以及实现功能所需的参数。JavaScript 对函数的定义结构如下：

```
function 函数名（参数列表）
{
        函数体
}
```

函数由关键字 function 标识定义。函数名由开发人员自行定义，符合一般标识符命名规则即可，通常要求见名知义，即函数名与函数所完成的功能相关联。参数列表由函数完成某个功能所需要用到的变量组成，包含在一对括号（）内。函数定义的时候参数没有固定的值，是形式上的参数，因此称为形参。函数体为该函数所实现的具体功能代码。

（2）函数的调用。定义好的函数只有被调用，才会被执行。JavaScript 中根据函数的定义来调用该函数。函数调用的语法格式如下：

```
函数名（参数列表）
```

使用时通过函数名来调用函数，在调用函数时根据需要提供对应的参数。调用函数提供的参数是有具体值的，因此称为实参。有一些函数无须参数，称为空参数函数。在调用这些函数的时候，也无须提供实参，但是包含参数列表的括号对必须保留。例如：

```
1   /* 函数定义 */
2   function print()
3   {
4     document.write("Hello world!");
5   }
6   function max(a,b)
7   {
8     if(a>b)
9       return a;
10    else
11      return b;
12  }
13  /* 函数调用 */
14    print();
15    max(3,4);
```

上述代码定义了两个函数 print 和 max。print 函数是一个无参函数，无须提供实参，调用该函数可实现在页面中写入字符串 "Hello world!"。max 函数实现比较两个数返回较大数。根据定义，该函数需要两个参数，因此在函数调用的时候实参列表中的两个实参 3 和 4 依次传值给形参 a、b，调用 max 函数返回 4。

通常一个函数的调用过程可以总结为 3 个步骤。

①参数传值：实参从左往右依次传值给形参。

②执行函数体：接收到传参以后将执行函数体语句，实现函数功能。

③返回：函数体执行完毕后将返回被调用位置，此时即完成了函数的一次调用。

（3）函数返回值。在 JavaScript 中，当调用函数需要获取函数的运行结果时，这个运行结果即函数的返回值。函数返回后，返回至主程序被调用的位置，最终由函数的返回值参与运算。函数的返回值通过 return 语句进行返回，语法格式如下：

```
return 返回值；
```

需要注意的是，当执行 return 语句后，函数即返回，也就是提前结束函数体的执行。因此一个函数可以有多条 return 语句，但至多只有一条 return 语句会被执行。例如将上述 max 函数修改如下：

```
1  function max(a,b)
2  {
3    if(a>b)
4      return a;
5    return b;
6  }
```

当 a>b 条件成立时，执行条件语句 return a，程序即从 max 函数返回被调用位置，if 语句下面的 return b 语句将被跳过不执行。

2. 函数的实现方式

（1）箭头函数。箭头函数是 JavaScript 中函数的一种实现方式，其简化了函数的定义。通常使用箭头函数来实现功能代码较为简单的函数。箭头函数的语法结构如下：

```
(参数列表)=>{函数体}
```

参数列表即函数定义时的形参列表。如果参数列表只有一个参数则可省略()。函数体为实现功能的代码段，可以包含多条语句。若函数体只有一个表达式，则可省略 {} 和 return 语句。函数的返回值即这个表达式的值。箭头函数的定义中并没有函数名，是一个匿名函数，因此在调用箭头函数前，须先将箭头函数赋值给一个变量，这个变量即函数名，从而可以通过变量名（函数名）和实参实现对箭头函数的调用。例如：

```
1   fun1=(x)=>x*x
2   fun1(3);        // 函数返回值为 9
3
4   fun2=(x,y)=>{
5     if(x>y)
6       return x;
7     else
8       return y;
9   }
10  fun2(1,2);      // 函数返回值为 2
```

（2）匿名函数。匿名函数也是函数的一种实现方式。所谓匿名，即没有函数名。下述代码定义了一个匿名函数：

```
1   function (a,b)
2   {
3     if(a>b)
4        return a;
5     return b;
6   }
```

但是，这样的函数没有函数名，如何调用呢？

匿名函数的调用有两种方式。一种方式是直接执行，调用语法结构如下：

```
(匿名函数)(实参列表);
```

另一种方式是将匿名函数赋值给一个变量，变量名即可看作函数名，调用语法结构如下：

```
fun= 匿名函数
fun(实参列表)
```

利用这两种方式调用上述匿名函数，代码如下：

```
1    // 方法一：直接调用
2    (function (a,b)
3    {
4      if(a>b)
5         return a;
6      return b;
7    })(3,4)
8
9    // 方法二：赋值变量后调用
10   max= function (a,b)
11   {
12     if(a>b)
13        return a;
14     return b;
15   }
16   max(3,4)
```

（3）JavaScript 闭包。在介绍闭包之前，需要先理解函数变量的作用域及其生命周期。通常情况下，JavaScript 变量有两种：全局变量、局部变量。

全局变量通常定义在函数外部，其作用范围是全局性的、共享的，即不论在函数内部还是外部均可访问全局变量。

局部变量通常定义在函数内部，为该函数所私有，因此它的作用范围仅限于函数内部，只能在函数内访问。一旦函数调用结束返回，局部变量就会被释放。

例如下面的程序有 3 个变量：全局变量 a、c 以及 fun() 函数的局部变量 b。调用函数 fun() 时执行函数体，返回 a+b（值为 3）。由于函数 fun() 调用完毕后局部变量 b 被释放，因此执行 "var c=a+b" 时，会引发 "b is not defined" 错误。具体代码如下：

```
1  var a=1
2  function fun() {
3    var b = 2;
4    return a+b;
5  }
6  fun() ;                  // 函数返回值为3
7  var c =a+b;              // 程序报错 "b is not defined"
```

全局变量从定义开始一直到程序执行完毕会被释放，而局部变量当被调函数返回时即被释放。我们可以通过计数器程序来深入理解全局变量和局部变量的生命周期问题，代码如下所示：

```
1   var global = 0;
2   function counter1() {
3     global += 1;
4     return global ;
5   }
6   counter1();
7   counter1();
8   counter1();
9   function counter2() {
10    var local = 0;
11    local += 1;
12    return local;
13  }
14  counter2();
15  counter2();
16  counter2();
```

上述程序定义了两个计数器函数 count1()、count2()。count1() 函数使用的计数器变量 global 为全局变量，初始化值为 0，每调用一次 global 增长 1，三次调用后 global 值为 3。count2() 函数使用的计数器变量 local 为局部变量，每调用一次 local 先初始化为 0，然后再增长 1，调用结束返回 local 值（值为 1）并释放 local 变量。

由于变量生命周期的原因，无法从外部读取局部变量。那么，当需要从外部访问局部变量时，该如何实现？这里就要引入闭包的概念。闭包是 JavaScript 的一大特色。所谓闭包，即函数的嵌套，在一个函数内部嵌套定义函数，内部嵌套的函数可以使用外层函数的局部变量，通过闭包将内外两层函数连接在一起。例如如下代码：

```
1   function counter()
2   {
3     var local=0;
4     function add()              // 闭包
5     {
6       local+=1;
7       return local;
8     }
9     return add;
10  }
11  var result=counter();
12
13  result();                     // 函数返回值为 1
14  result();                     // 函数返回值为 2
15  result();                     // 函数返回值为 3
```

通常情况下，counter() 函数调用结束后，local 变量即被释放，但语句 "var result=counter();" 将 counter() 赋值给了 result，全局变量 result 的存在保持了对 local 的引用。每执行一次 result() 即调用一次 counter() 函数，该函数返回了函数表达式 add，因此自我调用函数 add()。add() 闭包在 counter() 函数中，访问 counter() 中的局部变量 local，local 变量增 1 后返回。

任务 6-5　设计酒店客房预订页面

导语

通过学习任务 6-1~6-4，了解和掌握了 JavaScript 的概念以及编程基础，能够利用 JavaScript 进行简单的脚本代码的编写。基于上述知识的学习，从本任务开始，将设计实现酒店客房预订页面。本任务从整体上对酒店客房预订页面进行分析并完成基本的架构。

页面分析

酒店客房预订页面整体可分为三部分：页首、酒店介绍以及客房预订，如图 6-5 所示。页首①包含酒店 logo、导航栏以及登录用户（此处主要显示用户名）。酒店介绍②包含代表酒店特色的图片画廊以及酒店信息介绍。客房预订包含用户预订信息设置区域③、客房筛选区域④以及客房列表⑤。

页面架构

1. 准备工作

打开 Visual Studio Code，首先创建酒店客房预订项目 PROJECT06 及酒店客房预订页面文件 hotelbook.html；然后创建用于存放图像的资源文件夹 images、控制页面样式文件夹 css 以及用户交互的页面脚本文件夹 js，将网页所需图像文件拖入 images 文件夹中，同时在 css 文件夹中创建样式文件 hotelbook.css，在 js 文件夹中创建脚本文件 hotelbook.js。至此，便完成了酒店客房预订的项目搭建。

图 6-5　酒店客房预订页面的整体框架分析

2. 页面架构

（1）页面布局。根据图 6-5 所示的页面框架分析，酒店客房预订页面整体是一个一列式布局，依次是页首、酒店介绍、预订信息设置、客房筛选以及客房列表 5 部分，可以分别使用 5 个区块标签包含，代码如下所示：

```
1   <!DOCTYPE html>
2   <html class="no-js">
3   <head>
4     <meta charset="utf-8">
5     <meta http-equiv="X-UA-Compatible" content="IE=edge">
6     <title>S'Hotel</title>
7     <meta name="description" content="">
8     <meta name="viewport" content="width=device-width, initial-scale=1">
9     <link rel="stylesheet" href="css/hotelbook.css">
10    <script src="js/hotelbook.js"></script>
11  </head>
12  <body>
13    <div id="container">
14      <!-- 页首 -->
15      <header></header>
16      <!-- 酒店介绍 -->
17      <div id="intro"></div>
18      <!-- 预订信息设置 -->
19      <div id="bookinfo"></div>
20      <!-- 客房筛选 -->
21      <div id="filter"></div>
22      <!-- 客房列表 -->
23      <div id="roomlist"></div>
24    </div>
25  </body>
26  </html>
```

（2）基本样式。使用 Visual Studio Code 打开 hotelbook.css 文件，以定义页面的基本样式，CSS 样式代码如下所示：

```
1   * {
2     margin: 0px;
3     padding: 0px;
4   }
5   body{
6     font-family: 微软雅黑,黑体,宋体,Arial,Helvetion,sans-serif
7     font-size: 12px;
8     color:#666;
9   }
10  ul,li {
11    list-style: none;
```

```
12   }
13   a{
14       text-decoration: none;
15   }
16   h3{
17       font-size: 20px;
18   }
19   h4{
20       font-size: 16px;
21   }
22   h5{
23       font-size: 14px;
24   }
25   #container {
26       width: 1160px;
27       margin: 0px auto;
28   }
29   /* 页首 */
30   header {
31       height: 30px;
32       padding:20px 10px 10px 10px;
33       border-bottom: 2px #925f0c solid;
34   }
35   /* 酒店介绍区域 */
36   #intro {
37       padding: 20px;
38   }
39   /* 预订信息设置区域 */
40   #bookinfo{
41       clear: both;
42       border: 1px solid #ccc;
43       background-color: #fcfcfd;
44       font-size: 14px;
45       padding:15px;
46       margin-bottom: 15px;
47   }
48   /* 客房筛选区域 */
49   #filter{
50       border:1px solid #c9c9c9;
51       margin-bottom: 10px;
52   }
53   /* 客房列表区域 */
54   #roomlist{
55       background-color: #f5f7fa;
56       padding:8px;
57   }
```

经过上述内容和样式的设计，酒店客房预订页面的整体框架搭建完毕。下面将按照页面的不同部分进一步展开分析并进行实现。

任务 6-6　页首模块的实现

页面分析 🖉

酒店客房预订页面的页首包含酒店 logo、导航栏和登录信息，结构如图 6-6 所示。

图 6-6　页首模块结构

页首模块的设计说明如下。

（1）模块放置于 <header> 元素中，由 <header> 元素控制模块的整体结构和样式。

（2）构建一个 <img> 元素，用于放置酒店 logo 图片。

（3）构建一个 <nav> 区块元素，用于放置导航栏。

（4）导航栏使用 <ul> 元素来实现。<ul> 的元素项即菜单项，每一个菜单项都是文本链接，使用 <a> 来表示。

（5）构建一个 <p> 元素，用于放置登录的用户信息。其中包含一个 <span> 元素，用于描述用户名。

页面实现 📝

1. 页面布局

使用 Visual Studio Code 打开 hotelbook.html 文件，在 <header> 标签内添加相关代码，页面代码如下所示：

```
1   <header>
2     <img src="images/logo.png" alt="" />
3     <nav>
4       <ul>
5         <li><a href="#">酒店介绍 </a></li>
6         <li><a href="#">餐饮信息 </a></li>
7         <li><a href="#">客房预订 </a></li>
8         <li><a href="#">服务与设施 </a></li>
9       </ul>
10    </nav>
```

```
11      <p> 上午好 !<span> 小 v</span></p>
12    </header>
```

2. 页面样式

logo 图片、导航栏以及登录信息呈水平排列布局，通过设置元素浮动属性即可实现。对页首中包含的图片、项目列表以及段落文本进行高宽、文本、边距、填充等设置，实现效果图设计要求。打开 hotelbook.css 文件，定义页首的样式，代码如下所示：

```
1   /*Logo 图片 */
2   header img{
3     float: left;
4     width: 173px;
5     height: 33px;
6     margin-right: 60px;
7   }
8   /* 登录信息 */
9   header p{
10    font-size: 16px;
11    float:right;
12    line-height: 33px;
13  }
14  /* 导航栏 */
15  nav{
16    float:left;
17  }
18  nav ul li{
19    float: left;
20    height: 33px;
21    line-height: 33px;
22    margin: 0px 20px;
23  }
24  nav a{
25    color: #925f0c;
26  }
27  nav a:hover{
28    color: #bba393;
29  }
```

任务 6-7　酒店介绍模块的实现

页面分析

1. 酒店介绍模块

酒店介绍主要包含酒店的图片画廊以及酒店信息两部分，呈水平两栏排列，分别用两个区块标签表示，结构如图 6-7 所示。

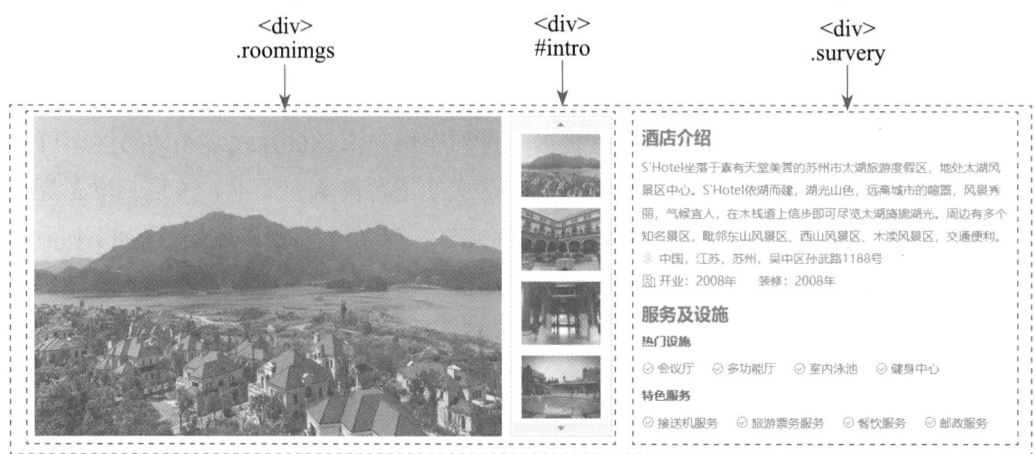

图 6-7   酒店介绍模块的结构

酒店介绍模块的设计说明如下：

（1）模块放置于 <div> 元素 #intro 中，由 <div> 元素控制模块的整体结构和样式；

（2）构建一个 <div> 元素 .roomimgs，用于放置酒店图片画廊。<div> 元素设置为向左浮动，使其能与酒店介绍部分呈水平两栏排列；

（3）构建一个 <div> 元素 .survery，用于放置酒店介绍。<div> 元素设置为向右浮动。

2. 图片画廊区域

图片画廊的界面设计较为复杂，分为左右两栏。右侧是酒店图片缩略图列表，可以容纳多张酒店图片，但是只显示其中 4 张，其他图片被隐藏不显示。单击缩略图列表中任何一张图片，左侧即显示该图的清晰大图。画廊的左右两栏分别由两个区块标签表示，左侧区块中包含一张清晰大图；右侧的缩略图列表部分包含用于滚动显示缩略图的箭头按钮以及缩略图两个部分，分别使用区块和项目列表来表示，结构如图 6-8 所示。

图片画廊的设计说明如下：

（1）画廊部分置于 <div> 元素 .roomimgs 中，由 <div> 元素控制模块的整体结构和样式；

（2）构建一个 <div> 元素 .roomimg，用于放置被选中的酒店清晰大图。除了高宽属性以外，该元素还需设置浮动属性；

（3）在类属性为 .roomimg 的 <div> 元素中构建一个 <img> 元素，用于描述酒店的清晰大图。<img> 元素的高宽属性均设置为 100%，使其大小根据父元素的大小自适应；

（4）构建一个 <div> 元素 .roomimglist，用于放置缩略图列表的滚动部分。除了高宽、边框属性以外，该元素还需设置浮动属性；

图 6-8　图片画廊结构

（5）在类属性为 .roomimglist 的 <div> 元素中构建一个 <div> 元素 #prev，用于描述向上翻滚按钮；

（6）在类属性为 .roomimglist 的 <div> 元素中构建一个 <div> 元素 .gallery，用于放置缩略图。通过计算设置该容器的高度、定位属性（相对定位）以及溢出属性（隐藏），使多张缩略图始终只显示 4 张图片；

（7）在类属性为 .gallery 的 <div> 元素中构建一个 <ul> 元素，<ul> 的元素项即缩略图，每一个项都是一张图片，使用 <img> 来表示；

（8）在类属性为 .roomimglist 的 <div> 元素中构建一个 <div> 元素 #next，用于描述向下翻滚按钮。

3. 酒店信息区域

酒店信息主要用于对酒店的历史、地理位置、服务与设施进行介绍，主要通过标题、段落标签来实现，结构如图 6-9 所示。

酒店信息区域的设计说明如下：

（1）酒店介绍部分置于 <div> 元素 .survery 中，由 <div> 元素控制模块的整体结构和样式；

（2）构建 <h3> 元素，用来描述一级标题；

（3）构建 <h5> 元素，用来描述二级标题；

（4）其他文本使用 <p> 元素表示，其中为酒店位置、开业时间段落添加类属性，为具体的设施与服务文本嵌套 <span> 元素，用于设置图标。

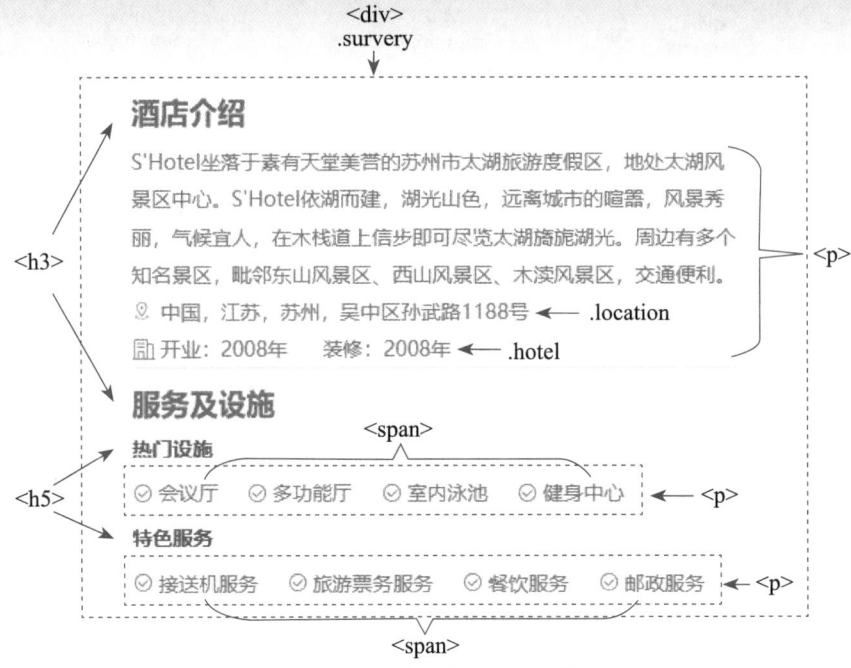

图 6-9　酒店信息区域的结构

页面实现

1. 页面布局

使用 Visual Studio Code 打开 hotelbook.html 文件，在类属性为 intro 的 <div> 标签内添加图片画廊和酒店信息区域的相关页面代码，具体代码如下所示：

```
1   <div id="intro">
2     <!-- 图片画廊 -->
3     <div class="roomimgs">
4       <!-- 清晰大图 -->
5       <div class="roomimg"><img src="images/img1.jpg" alt="" /></div>
6       <!-- 缩略图列表 -->
7       <div class="roomimglist">
8         <div id="prev"></div>
9         <div class="gallery">
10          <ul>
11            <li><img src="images/img1.jpg" alt="" /></li>
12            <li><img src="images/img2.jpg" alt="" /></li>
13            <li><img src="images/img3.jpg" alt="" /></li>
14            <li><img src="images/img4.jpg" alt="" /></li>
15            <li><img src="images/img5.jpg" alt="" /></li>
16            <li><img src="images/img6.jpg" alt="" /></li>
17            <li><img src="images/img7.jpg" alt="" /></li>
18            <li><img src="images/img8.jpg" alt="" /></li>
19            <li><img src="images/img9.jpg" alt="" /></li>
20            <li><img src="images/img10.jpg" alt="" /></li>
```

```
21          </ul>
22        </div>
23        <div id="next"></div>
24      </div>
25    </div>
26    <!-- 酒店信息 -->
27    <div class="survery">
28      <h3>酒店介绍 </h3>
29      <p>
30        S'Hotel 坐落于素有天堂美誉的苏州市太湖旅游度假区，地处太湖风景区中心。S'Hotel
31      依湖而建，湖光山色，远离城市的喧嚣，风景秀丽，气候宜人，在木栈道上信步即可尽览太湖
32      旖旎湖光。周边有多个知名景区，毗邻东山风景区、西山风景区、木渎风景区，交通便利。
33      </p>
34      <p class="location"> 中国，江苏，苏州，吴中区孙武路 1188 号 </p>
35      <p class="hotel"> 开业 :2008 年       
36    装修 :2008 年 </p>
37      <h3> 服务及设施 </h3>
38      <h5> 热门设施 </h5>
39      <p><span> 会议厅 </span><span> 多功能厅 </span><span> 室内泳池 </span>
40    <span> 健身中心 </span></p>
41      <h5> 特色服务 </h5>
42      <p><span> 接送机服务 </span><span> 旅游票务服务 </span><span> 餐饮服务
43    </span><span> 邮政服务 </span></p>
44      </div>
45    </div>
```

2. 页面样式

使用 Visual Studio Code 打开 hotelbook.css 文件，定义酒店介绍模块的相关样式。酒店介绍模块包含图片画廊和酒店信息区域两块内容，呈水平排列布局，需设置这两块区域的浮动布局属性、宽度以及边距，样式代码如下所示：

酒店介绍整体结构的 CSS 代码

```
1   /* 图片画廊的结构样式 */
2   #intro .roomimgs {
3     float: left;
4   }
5   /* 酒店信息区域的结构样式 */
6   #intro .survery {
7     float: right;
8     width: 420px;
9     padding:10px 0px;
10  }
```

图片画廊包含清晰大图和缩略图列表两部分，呈水平布局，需设置这两块区域的浮动布局属性、宽度以及边距。缩略图列表使用列表实现，只显示 4 幅图片，需计

算 4 幅图片的高度以及外边距，设置缩略图列表的高度以及显示属性。样式代码如下所示：

图片画廊的 CSS 代码

```
1   /* 清晰大图区块样式 */
2   .roomimgs .roomimg {
3     float: left;
4   width: 540px;
5   height: 356px;
6     margin-right: 10px;
7   }
8   /* 缩略图列表区块样式 */
9   .roomimgs .roomimglist {
10    float: left;
11    width: 110px;
12    height: 350px;
13    border:1px solid #d1d0d0;
14    padding:2px;
15  }
16  /* 清晰大图 */
17  .roomimg img {
18    width: 100%;
19    height: 100%;
20  }
21  /* 向上箭头按钮 */
22  #prev {
23    background: #eee url(../images/prev.png) no-repeat center center;
24    height: 12px;
25    margin-bottom: 5px;
26  }
27  /* 向下箭头按钮 */
28  #next {
29    background: #eee url(../images/next.png) no-repeat center center;
30    height: 12px;
31    margin-top: 5px;
32  }
33  /* 缩略图 */
34  .gallery {
35    position: relative;
36    height: 316px;
37    overflow: hidden;
38  }
39  .gallery ul {
40    width: 90px;
41    position: absolute;
42    left: 0px;
43    top: 0px;
```

```
44    }
45    .gallery ul li {
46      height: 70px;
47      margin-bottom: 12px;
48    }
49    .gallery ul li img {
50      margin-left: 10px;
51      width: 90px;
52      height: 70px;
53    }
```

酒店信息包含酒店介绍、服务设施两部分，呈垂直排列。该区域需设置标题、段落文本样式以及段落之间的边距。其中，酒店地址、开业时间、热门设施和特色服务部分文本包含图标，图标作为对应文本的背景图片位于文本左侧，需设置元素背景和内边距。样式代码如下所示：

酒店信息的 CSS 样式代码

```
1     /* 酒店信息 */
2     .survery h3{
3       color:#925f0c;
4       margin-bottom: 8px;
5     }
6     .survery h5{
7       color:#394146;
8       margin: 8px 0px;
9     }
10    .survery p{
11      font-size: 14px;
12      color: #777777;
13      line-height: 1.8em;
14    }
15    p.location{
16      background: url(../images/location.png) no-repeat left center;
17      padding-left:20px;
18    }
19    p.hotel{
20      background: url(../images/hotel.png) no-repeat left center;
21      padding-left:20px;
22      margin-bottom:10px;
23      border-bottom: 1px solid #eee;
24    }
25    .survery p span{
26      background: url(../images/gou.png) no-repeat left center;
27      padding-left:18px;
28      margin-right: 20px;
29    }
```

任务 6-8　客房预订模块的实现

页面分析 🖊

1. 客房预订信息设置区域

客房预订信息主要是入住时间、离开时间以及预订数量，用户可使用文本框来输入相关信息，结构分析如图 6-10 所示。

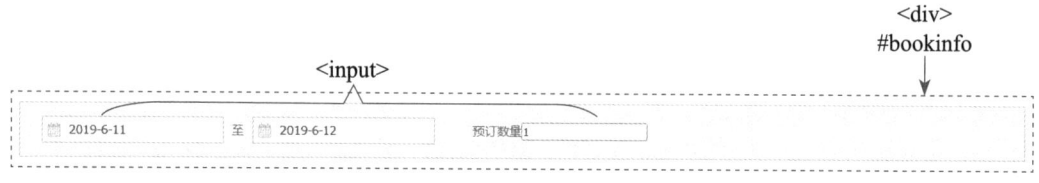

图 6-10　客房预订信息设置区域的结构

客房预订信息设置区域的设计说明如下：

（1）模块放置于 <div> 元素 #bookinfo 中，由 <div> 元素控制模块的整体结构和样式；

（2）构建 <input type= "text"> 元素，用于获取用户输入的客房预订信息。

2. 客房筛选区域

客房筛选区域指根据筛选条件，显示符合要求的房间。此处一共有 3 类筛选方式：按房间类型筛选、按是否包含早餐筛选以及按支付方式筛选。通过项目列表来包含这 3 类筛选，每个分类下包含筛选类别名称以及筛选条件，结构分析如图 6-11 所示。

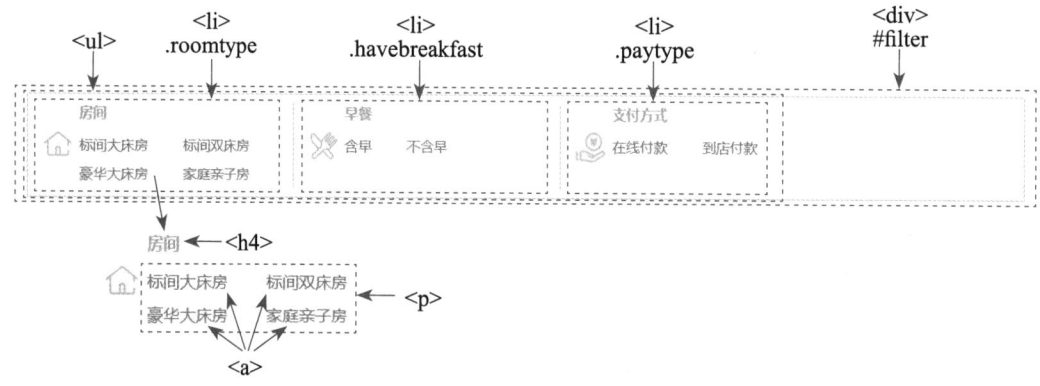

图 6-11　客房筛选区域的结构

客房筛选区域的设计说明如下：

（1）模块放置于 <div> 元素 #filter 中，由 <div> 元素控制模块的整体结构和样式；

（2）构建一个 <ul> 元素来放置筛选条件。<ul> 的元素项 <li> 元素为一类筛选条件，分别为每个 <li> 元素定义类属性，用于样式设计以及脚本设计；

（3）在每个 <li> 元素中构建一个 <h4> 元素，用于放置筛选条件的标题；

（4）在每个 <li> 元素中构建一个 <p> 元素，用于放置筛选条件值；

（5）在 <p> 元素中构建 <a> 元素，用来表示筛选条件值。

3. 客房列表

客房列表由一系列客房信息简介组成，结构分析如图 6-12 所示。

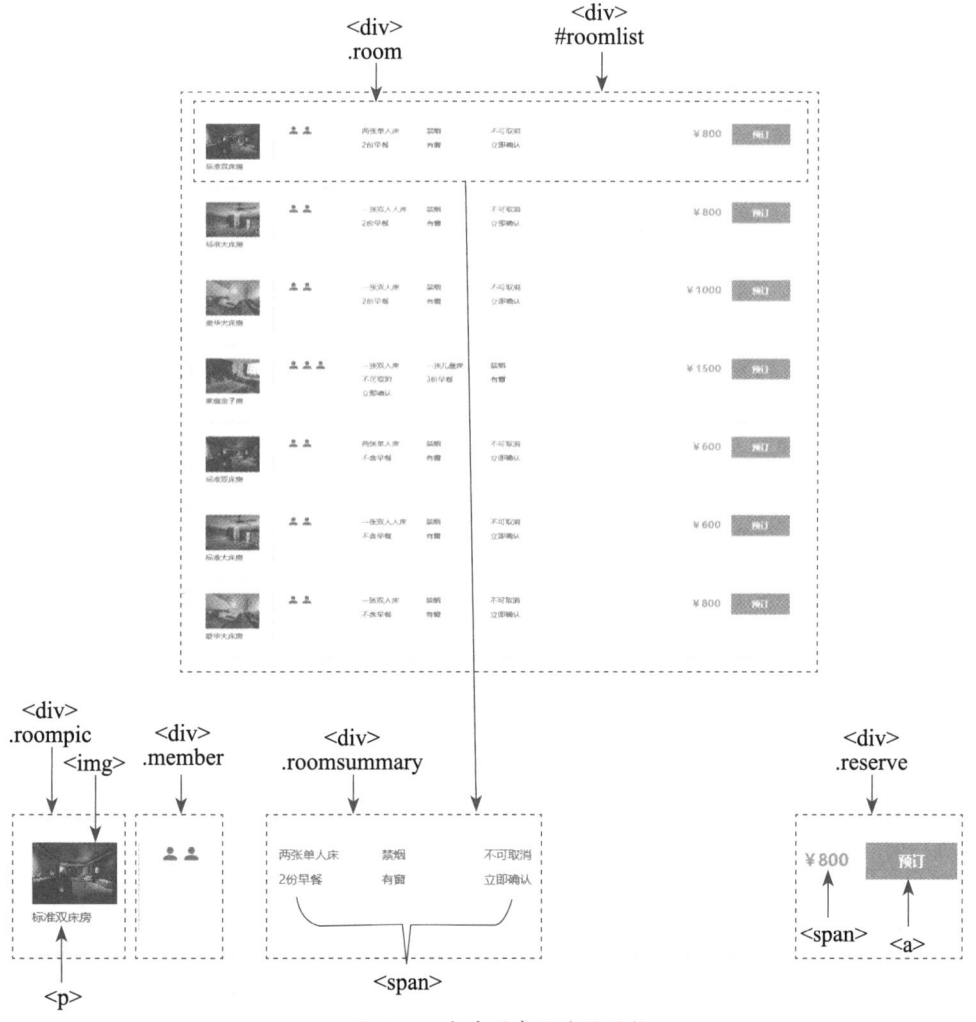

图 6-12　客房列表区域的结构

客房列表区域的设计说明如下：

（1）模块放置于 <div> 元素 #roomlist 中，由 <div> 元素控制模块的整体结构和样式；

（2）构建 <div> 元素 .room，用来表示一项客房信息简介；

（3）每项客房信息简介又包括房间图片、可容纳人数、房间特点、房间价格及"预订"按钮 4 个部分，分别构建 <div> 元素来放置这 4 部分内容，并设置浮动属性使其水平排列。为了便于样式设计，分别定义这 4 部分的类属性为 roompic、member、roomsummary、reserve；

（4）在类属性为 roompic 的 <div> 元素中构建一个 <img> 元素来放置客房图片，一个 <p> 元素来放置客房类别名；

（5）在类属性为 member 的 <div> 元素中构建 <img> 元素，一个 <img> 元素表示可容纳一人；

（6）在类属性为 roomsummary 的 <div> 元素中构建 <span> 元素，用来描述客房特点简介；

（7）在类属性为 reserve 的 <div> 元素中构建一个 <span> 元素来包含价格，一个 <a> 元素来放置"预订"按钮。

单击客房信息中的"预订"按钮，弹出客房预订信息对话框，如图 6-2 所示。可以发现对话框与主界面之间隔着一层面板，称为遮罩层。遮罩层位于主界面和弹出的客房预订信息对话框之间，当用户确认预订信息时，可以避免误单击主页面上的按钮。通过设置遮罩层的透明度，可在一定程度上使主界面内容可见。遮罩层与主界面大小相同，仅用于遮挡主界面，因此在 <body> 元素中构建一个 <div> 元素 #mask，用于放置遮罩层。

客房预订信息对话框位于遮罩层之上，其内部主要包含用户输入的客房预订信息和操作按钮，结构分析如图 6-13 所示。

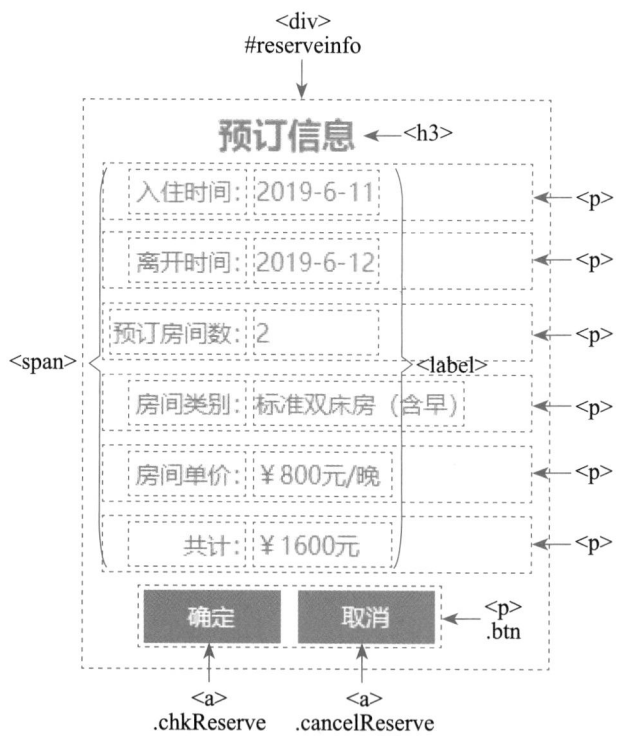

图 6-13　客房预订信息对话框的结构

客房预订信息对话框的设计说明如下：

（1）在 <body> 元素中构建一个 <div> 元素 # reserveinfo，用于放置对话框；

（2）构建一个 <h3> 元素，用于描述对话框标题；

（3）构建 <p> 元素，用于放置预订信息，在 <p> 元素中构建一个 <span> 元素，用于放置预订信息标签，一个 <label> 元素，用于放置读取到的预订信息；

（4）构建 <p> 元素放置按钮，在 <p> 元素中构建一个 <a> 元素 .chkReserve 来放置确认按钮，一个 <a> 元素 .cancelReserve 来放置取消按钮。

页面实现

1. 页面布局

使用 Visual Studio Code 打开 hotelbook.html 文件，在类属性为 bookinfo、filter、roomlist 的 <div> 标签内分别添加客房预订信息设置、客房筛选条件和客房列表区域的相关页面代码，具体代码如下所示：

```
1   <!-- 预订信息设置 -->
2   <div id="bookinfo">
3     <input type="text" id="starttime"> 至 <input type="text"
4       id="endtime">        
5       预订数量 <input type="text" id="roomnum">
6   </div>
7   <!-- 客房筛选 -->
8   <div id="filter">
9     <ul>
10      <li class="roomtype">
11        <h4> 房间 </h4>
12        <p><a> 标间大床房 </a><a> 标间双床房 </a><a> 豪华大床房 </a><a>
13        家庭亲子房 </a></p>
14      </li>
15      <li class="havebreakfast">
16        <h4> 早餐 </h4>
17        <p><a> 含早 </a><a href="#"> 不含早 </a></p>
18      </li>
19      <li class="paytype">
20        <h4> 支付方式 </h4>
21        <p><a> 在线付款 </a><a> 到店付款 </a></p>
22      </li>
23    </ul>
24  </div>
25  <!-- 客房列表 -->
26  <div id="roomlist">
27    <div class="room">
28      <div class="roompic">
29        <img src="images/img5.jpg" alt="" />
30        <p> 标准双床房 </p>
```

```
31        </div>
32        <div class="members">
33          <img src="images/person.png" alt="" /><img src="images/
34          person.png" alt="" />
35        </div>
36        <div class="roomsummary">
37          <span> 两张单人床 </span><span> 禁烟 </span><span> 不可取消 </span>
38          <span>2 份早餐 </span><span> 有窗 </span><span> 立即确认 </span>
39        </div>
40        <div class="reserve">
41          <span> ￥800</span>
42          <a href="#" onclick="reserve(this)"> 预订 </a>
43        </div>
44      </div>
45      <!-每条客房信息简介结构相同仅内容不用，限于篇幅，此处仅展示一条客房信息 -->
46      <div class="room">……</div>
47  </div>
```

在 <body> 标签内添加遮罩层和客房预订信息对话框的相关页面代码，具体代码如
下所示：

```
1   <body>
2     <div id="container"><!-- 此处代码省略 --></div>
3     <!-- 遮罩层 -->
4     <div id="mask"></div>
5     <!-- 客房预订信息对话框 -->
6     <div id="reserveinfo">
7       <h3> 预订信息 </h3>
8       <p><span> 入住时间 :</span><label id="stime"></label></p>
9       <p><span> 离开时间 :</span><label id="etime"></label></p>
10      <p><span> 预订房间数 :</span><label id="nums"></label></p>
11      <p><span> 房间类别 :</span><label id="rtype"></label></p>
12      <p><span> 房间单价 :</span><label id="moneypernight"></label></p>
13      <p><span> 共计 :</span><label id="sum"></label></p>
14      <p class="btn"><a id="chkReserve"> 确定 </a><a
15      id="cancelReserve"> 取消 </a></p>
16    </div>
17  </body>
```

2. 页面样式

使用 Visual Studio Code 打开 hotelbook.css 文件，定义客房预订信息设置、客房筛
选条件和客房列表区域的相关样式，样式代码如下所示：

```
1   /* 酒店预订信息设置 */
2   #bookinfo #starttime,#bookinfo #endtime {
3     width: 175px;
```

```
4      height: 20px;
5      border: 1px solid #c9c9c9;
6      background: #fff url(../images/calendar.png) no-repeat 4px center;
7      padding: 4px 4px 4px 30px;
8      margin: 0px 10px;
9      font-size: 14px;
10   }
11   #bookinfo #roomnum {
12     width: 100px;
13     height: 20px;
14     border: 1px solid #c9c9c9;
15     background-color: #fff;
16     padding: 4px 4px 4px 15px;
17     margin-left: 10px;
18   }
19   /* 客房筛选条件 */
20   #filter ul {
21     height: 95px;
22     padding: 10px 15px;
23   }
24   #filter li {
25     float: left;
26     height: 95px;
27     width: 250px;
28     padding-left: 45px;
29     border-right: 1px solid #c9c9c9;
30     margin-right: 15px;
31   }
32   #filter li.roomtype {
33     background: url(../images/room.png) no-repeat left center;
34   }
35   #filter li.havebreakfast {
36     background: url(../images/breakfast.png) no-repeat left center;
37   }
38   #filter li.paytype {
39     background: url(../images/pay.png) no-repeat left center;
40     border-right: none;
41   }
42   #filter li h4 {
43     color: #baa382;
44     margin-bottom: 10px;
45   }
46   #filter li a {
47     margin: 8px 40px 8px 0px;
48     color: #666;
49     line-height: 2em;
50     font-size: 16px;
```

```
51    }
52    /* 客房列表 */
53    #roomlist .room {
54      background-color: #fff;
55      padding: 24px;
56      margin-bottom: 8px;
57      height: 100px;
58    }
59    .room div {
60      float: left;
61      font-size: 14px;
62    }
63    .room .roompic {
64      width: 125px;
65    }
66    .room .roompic p {
67      height: 30px;
68      line-height: 30px;
69      clear: left;
70    }
71    .room .roompic img {
72      width: 100px;
73      height: 70px;
74      float: left;
75    }
76    .room .members {
77      height: 100px;
78      width: 80px;
79      padding-left: 24px;
80      border-left: 1px solid #c9c9c9;
81    }
82    .room .roomsummary {
83      width: 360px;
84      margin-left: 60px;
85      margin-right: 20px;
86    }
87    .room .roomsummary span {
88      display: inline-block;
89      width: 120px;
90      line-height: 2em;
91    }
92    .room .reserve {
93      margin-left: 220px;
94    }
95    .reserve span {
96      display: inline-block;
97      width: 70px;
```

```
 98     text-align: right;
 99     font-size: 20px;
100     font-weight: 600;
101     color: #baa382;
102     margin-right: 15px;
103   }
104   .reserve a {
105     display: inline-block;
106     font-size: 16px;
107     color: #fff;
108     font-weight: 600;
109     text-align: center;
110     background-color: #baa382;
111     width: 110px;
112     height: 42px;
113     line-height: 42px;
114     text-align: center;
115   }
```

  遮罩层初始状态为不可见。单击"预订"按钮以后，遮罩层弹出覆盖在主界面上方。精确定位遮罩层的位置并设置背景色、透明度等样式，CSS 代码如下所示：

```
 1   #mask{
 2     position: absolute;
 3     top:0px;
 4     left:0px;
 5     display: none;
 6     background-color: #000;
 7     opacity: 0.5;
 8     filter:alpha(opacity=50);
 9     -moz-opacity:0.5;
10     z-index: 1000;
11   }
```

  客房预订信息对话框初始状态为不可见。单击"预订"按钮后，对话框弹出顶层显示并始终置于浏览器窗口的中心位置，采用固定定位的方式来实现。对话框的标题、文本、操作按钮样式设置的相关代码如下所示：

```
 1   #reserveinfo{
 2     background-color: #fff;
 3     width: 300px;
 4     height: 340px;
 5     position: fixed;
 6     z-index: 1001;
 7     padding: 10px;
 8     display: none;
```

```
 9      }
10      #reserveinfo h3{
11        text-align: center;
12        color: #925f0c;
13      }
14      #reserveinfo p{
15        font-size: 14px;
16        height:40px;
17        line-height: 40px;
18        margin-left: 42px;
19      }
20      #reserveinfo span{
21        display: inline-block;
22        width:90px;
23        text-align: right;
24      }
25      #reserveinfo .btn{
26        padding-right: 39px;
27        text-align: center;
28      }
29      #reserveinfo a{
30        display: inline-block;
31        background-color: #925f0c;
32        color: #fff;
33        font-size: 14px;
34        width: 80px;
35        height: 30px;
36        line-height: 30px;
37        text-align: center;
38        margin: 0px 5px;
39      }
```

　　至此，实现了酒店客房预订界面，此时的页面还不具备交互能力，需要为页面添加脚本，以实现画廊图片滚动、客房筛选和预订等功能。

任务 6-9　酒店客房预订网站脚本的实现

页面脚本分析 🖉

　　酒店客房预订网站有 3 处交互操作——画廊图片滚动显示、客房筛选、客房预订，本任务通过 JavaScript 脚本语言来实现这 3 处交互。不管要实现何种操作，在页面载入浏览器之初，需要为相应元素绑定事件。例如，单击画廊的箭头实现滚动图片，需要为箭头绑定单击事件。

1.画廊图片滚动显示

画廊包含多张酒店缩略图，默认显示其中的 4 张。单击任意一张图片，左侧即显示该缩略图的清晰大图。若要浏览其他图片，可以单击上、下箭头实现图片的滚动。为实现画廊图片的滚动显示，需为缩略图的上、下箭头区域绑定单击事件。

（1）缩略图单击事件。缩略图是用 <img> 对象表示的，图片的路径封装在图像的 src 属性中。因此，只需获取要单击缩略图的 src 属性值，将其赋值给左侧图像的 src 属性，即可实现单击显示清晰大图的效果。

（2）上、下箭头区域单击事件。画廊的缩略图封装在项目列表中，要实现滚动，只需要将其向上（下）移出画廊区域（<div class="gallery">）即可，效果如图 6-14 所示。

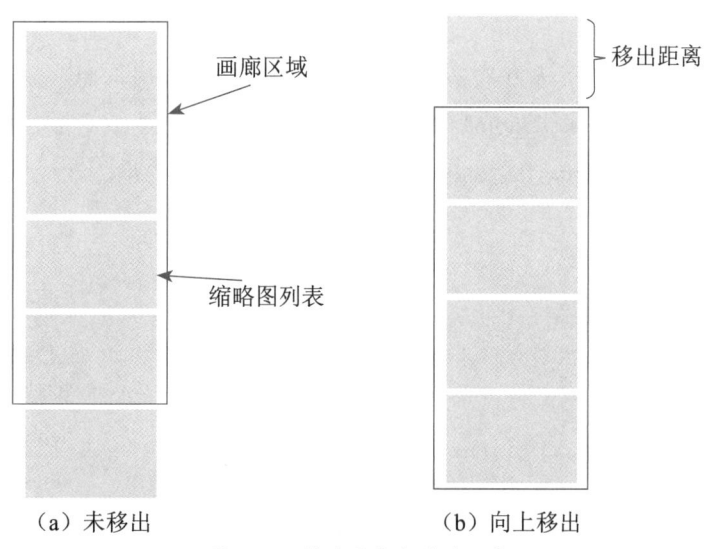

（a）未移出　　　　　　　　（b）向上移出

图 6-14　缩略图向上移动一次

由图 6-14 可知，要实现滚动效果，首先须计算出每单击一次箭头按钮缩略图列表移动的距离（单张缩略图的高度 70px+ 其与相邻图片的边距 12px），然后根据这个移动距离重新设置缩略图相对于其父元素画廊区域的坐标位置。

在实现图片滚动效果之前，有一种边界情况需要考虑到——当向一个方向滚动至最后一张图片时，下一次滚动由于没有图片，画廊区域将出现空白。为了实现无缝循环滚动，我们采用的方法是复制缩略图列表并将其插入列表尾部。限于篇幅，本书以水平向左滚动为例来介绍如何实现无缝滚动，如图 6-15 所示。

为了实现图片画廊的无缝滚动效果，可以使用 setInterval() 和 clearInterval() 两个方法。利用 setInterval() 方法循环调用移动方法，以 1px 为步长移动图片列表，移动至 82px 后利用 clearInterval() 方法取消 setInterval() 方法的循环调用，至此便实现了一张图片的移动。关于 setInterval() 和 clearInterval() 这两个方法将在项目七详细介绍。

（a）滚动初始时

（b）前两张图片滚动出画廊区域时

图 6-15　无缝滚动实现原理

2.客房筛选

客房筛选是指根据筛选方式，选择显示符合条件的客房信息。采取的方式是为客房信息对象（<div class="room">）添加 class 属性，用以标记筛选值。例如，<div class="room singleroom breakfast online"> 表示标准大床房、含早、在线付款。客房筛选值如表 6-4 所示。

表 6-4　客房筛选值

筛 选 分 类	房 间 类 别	筛 选 值
房间	标间大床房	singleroom
	标间双床房	doubleroom
	豪华大床房	kingsizeroom
	家庭亲子房	familyroom
早餐	含早	breakfast
	不含早	nobreakfast
支付方式	在线付款	online
	到店付款	outline

单击"筛选"按钮，将不符合条件的客房信息对象的显示属性设置为不可见，从而实现筛选。要实现该操作，首先为每个筛选按钮绑定单击事件；然后单击"筛选"按钮，触发单击事件，执行筛选方法 filterroom()。以是否含早为例，代码如下所示：

```
1    <a href="#" onclick="filterroom(this,'breakfast',1)">含早</a>
2    <a href="#" onclick="filterroom(this,'nobreakfast',1)">不含早</a>
```

调用 filterroom() 方法需要 3 个参数：第 1 个参数 this 关键字表示当前对象（<a>）；第 2 个参数是筛选条件值；第 3 个参数表示筛选分类，表示该值为筛选分类（0 表示房间类型，1 表示是否含早，2 表示支付方式）。

3. 客房预订

在客房预订部分，要求单击"预订"按钮，能弹出遮罩层和客房预订信息对话框。要实现该操作，首先要根据主界面的大小计算遮罩层的大小（使其能完全遮挡主界面）以及客房预订信息对话框的位置（使其能居中显示），然后设置遮罩层和客房预订信息对话框的 display 属性，使其可见。

客房预订信息对话框中包含两个操作按钮：确定和取消。单击这两个按钮会触发单击事件，执行关闭遮罩层和客房预订信息对话框操作。关闭遮罩层和客房预订信息对话框操作只需将遮罩层和客房预订信息对话框的 display 属性设置为不可见即可。单击"确定"按钮，会弹出提示框"预订成功！"。

页面脚本实现

使用 Visual Studio Code 打开 hotelbook.js 文件，添加画廊图片滚动显示、客房筛选、客房预订脚本功能，具体代码如下所示：

```
1   window.onload = function () {
2     var gallery = document.getElementsByClassName("gallery");
3     // 缩略图区块
4     // 注册缩略图单击事件
5     var imgs = gallery[0].getElementsByTagName("img");
6     for (i = 0; i < imgs.length; i++) {
7       /* 实现单击缩略图显示该图片的清晰大图 */
8       imgs[i].onclick = function () {
9         url = this.src;
10        roomimg = document.getElementsByClassName("roomimg");
11        roomimg[0].getElementsByTagName("img")[0].src = url;
12      }
13    }
14    var prev = document.getElementById("prev");      // 向上箭头按钮
15    var next = document.getElementById("next");      // 向下箭头按钮
16    obj = gallery[0].getElementsByTagName("ul")[0];
17    // 复制缩略图列表，实现无缝滚动
18    obj.innerHTML += obj.innerHTML;
19    /* 注册向上箭头按钮单击事件，实现缩略图向上滚动 */
20    prev.onclick = function () {
21      if (flag) {
22        speed = 1;
23        flag = false;
24        timer = setInterval("move(-1)", 30);
25      }
26    };
27    /* 注册向下箭头按钮单击事件，实现缩略图向下滚动 */
28    next.onclick = function () {
```

```
29        if (flag) {
30          speed = 1;
31          flag = false;
32          timer = setInterval("move(1)", 30);
33        }
34      };
35      /* 注册确认预订按钮单击事件 */
36      document.getElementById("chkReserve").onclick = function () {
37        closepopDiv();
38        alert("预订成功!");
39      }
40      /* 注册取消预订按钮单击事件 */
41      document.getElementById("cancelReserve").onclick = function () {
42        closepopDiv();
43      }
44    }
45    /* 定义图片滚动方法,实现图片滚动 */
46    var speed;                           // 移动距离
47    var timer;                           //setInterval() 返回值,用于取消 setInterval()
48    var obj;                             // 缩略图列表
49    var flag = true;                     // 标签,记录用户一次单击滚动是否完成,
50                                         //true 表示已完成,false 表示未完成
51    function move(step) {
52      if (speed <= 82) {                 //speed<=82 表示一张图片的滚动还未完成
53        // 向上滚动,所有缩略图均移出画廊区域时,缩略图列表恢复初始位置
54        if (obj.offsetTop < -(obj.offsetHeight / 2)) {
55          obj.style.top = 0;
56        }
57        // 向下移动,画廊区域上方没有图片时,定位缩略图位置
58        if (obj.offsetTop > 0) {
59          obj.style.top = -(obj.offsetHeight / 2) + 'px';
60        }
61        obj.style.top = obj.offsetTop + step + 'px';
62        speed++;
63      }
64      else {
65        // 一张图片的滚动已完成,取消 setInterval(),初始化滚动参数
66        clearInterval(timer);
67        speed = 1;
68        flag = true;
69      }
70    }
71    /* 客房筛选 */
72    var cond = ["", "", ""]     // 初始化筛选分类,为空表示该分类无筛选条件
73    function filterroom(cls, clsname, type) {
```

```
74      cond[type] = clsname;              // 设置对应分类的筛选条件
75      var str;                           // 筛选分类名
76      switch (type) {
77        case 0: str = "roomtype"; break;
78        case 1: str = "havebreakfast"; break;
79        case 2: str = "paytype"; break;
80      }
81      // 初始化筛选分类为 str 下所有筛选条件的文本颜色
82      var opts = document.getElementsByClassName(str)[0].
83    getElementsByTagName("a");
84      for (i = 0; i < opts.length; i++) {
85        opts[i].style.color = "#666";
86      }
87      // 设置选中的筛选条件的文本颜色
88      cls.style.color = "#925f0c";
89      // 设置所有客房信息不可见
90      rooms = document.getElementsByClassName("room");
91      for (i = 0; i < rooms.length; i++) {
92        rooms[i].style.display = "none";
93      }
94      // 获取符合筛选条件的客房信息，并将其设置为可见
95      result = document.getElementsByClassName(cond.join(" "));
96      for (j = 0; j < result.length; j++) {
97        result[j].style.display = "block";
98      }
99    }
100   /* 客房预订 */
101   function reserve(btnReserve) {
102     // 计算遮罩层的位置，并弹出显示
103     var mask = document.getElementById("mask");
104     if (document.body.offsetWidth >= 1160)
105       mask.style.width = document.body.offsetWidth + "px";
106     else
107       mask.style.width = "1160px";
108   mask.style.height = document.body.clientHeight + "px";
109     mask.style.display = "block";
110     // 计算客房预订信息对话框的位置，并弹出显示
111     var reserveinfo = document.getElementById("reserveinfo");
112     reserveinfo.style.display = "block";
113     reserveinfo.style.left = (window.innerWidth - reserveinfo.
114   clientWidth) / 2 + "px";
115     reserveinfo.style.top = (window.innerHeight - reserveinfo.
116   clientHeight) / 2 + "px";
117     // 获取预订信息，并将其写入客房预订信息对话框
118     var person = document.getElementsByTagName("header")[0].
119   getElementsByTagName("span")[0].innerHTML;
120     var starttime = document.getElementById("starttime").value;
```

```
121   var endtime = document.getElementById("endtime").value;
122   var roomnum = document.getElementById("roomnum").value;
123   var room = btnReserve.parentNode.parentNode;
124   var roomtype = room.getElementsByClassName("roompic")[0].
125 getElementsByTagName("p")[0].innerHTML;
126   var havebreakfast = room.classList[1];
127   var price = room.getElementsByClassName("reserve")[0].
128 getElementsByTagName("span")[0].innerHTML;
129   document.getElementById("stime").innerText = starttime;
130   document.getElementById("etime").innerText = endtime;
131   document.getElementById("nums").innerText = roomnum;
132   document.getElementById("rtype").innerText = roomtype;
133   if (havebreakfast == "breakfast")
134     document.getElementById("rtype").innerText += " (含早) ";
135   else
136     document.getElementById("rtype").innerText += " (不含早) ";
137   document.getElementById("moneypernight").innerText = price + "元／晚"
138   var days = (Date.parse(endtime) - Date.parse(starttime)) / (24 *
139 3600 * 1000);
140   document.getElementById("sum").innerText = "￥" + days * price.
141 substring(1) * roomnum + "元";
142 }
143 /* 关闭遮罩层和客房预订信息对话框 */
144 function closepopDiv() {
145   document.getElementById("mask").style.display = "none";
146   document.getElementById("reserveinfo").style.display = "none";
147 }
```

项目小结 ✎

项目 6 首先通过一个实例简单介绍了 JavaScript 的基本语法，重点介绍了 HTML 中引用 JavaScript 代码的方法、JavaScript 语法基础知识（常量、变量、运算符与表达式）、JavaScript 的控制结构以及 JavaScript 函数，最后通过实例——酒店客房预订页面——演示了利用 JavaScript 实现图片画廊滚动播放酒店照片、筛选客房以及客房预订功能。

任务描述与技能要求

现今社会，传统的电视媒体已逐渐被网络媒体所替代，大量视频网站如雨后春笋般随之出现。视频网站可以提供丰富的视频内容，满足用户在线观看视频的需求。与此同时，注册用户还可以通过视频网站就视频内容与他人交流。本项目将介绍如何制作一个视频网站。

本项目参考了一些常见的视频网站，搭建了一个名为 yoyo video 的视频网站，用于发布与计算机编程相关的视频，页面设计如图 7-1 所示。该页面能够播放视频，并提供了一些用户交互操作。用户与页面之间的交互主要包括对视频的点赞、收藏、转发和评论，如图 7-2、图 7-3 所示。

图 7-1　视频播放网站

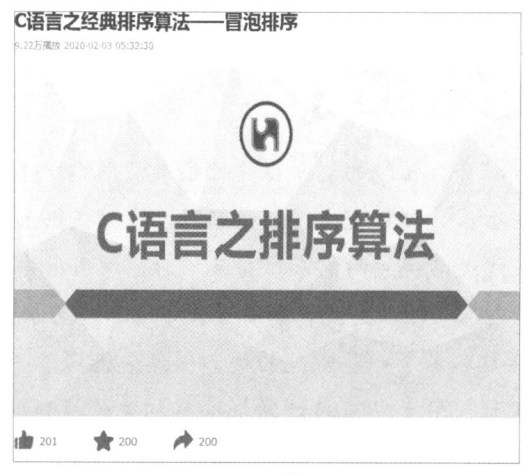

图 7-2　点赞功能

（a）撰写评论　　　　　　　　　　　　　　　　（b）发布评论

图 7-3　评论功能

　　为实现图 7-1~ 图 7-3 所示的页面效果，本项目将先通过若干小任务学习 JavaScript
的对象和事件、HTML 的视频标签等相关知识，最后再完成视频播放网站页面的设计
与实现。

任务 7-1　JavaScript 对象

知识目标:

- 了解并熟悉 JavaScript 对象
- 掌握 JavaScript 的常用对象
- 了解并熟悉 DOM 对象, 掌握 HTML 文档的操作方法
- 了解并熟悉 BOM 对象

导语

本任务介绍 JavaScript 对象的概念, 常见 JavaScript 对象的创建和应用, 学习 DOM 和 BOM 对象的使用方法, 实现对 HTML 文档和浏览器的操作。

知识点

1. 对象

项目 6 中, 已经介绍了 JavaScript 的基础数据类型 Object 及如何利用 Object 类型创建对象。JavaScript 的一大特点是基于对象。在 JavaScript 中, 万物皆对象, 可以是文字, 可以是图像, 也可以是页面元素, 每个对象都可以有自己的属性和方法。属性是与对象有关的具有某种特性的值, 而方法是对对象以某种目的进行可以执行的行为(或者可以完成的功能)。

对象的属性可以通过点号(.)或者方括号([])来访问, 方法可以通过点号进行访问, 例如:

```
1  var str= "Hello";
2  str.length          // 获取字符串 str 的长度属性
3  str["length"]       // 获取字符串 str 的长度属性
4  str.substring(1)    // 调用字符串 substring 方法, 对字符串 str 进行截取, 返
                        // 回截取得到的字符串
```

在 JavaScript 中, 对象的分类有几种方法, ES5 中将对象分为原生对象、宿主对象和内置对象。ES6 对对象的分类做了改进, 对象被分为普通对象、外来对象、标准对象和内置对象。感兴趣的读者可以参阅相关资料。

下面对其中几种常见的对象进行详细介绍。

（1）String 对象。String 类型在项目 6 中已经介绍过，用于处理已有的字符串。利用 String 类型创建的对象称为 String 对象。String 对象常用的属性和方法如表 7-1 所示，符号 Ⓐ 代表对象的属性。

表 7-1　String 对象常用的属性和方法

属性 / 方法	说　　明	示例 var s="Hello world!"	
		表　达　式	结　　果
s.length　Ⓐ	返回字符串长度	s.length	12
s.charAt(index)	返回下标位置为 index 的字符	s.charAt(0)	"H"
s.indexOf(str)	检索字符串，返回字符串 s 中第一次出现 str 的下标位置，并返回；若不存在，则返回 -1	s.indexOf("o") s.indexOf("hw")	4 -1
s.substring (start[,end])	截取字符串 s 中下标位置 [start,end] 之间的字符串，并返回；若 end 缺省，即表示截取至字符串尾部	s.substring(1) s.substring(1,5)	"ello world!" "ello"
s.substr (start[,length])	根据起始索引号 strat 和截取长度 length，截取字符串并返回；若 length 缺省，即表示截取至字符串尾部	s.substr(1) s.substr(1,5)	"ello world!" "ello"
s.split(str)	根据分割符 str，分割字符串，返回分割后的字符串数组	s.split(" ")	["Hello","world!"]
s.toLowerCase()	将字符串 s 转换为小写，返回转换后的小写字符串	s.toLowerCase()	"hello world!"
s.toUpperCase()	将字符串 s 转换为大写，返回转换后的大写字符串	s.toUpperCase()	"HELLO WORLD!"

（2）Array 对象。数组对象是一种引用类型，用于存储一类数据的有序集合。数组里的每个值称为元素项，项与项之间使用逗号间隔，使用 [] 包含一个数组中的所有元素项，元素项可以是任何数据，如 [1,2,3]、["one","two","three"]。JavaScript 中创建数组有两种方法，代码如下：

```
1    /* 方法一：利用数组文本创建 */
2    var arr=[];                      // 创建空数组
3    var arr=[1,2,3];                 // 创建数组，该数组有三项，分别是 1、2、3
4    /* 方法二：利用数组对象创建 */
5    var arr=new Array();             // 创建空数组
6    var arr=new Array(1,2,3);        // 创建数组，该数组有三项，分别是 1、2、3
```

每个元素项在数组中都有一个位置下标，称为索引号，索引号从 0 开始。通过数组名和索引号可以访问元素项，并对元素项的值进行读取或修改，代码如下：

```
1   var arr=[1,1,3];              // 定义并初始化数组
2   arr[1]=2;                     // 修改数组第 1 项的值为 2
3   document.write(arr);          // 输出数组 arr, 显示为 1,2,3
```

Array 对象常用的属性和方法如表 7-2 所示。

表 7-2　Array 对象常用的属性和方法

属性 / 方法	说　明	示例 var arr=[1,2,3,4,5]	
		表 达 式	结　果
arr.length Ⓐ	返回数组中的元素个数	arr.length;	5
arr.concat(arr1 [,arr2,...])	合并数组 arr,arr1,arr2,…，并返回合并后的数组	var arr1=new Array(6,7) arr.concat(arr1)	[1,2,3,4,5,6,7]
arr.join(str)	使用连接符 str 将数组中的元素项连接成一个字符串并返回	arr.join(",")	"1,2,3,4,5"
arr.push(obj)	在数组尾部插入元素 obj	arr.push(6)	[1,2,3,4,5,6]
arr.pop()	删除数组中的最后一个元素项，并返回删除元素项的值	arr.pop()	5
arr.reverse()	对数组 arr 中的元素项逆序排序，返回逆序排序后的数组	arr.reverse()	[5,4,3,2,1]
arr.sort([fun])	对数组 arr 进行排序，返回排序后的数组。 默认为以字符升序排序。若要以数值进行排序，则须添加 fun 参数。fun 为描述排序方式的函数	var arr1=[3,4,2,40,5] arr1.sort()	[2,3,4,40,5]
		fun= function(a,b){return a-b} arr1.sort(fun)	[2,3,4,5,40]

（3）Math 对象。Math 对象提供对数据的数学计算。

Math 对象没有构造函数 Math()，因为它是 JavaScript 的内置对象，因此 Math 对象的属性和方法可以直接通过"Math. 属性名"和"Math. 方法名"的形式进行访问。Math 对象常用的属性和方法如表 7-3 所示。

表 7-3　Math 对象常用的属性和方法

属性 / 方法		说　明	示　例	
			表 达 式	结　果
PI	Ⓐ	返回圆周率	Math.PI	3.141592653589793
E	Ⓐ	返回算术常量 e	Math.E	2.718281828459045
LN2	Ⓐ	返回 2 的自然对数	Math.LN2	0.6931471805599453
LN10	Ⓐ	返回 10 的自然对数	Math.LN10	2.302585092994046
LOG2E	Ⓐ	返回以 2 为底的 e 的对数	Math.LOG2E	1.4426950408889634
LOG10E	Ⓐ	返回以 10 为底的 e 的对数	Math.LOG10E	0.4342944819032518

续表

属性 / 方法	说　明	示　例	
		表 达 式	结　果
abs(x)	返回 x 的绝对值	Math.abs(-16)	16（精度为 5）
sin(x)	返回 x 的正弦值，x 单位为弧度	Math.sin(0.5)	0.47943
cos(x)	返回 x 的余弦值，x 单位为弧度	Math.cos(0.5)	0.87758
tan(x)	返回 x 的正切值，x 单位为弧度	Math.tan(0.5)	0.54630
asin(x)	返回 x 的反正弦值，x 单位为弧度	Math.asin(0.5)	0.52360
acos(x)	返回 x 的反余弦值，x 单位为弧度	Math.acos(0.5)	1.04720
atan(x)	返回 x 的反正切值，x 单位为弧度	Math.atan(0.5)	0.46365
sqrt(x)	返回 x 的平方根	Math.sqrt(4)	2
floor(x)	对 x 向下取整，即返回小于或等于 x 的最大整数	Math.floor(3.68) Math.floor(-3.68)	3 -4
ceil(x)	对 x 向上取整，即返回大于或等于 x 的最大整数	Math.ceil(3.68) Math.ceil(-3.68)	4 -3
round(x)	返回对 x 四舍五入的结果	Math.round(3.68) Math.round(-3.68)	4 -4
exp(x)	返回 e 的 x 次方的指数	Math.exp(1)	2.71828
log(x)	返回以 e 为底的 x 的自然对数	Math.log(Math.E)	1
max(a,b,c,...,n)	返回 a，b，c，…，n 中的最大值	Math.max(3,4,5)	5
min(a,b,c,...,n)	返回 a，b，c，…，n 中的最小值	Math.min(3,4,5)	3
pow(x,y)	返回 x 的 y 次方	Math.pow(3,4)	81
random()	返回一个介于 0~1 之间的随机数	Math.random()	0.69113

（4）Date 对象。Date 对象可以存储任意一个日期和时间，并且对日期和时间进行处理。Date 对象的创建有带参数和不带参数两种，如下所示：

```
1   var d=new Date();
2   var d=new Date(Y,M,D)
```

第 1 行代码不带参数日期，表示 d 为系统当前日期；第 2 行带参数，表示 d 为 Y 年 M 月 D 日。

Date 对象常用的方法如表 7-4 所示。

表 7-4　Date 对象常用的方法

方　法	说　明
getFullYear()	返回 Date 对象中的年份
getMonth()	返回 Date 对象中的月份（0~11）
getDate()	返回 Date 对象中的天数（1~31）

续表

方　　法	说　　明
getDay()	返回 Date 对象中的日期是星期几（1~7）
getHours()	返回 Date 对象中的小时
getMinutes()	返回 Date 对象中的分钟
getSeconds()	返回 Date 对象中的秒
setFullYear()	设置 Date 对象中的年份
setMonth()	设置 Date 对象中的月份
setDate()	设置 Date 对象中的天数
setDay()	设置 Date 对象中的日期是星期几
setHours()	设置 Date 对象中的小时
setMinutes()	设置 Date 对象中的分钟
setSeconds()	设置 Date 对象中的秒
toLocaleDateString()	将 Date 对象中的日期部分转化为字符串
toLocaleTimeString()	将 Date 对象中的时间部分转化为字符串
toLocaleString	将 Date 对象转化为字符串

下面是一组例子：

```
1   var d= new Date();                      // 获取系统当前时间：2019/6/25 17:30:40
2   var year=d.getYear();                   // 年份：2019
3   var month=d.getMonth();                 // 月份：5，表示 6 月
4   var date=d.getDate();                   // 天数：25
5   document.write(year+"-"+(month+1)+"-"+date);    // 输出 "2019-6-25"
6   document.write(d.toLocaleDateString());         // 输出 "2019/6/25"
```

2. JSON 对象

JSON 全称 JavaScript Object Notation，用来序列化对象、数组、数值、字符串、布尔值和 null。JSON 具有独立于 JavaScript 表达数据的语法。虽然 JSON 最初由 JavaScript 定义，但是由于 JSON 格式具有结构简单、易于读写等特点，已经被广泛应用在不同的语言中，用于进行数据交换。

使用 JSON 格式创建的对象称为 JSON 对象。创建 JSON 的方法有两种。

（1）使用字面量方式创建。这和创建 Object 的方法基本一致，但是 JSON 对象只能包含属性，不能包含方法。JSON 对象的属性和属性值又被称为键和键值。JSON 使用键值对的形式描述，即 ""key":value" 的形式；允许添加多个键值对，键值对之间用逗号隔开。

（2）利用 JSON 解析器（JSON.parse()）将 JSON 格式的字符串转换为 JSON 对象。

为了便于与其他语言交换 JSON 格式的数据，可以使用 JSON.stringify() 方法

将 JSON 对象转换为字符串形式。注意，JSON 格式中要求键名使用引号括起。虽然使用字面量创建时允许省略引号，但从字符串中解析时，键名必须将键名使用引号括起。

下面通过一个例子介绍 JSON 对象的创建和使用方法，并与 Object 对象进行对比。

```
1    // 使用字面量方式创建 JSON 对象
2    var user1= {
3      "name": ["John", "Hu"],
4      "id": 1,
5    }
6    console.log(user1.name);                    // 通过控制台输出 JSON 对象的属性
7    // 使用 JSON 字符串创建 JSON 对象
8    var jsontext1='{"name":["John","Hu"],"id":1} '
9    var user2= JSON.parse(jsontext);
10   console.log(user2.name);                    // 通过控制台输出 JSON 对象的属性
11   // 将 JSON 对象转为 String 对象
12   var jsontext2= JSON.stringify(user2);       // 将 user2 对象转换为 JSON 字符串
13   console.log(jsontext2);                     // 通过控制台输出 String 对象的值
14   //Object 对象
15   var user3= {
16     name: ["John", "Hu"],
17     id: 2,
18     greeting : function() {
19       console.log("Hi! I\'m " + this.name[0] +". ");
20     }
21   };
22   console.log(user3.name);                    // 通过控制台输出 Object 对象的属性
23   user3. greeting();                          // 访问 Object 的方法
24   var jsontext3= JSON.stringify(user3);       // 将 user3 对象转换为 JSON 字符串
25   console.log(jsontext3);                     // 通过控制台输出 String 对象的值
```

上述代码演示了如何使用这 2 种方法创建 JSON 对象以及如何将 JSON 对象转换为字符串。第 14 行代码创建了一个 Object 对象，该对象比 JSON 对象多了一个函数方法。由于 JSON 对象是不能包含方法的，所以 user3 对象在转换为 JSON 字符串后，会丢弃方法相关部分。

3. DOM 对象

文档对象模型是 W3C 组织推荐的、用于处理可扩展标记语言的标准编程接口。当网页被加载时，就会自动创建页面的 HTML DOM。HTML DOM 是一种基于对象树的文档，可以动态地访问页面、脚本，更新内容、结构和样式。DOM 树节点为页面标签，<html> 为根节点，其包含的元素标签为子节点。根据 HTML 文档的基本结构，HTML DOM 的树形结构如图 7-4 所示。

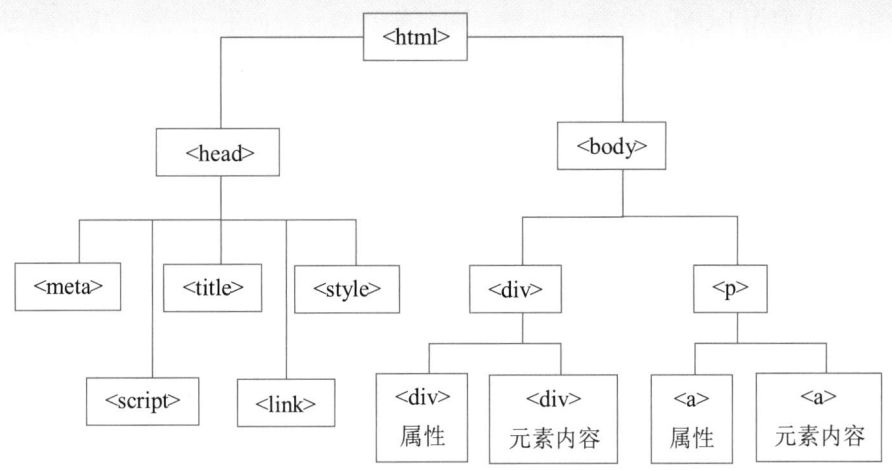

图 7-4　HTML DOM 的树形结构

JavaScript 对 HTML 文档的操作其实就是对 DOM 树结构的操作。通过一组 DOM API 接口，JavaScript 能够访问并控制页面中的元素、修改元素 CSS 样式、对页面事件做出响应。要实现上述操作，这里就需要引入 Document 对象。由于 Document 对象不是 JavaScript 的原生对象，其实现依赖宿主端（浏览器），所以是一个宿主对象。

浏览器加载页面后，页面文档即会成为 Document 对象。Document 对象可用于描述当前窗口或者指定窗口对象的文档。Document 对象提供的属性和方法使 JavaScript 能够访问页面元素。

（1）Document 对象的属性。

title 属性：返回当前文档的标题，即当前文档 <title></title> 标签所包含的文字。

url 属性：返回当前文档的 url。

（2）Document 对象的方法。

①访问页面元素。要操作页面元素，首先需要获取元素对象。Document 对象提供了 4 种访问页面元素的方式，分别是 getElementById、getElementsByName、getElementsByTagName 和 document.getElementsByClassName。

getElementById（ID）：用于获取当前文档中指定 ID 的对象。

getElementsByName(Name) 方法：该方法与 getElementsById 相似，差别在于 getElementsByName 方法是通过 name 属性来获取当前文档中的对象的。

getElementsByTagName(TagName)：用于获取指定标签的对象集合，例如 document.getElementsByTagName("li") 即表示获取当前文档的 <li> 标签集合。

getElementsByClassName(ClassName)：用于获取当前文档中指定类（class）的对象。该方法与 getElementsById 相似，但是页面中元素对象的 ID 是唯一的，而相同 Class 属性的元素可以有多个，因此 getElementsByClassName 方法将获取得到的对象封装在一个数组对象中，需要访问数组元素项再获取页面元素对象。

【例 7-1】使用 DOM 对象方法获取页面元素，然后根据不同元素对象的方法和属性，完成对页面元素的操作。示例代码位于本书配套的代码文件 ch07\ex7-1.html 中，具体代码如下所示：

ex7-1.html

```
1   <!DOCTYPE html>
2   <html>
3   <head>
4     <meta charset="utf-8" />
5     <title> Document 访问页面元素 </title>
6     <script>
7       window.onload = function () {
8         document.getElementById("getId").innerText = "通过 id 访问页面元素 ";
9         document.getElementsByClassName("cls")[0].innerHTML = "<a
10        href='#'>通过 class 访问页面元素 </a>"
11      }
12    </script>
13  </head>
14  <body>
15    <h3>Document 对象访问页面元素 </h3>
16    <div id="getId"></div>
17    <div class="cls"></div>
18  </body>
19  </html>
```

当页面载入的时候，调用 getElementById() 和 getElementByClassName() 方法获取页面中 id 为 getId 和第一个 class 属性为 cls 的对象，向这两个对象分别写入文本和 HTML 代码，运行结果如图 7-5 所示。

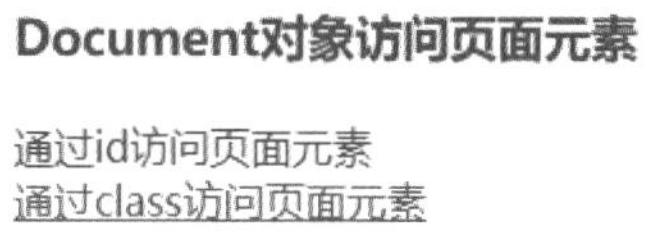

Document对象访问页面元素

通过id访问页面元素
通过class访问页面元素

图 7-5　ex7-1 的运行结果

② Document 写入方法。Document 对象提供两个方法向文档中写入数据，分别是 write 和 writeln，所写入的内容以网页 HTML 文档形式进行处理。write 和 writeln 的差别在于 writeln 方法在写入数据后会自动添加一个换行符。然而，在实际运行过程中，writeln 方法通常只是在数据后面加了一个空格，并未实现换行。如果需要实现换行，须使用 <pre> 和 <xmp> 标签。

【例 7-2】利用写入方法向页面写入三行 HTML 文本，示例代码位于本书配套的代码文件 ch07\ex7-2.html 中，具体代码如下所示，运行结果如图 7-6 所示。

ex7-2.html

```
1   <!DOCTYPE html>
2   <html>
3   <head>
4     <meta charset="utf-8" />
5     <title>Document 写入方法 </title>
6   </head>
7   <body>
8     <script>
9       document.write("<pre> 这是 write 方法 !<br/>");
10      document.writeln(" 这是 writeln 方法 !</pre>");
11    </script>
12  </body>
13  </html>
```

这是write方法！
这是writeln方法！

图 7-6　ex7-2 的运行结果

4. BOM 对象

浏览器对象模型（browser object model，BOM）提供了独立于内容的、可以与浏览器窗口进行交互的对象结构，主要用于管理窗口以及窗口之间的通信，移动窗口、打开 / 关闭窗口、改变窗口的大小，提供导航功能以及获取浏览器相关信息等。BOM由多个对象组成，Window 是顶层对象，其他对象都是 Window 的子对象。

常见的 BOM 对象有 Window 对象、Navigator 对象、Location 对象、History 对象、Screen 对象以及 Console 对象。

（1）Window 对象。Window 对象是整个 BOM 的核心对象，它代表着整个浏览器窗口，扮演着全局对象的角色。Window 对象提供了一系列方法与属性来操作浏览器窗口。

Window 对象的属性主要是描述浏览器窗口大小以及浏览器的位置信息。Window对象属性的详细介绍如表 7-5 所示。

表 7-5　Window 对象的属性

属　　性	说　　明
innerWidth	浏览器窗口文档区的宽度（包括滚动条），以像素为单位
innerHeight	浏览器窗口文档区的高度（包括滚动条，但不包括菜单、工具栏），以像素为单位
outerWidth	浏览器窗口的外部宽度（包括滚动条、菜单、工具栏），以像素为单位

续表

属　　性	说　　明
outerHeight	浏览器窗口的外部高度（包括滚动条、菜单、工具栏），以像素为单位
screenLeft	以屏幕左上角为坐标原点，浏览器窗口在水平方向上与原点的距离
screenTop	以屏幕左上角为坐标原点，浏览器窗口在垂直方向上与原点的距离
screenX	以当前屏幕左上角为坐标原点，浏览器窗口在水平方向上与原点的距离
screenY	以当前屏幕左上角为坐标原点，浏览器窗口在垂直方向上与原点的距离

Window 对象的方法包括打开、关闭窗口的方法，移动、改变窗口大小的方法。

①打开、关闭窗口的方法。

open(URL,Name,Features,Replace)：打开一个新的或者已有的浏览器窗口加载网页文档。URL 声明打开窗口时需要加载的网页文档地址，若该参数为空字符串，即表示加载一个新的空白文档；Name 通常用于指定 target 属性或窗口名称，它支持以下这几个数值：_blank（加载到一个新的浏览器窗口）、_parent（在父框架中加载）、_self（在当前浏览器窗口加载）、_top（跳出框架加载页面）；Features 表示打开浏览器窗口的特征，例如宽度、高度、是否需要菜单栏等；Replace 参数是一个布尔值，true 表示 URL 替换浏览历史中的当前条目，false 表示 URL 在浏览历史中创建新的条目。

【例 7-3】利用 open() 方法打开文档，示例代码位于本书配套的代码文件 ch07\ex7-3.html 中。在网页中设置两个按钮，分别用于打开一个新浏览器加载空文档和在现有窗口打开网页文档 aboutus.html，具体代码如下，运行结果如图 7-7 所示。

ex7-3.html

```
1   <head>
2     <title>VideoBroadcast</title>
3     <script>
4     function newWin()
5     {
6        newWindow=window.open("","_blank","width=400,height=300");
7        newWindow.document.write("打开了新的窗口！");
8     }
9     function openAboutus()
10    {
11    window.open("aboutus.html","_self");
12    }
```

13	</script>
14	</head>
15	<body>
16	<input type="button" value=" 打开新窗口 " onclick="newWin()"/>
17	<input type="button" value=" 打开关于我们窗口 "onclick="openAboutus()"/>
18	</body>

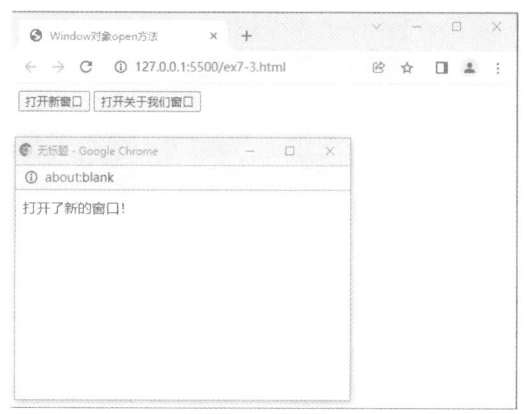

（a）打开一个新浏览器　　　　　　　　　　（b）打开网页文档

图 7-7　ex7-3 的运行结果

close()：关闭浏览器窗口。关闭当前浏览器窗口可以调用 window.close() 或者 self.close() 来实现。

②移动窗口、改变窗口大小的方法。moveTo() 和 moveBy() 是移动窗口和改变窗口大小的方法。

moveTo(x,y)：以屏幕左上角为坐标原点，将窗口移动至距离原点为 (x,y) 的坐标位置，如图 7-8 所示。

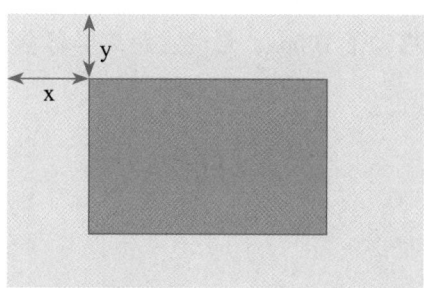

图 7-8　moveTo() 方法移动窗口示意图

【例 7-3a】在例 7-3 的基础上，在 newWin() 函数尾部添加一行代码："newWindow.moveTo(300,200);"。单击"打开新窗口"按钮，打开的新的浏览器窗口位置在距离屏幕左上角 (300,200) 的地方，如图 7-9 所示。

图 7-9　moveTo() 方法移动窗口后的运行结果

moveBy(x,y)：浏览器窗口相对于当前位置，水平方向移动 x，垂直方向移动 y，如图 7-10 所示。

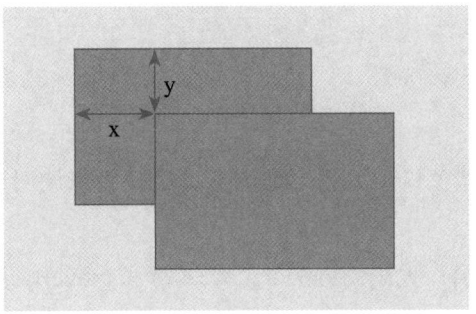

图 7-10　moveBy() 方法移动窗口示意图

【例 7-3b】在例 7-3a 的基础上，在 newWin() 函数尾部再添加一行代码：newWindow.moveBy (100,100);。单击"打开新窗口"按钮，弹出新的浏览器窗口相对于原来的位置水平向左、垂直向下各移动了 100px，最终在距离屏幕左上角 (400,300) 的地方，如图 7-11 所示。

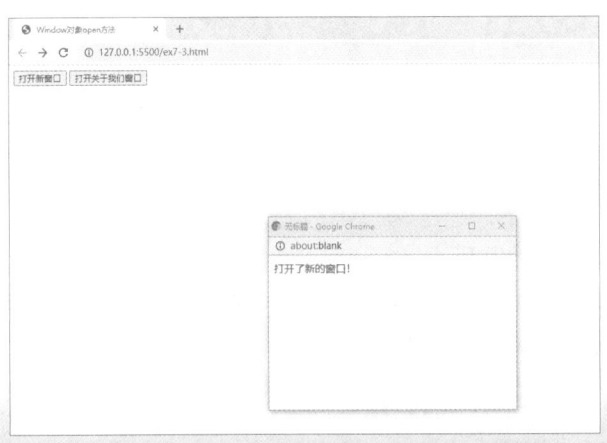

图 7-11　moveBy() 方法移动窗口后的运行结果

③弹窗方法。用户在进行数据操作的过程中，往往会弹出一些提示、确认窗口，以确认操作正确与否。JavaScript 的 Window 对象提供了 3 类弹窗：警告窗口、提示窗口以及确认窗口，对应的 3 个方法分别是 alert()、prompt()、confirm()。

alert(str)：弹出一个警告窗口，窗口包含警告文本和确认按钮两部分。

【例 7-4】实现警告窗口，提示"这是一个警告窗口！"。示例代码位于本书配套的代码文件 ch07\ex7-4.html 中，具体代码如下，运行结果如图 7-12 所示。

ex7-4.html

```
1   <!DOCTYPE html>
2   <html>
3   <head>
4     <title>alert 方法弹窗 </title>
5   </head>
6   <body>
7     <script>
8       alert(" 这是一个警告窗口！");
9     </script>
10  </body>
11  </html>
```

图 7-12　ex7-4 的运行结果

prompt(text,defaultValue)：弹出一个提示框，接收用户输入的信息并返回。提示框由一个标签、一个文本框和两个按钮组成。标签用于显示提示文本，值为 text；文本框用于用户输入信息，其初始化值为 defaultValue；当用户单击"确定"按钮时，返回文本框中的值，即用户输入的信息；当用户单击"取消"按钮时，关闭提示框返回 null 值。

【例 7-5】利用 prompt() 方法实现提示框，提示文本为"姓名："，文本框显示默认值"请输入您的姓名"；用户在文本框中输入"张三"后，单击"确定"按钮，返回输入的值"张三"；最后执行 document.write() 方法，向页面写入文本"你输入的姓名是张三"。示例代码位于本书配套的代码文件 ch07\ex7-5.html 中，具体代码如下，运行结果如图 7-13 所示。

ex7-5.html

```
1    <!DOCTYPE html>
2    <html>
3    <head>
4      <title>prompt 方法弹窗 </title>
5    </head>
6    <body>
7      <script>
8        msg = prompt(" 姓名 :", " 请输入您的姓名 ");
9        document.write(" 你输入的姓名是 " + msg);
10     </script>
11   </body>
12   </html>
```

（a）文本框显示默认值   （b）执行 document.write() 方法

图 7-13   ex7-5 的运行结果

confirm(str)：弹出一个确认框，用于判断用户是否接收操作。确认框包含两部分：确认提示文本 str 以及确定、取消两个按钮。当用户单击"确定"按钮时，表示确认进行操作，返回 true；而单击"取消"按钮则取消操作，返回 false。

【例 7-6】打开页面，执行 confirm() 方法，弹出确认框，用户确认是否要进行删除操作；单击"确定"按钮，页面写入"确认删除！"；单击"取消"按钮，页面写入"取消删除！"。示例代码位于本书配套的代码文件 ch07\ex7-6.html 中，具体代码如下，运行结果如图 7-14 所示。

ex7-6.html

```
1    <!DOCTYPE html>
2    <html>
3    <head>
4      <title>comfirm 方法弹窗 </title>
5    </head>
6    <body>
7      <script>
8        msg = confirm(" 确定进行删除操作 ?");
9        if (msg == true)
10         document.write(" 确认删除 !");
11       else
```

12	document.write("取消删除!");
13	</script>
14	</body>
15	</html>

（a）弹出确认框　　　　　　　　　　　　（b）确定和取消按钮

图 7-14　ex7-6 的运行结果

④计时。当需要每隔一段时间反复执行一段功能代码时，Window 对象提供了两个方法：setInterval() 和 setTimeout()。

setInterval(func,time)：间隔调用，表示每间隔 time 毫秒调用一次函数 func。

【例 7-7a】利用 setInterval() 方法实现模拟显示秒数操作，示例代码位于本书配套的代码文件 ch07\ex7-7.html 中，代码如下所示：

ex7-7.html

1	<!DOCTYPE html>
2	<html>
3	<head>
4	<title>setInterval 方法</title>
5	</head>
6	<body>
7	<p id="second"></p>
8	<script>
9	var num = 1
10	var timer = setInterval(time, 1000);
11	function time() {
12	document.getElementById("second").innerHTML = num;
13	num = num + 1;
14	if (num > 60)
15	num = 1;
16	}
17	</script>
18	</body>
19	</html>

setTimeout(func,time)：超时调用，表示计时到达 time 毫秒后调用 func() 函数。由于 JavaScript 是一个单线程的脚本程序，它在一定时间内只能执行一段代码，因此在

JavaScript 中有一个任务队列，JavaScript 会将待执行的任务添加到任务队列中按序执行。当进行超时调用的时候，会将当前任务添加到任务队列中，如果任务队列中没有其他任务，那么会立即执行当前任务；反之，则须等待任务队列中的任务完成才会被执行。这就意味着 setTimeout(func,time) 进行超时调用并非一定在等待 time 毫秒以后会立即执行 func() 函数。

【例 7-7b】在例 7-7a 的基础上修改，使用 setTimeout() 方法实现模拟显示秒数操作，具体修改如下所示：

```
1   <body>
2     <p id="second"></p>
3     <script>
4         var num = 1
5         var timer = setTimeout(time, 1000);
6         function time() {
7             document.getElementById("second").innerHTML = num;
8             num = num + 1;
9             if (num > 60)
10                num = 1;
11            setTimeout(time, 1000);
12        }
13    </script>
14  </body>
```

执行间隔或超时调用之后，相应的方法会返回一个 ID，此 ID 是计划执行调用的唯一标识符，可以通过它来取消调用。取消间隔调用和超时调用的方法分别为 clearInterval()、clearTimeout()，这两个方法均只有一个参数，即取消调用的 ID。例如，取消例 7-7b 中的 setTimeout() 超时调用 time 函数，只须执行如下语句即可：

```
1   clearTimeout(timer);
```

（2）Navigator 对象。Navigator 对象包含浏览器相关信息，可通过 Navigator 对象的属性检测浏览器和操作系统的版本。Navigator 对象常用的属性如表 7-6 所示。

表 7-6　Navigator 对象常用的属性

属　性	说　明
appCodeName	浏览器代码名
appName	浏览器名称
appVersion	浏览器平台和版本信息
cookieEnabled	浏览器是否启用 cookie
userAgent	浏览器用于 HTTP 请求的用户代理头的值
platform	浏览器的操作系统平台

【例 7-8】利用 Navigator 对象的常用属性获取浏览器相关信息，示例代码位于本书配套的代码文件 ch07\ex7-8.html 中，具体代码如下，运行结果如图 7-15 所示。

ex7-8.html

```
1   <!DOCTYPE html>
2   <html>
3   <head>
4     <title>Navigator 对象</title>
5   </head>
6   <body>
7     <script>
8       document.writeln("<pre>浏览器代号：" + navigator.appCodeName);
9       document.writeln(" 浏览器名称："+navigator.appName);
10      document.writeln(" 浏览器版本："+navigator.appVersion);
11      document.writeln(" 启用 Cookies:"+navigator.cookieEnabled);
12      document.writeln(" 运行浏览器的操作系统 :"+navigator.platform+"</pre>");
13    </script>
14  </body>
15  </html>
```

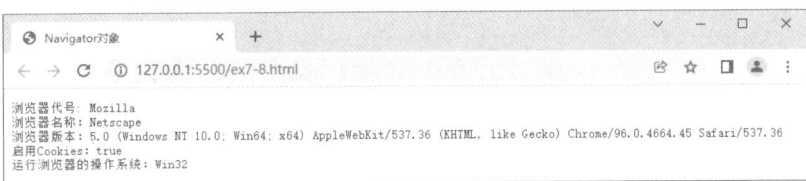

图 7-15　ex7-8 的运行结果

（3）Location 对象。Location 对象用于获取页面的 URL，实现将浏览器重定位到新的页面。表 7-7 介绍了 Location 对象常用的属性和方法。

表 7-7　Location 对象常用的属性和方法

属性 / 方法		说　　明
hash	Ⓐ	返回 URL 中 # 后面的内容，若无 #，则返回空字符串
host	Ⓐ	返回服务器域名和端口号
hostname	Ⓐ	返回服务器域名
href	Ⓐ	返回当前载入页面的完整 URL
pathname	Ⓐ	返回当前页面 URL 中的路径和文件名
port	Ⓐ	返回服务器端口号
protocal	Ⓐ	返回页面使用的协议
search	Ⓐ	返回 URL 的查询字符串，即 URL 中 ? 后面的字符串
assign(url)		加载新的文档，地址为 url，同时在浏览器的历史记录中生成一条记录
replace(url)		加载 url 文档替换当前文档，replace() 方法与 assign 类似，但它不会在浏览器的历史记录中生成一条记录

【例 7-9】利用 Location 对象获取页面的 URL 地址，单击页面中的按钮打开例 7-8 页面，实现页面之间的跳转。示例代码位于本书配套的代码文件 ch07\ex7-9.html 中，具体代码如下，运行结果如图 7-16 所示。

ex7-9.html

```
1  <!DOCTYPE html>
2  <html>
3  <head>
4    <title>Location 对象 </title>
5  </head>
6  <body>
7    <script>
8      document.write(" 当前页面 URL:" + location.href + "<br/>");
9      function openEx7_8() {
10        location.assign("ex7-8.html")
11      }
12    </script>
13    <button onclick="openEx7_8()">打开 ex7-8 页面 </button>
14  </body>
15  </html>
```

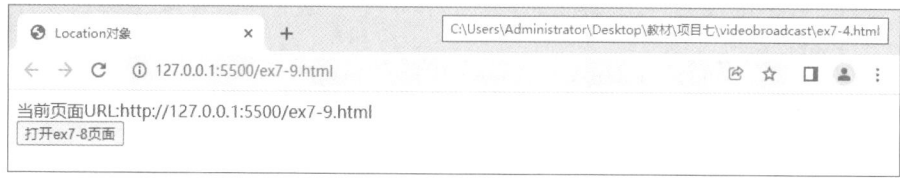

图 7-16　ex7-9 的运行结果

（4）History 对象。History 对象用于存储本次会话的历史页面，可以实现浏览器中"上一页"和"下一页"的按钮功能。表 7-8 介绍了 History 对象常用的属性和方法。

表 7-8　History 对象常用的属性和方法

属性 / 方法	说　　明
length Ⓐ	返回浏览器本次会话中历史页面的数量
back()	加载浏览器本次会话历史列表中的前一个 URL（如果存在）
forward()	加载浏览器本次会话历史列表中的后一个 URL（如果存在）
go(num|url)	加载浏览器本次会话历史列表中的某个页面 num 为正整数，表示前 num 个 URL 页面 num 为负整数，表示后 num 个 URL 页面 url 表示具体的 URL 地址

【例 7-10】演示浏览器的上一页和下一页功能，示例代码位于本书配套的代码文件 ch07\ex7-10.html 中，具体代码如下：

ex7-10.html

```
1   <!DOCTYPE html>
2   <html>
3   <head>
4     <title>History 对象 </title>
5   </head>
6   <body>
7     <button onclick="back()">上一页 </button>
8     <button onclick="forward()"> 下一页 </button>
9     <script>
10      function back(){
11        history.back();
12      }
13      function forward(){
14        history.forward();
15      }
16    </script>
17  </body>
18  </html>
```

（5）Screen 对象。Screen 对象用于存储浏览者系统的显示属性。表 7-9 介绍了 Screen 对象常用的属性。

表 7-9　Screen 对象常用的属性

属　　性	说　　明
availHeight	返回显示器的高度（除 window 任务栏之外）
availWidth	返回显示器的宽度（除 window 任务栏之外）
height	返回显示器的高度
width	返回显示的宽度

【例 7-11】利用 Screen 对象的属性显示用户屏幕的宽度和高度，示例代码位于本书配套的代码文件 ch07\ex7-11.html 中，具体代码如下，运行结果如图 7-17 所示。

ex7-11.html

```
1   <!DOCTYPE html>
2   <html>
3   <head>
4     <title>Screen 对象 </title>
5   </head>
6   <body>
7     <script>
8       document.writeln("<pre> 显示器宽度 : " + screen.width);
9       document.writeln(" 显示器高度 :"+ screen.height+"</pre>");
```

```
10    </script>
11   </body>
12   </html>
```

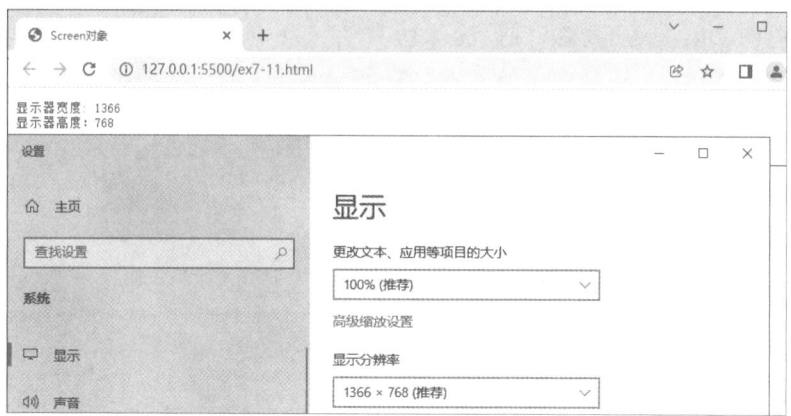

图 7-17　ex7-11 的运行结果

（6）Console 对象。原生 JavaScript 没有 Console 对象，Console 对象是由浏览器提供的内置对象，用于调试 JavaScript 程序。打开浏览器后，按 F12 键打开开发者工具，在弹出的开发者工具面板中选择控制台选项卡，运行网页即可查看控制台信息，表 7-10 介绍了 Console 对象常用的方法。

表 7-10　Console 对象常用的方法

方　　法	说　　明
clear()	清除控制台信息
log(msg)	向控制台输出信息 msg

【例 7-12】利用 Console 对象向控制台输出一条信息，如图 7-18（a）所示；单击"清空控制台"按钮，则清除控制台信息，如图 7-18（b）所示，示例代码位于本书配套的代码文件 ch07\ex7-12.html 中。

ex7-12.html

```
1    <!DOCTYPE html>
2    <html>
3    <head>
4      <title>Console 对象 </title>
5    </head>
6    <body>
7      <input type="button" onclick="btnClear()" value=" 清空控制台 " />
8      <script>
9        console.log(" 这是一条控制台信息 !");
10       function btnClear()
```

```
11      {
12        console.clear();
13      }
14    </script>
15  </body>
16  </html>
```

（a）用 log() 方法向控制台输出信息

（b）用 clear() 方法清空控制台信息

图 7-18　ex7-12 的运行结果

任务 7-2　事件

知识目标：

- 掌握事件的概念及其应用
- 熟悉并掌握鼠标、键盘等常用事件
- 熟悉并掌握表单常用事件
- 熟悉并掌握页面常用事件

导语

本任务将介绍事件的相关知识以及常用事件，并学习如何在对象上绑定事件触发 JavaScript 程序实现相关功能。

知识点

1. 事件概述

JavaScript 与 HTML 结合，用户通过浏览器访问 Web 页面时，执行某个操作触发 JavaScript 程序的行为叫作事件驱动。其中执行的操作叫作事件，通常借由鼠标或者键盘进行，而事件被触发执行的 JavaScript 程序称为事件处理程序。代码如下：

```
1  document.body.onload=function(e){
2    alert("Hello World!");
3  }
```

上述代码演示了页面加载时会弹出提示框 "Hello World!"，其中，body 是与发生事件相关的目标对象，load 是事件的名称，function 中定义了事件处理程序，参数 e 为事件对象。

（1）事件注册。为使页面元素响应事件驱动，首先需要为目标对象注册事件。最直接的方法是设置 on-event 属性，直接绑定目标对象的元素标签。例如，在一个按钮上绑定单击事件弹出警告窗口，代码如下所示：

```
1  <input type="button" value=" 单击 " onclick="alert(' 这是单击事件！');"/>
```

如果事件被触发要执行的处理程序较为复杂，那么可以把处理程序封装在一个函数中，调用该函数即可，代码如下所示：

```
1  <script>
2  function showMsg()
3  {
4    alert(' 这是单击事件！');
```

```
5      }
6    </script>
7    <input type="button" value=" 单击 " onclick=" showMsg()"/>
```

除了可直接绑定到目标对象标签上以外，还可以利用 JavaScript 代码定义目标对象的 on-event 属性来注册事件。上述代码修改后如下所示：

```
1    <input type="button" id ="clickme" value=" 单击 "/>
2    <script>
3      document.getElementById("clickme").onclick= function(){
4      alert(' 这是单击事件!');
5    } ;
6    </script>
```

另外，利用 JavaScript 代码为目标对象添加事件监听也是常用的事件注册方式。具体实现方式是先获取目标对象，然后调用对象的 addEventlistener(event,fun) 方法为目标对象添加事件（event）的监听，其中 event 为事件名称，fun 为匿名函数或定义的事件驱动程序的函数名。当事件发生时，执行 fun 定义的事件驱动程序。

【例 7-13】通过事件监听方法注册按钮单击事件，示例代码位于本书配套的代码文件 ch07\ex7-13.html 中，代码如下所示：

ex7-13.html

```
1    <body>
2      <input type="button" id="clickme" value=" 单击 " />
3      <script>
4      btn = document.getElementById("clickme");
5      function showMsg() {
6        alert(' 这是单击事件 !');
7      }
8      btn.addEventListener("click", showMsg);
9      </script>
10   </body>
```

（2）事件派发。在 JavaScript 中，事件的发生往往是由用户手动触发的，但也可以利用事件派发方法 dispatchEvent() 触发事件。在例 7-13 中插入如下代码即可实现自动触发单击事件：

```
1    clickevent= new Event('click');
2    btn.dispatchEvent(clickevent);
```

（3）事件删除。JavaScript 还提供了 removeEventListener() 方法，用于删除事件监听。例如删除例 7-13 中定义的 click 事件监听，代码如下所示：

```
1   btn.removeEventListener("click",showMsg);
```

（4）事件冒泡。通常在一个对象上触发事件时，执行事件处理程序，同时这个事件会向上传播。也就是说这个对象的父对象的事件也会被触发，如此一层层向上传播，直到传至顶层对象（window）为止，这就是事件冒泡。

【例 7-14】以 onclick 事件为例来演示事件冒泡，示例代码位于本书配套的代码文件 ch07\ex7-14.html 中，代码如下所示：

ex7-14.html

```
1    <!DOCTYPE html>
2    <html>
3    <head>
4      <meta charset="utf-8" />
5      <title>事件冒泡</title>
6      <style>
7        #parentDiv {
8          width: 100px;
9          height: 100px;
10         border: 1px solid;
11       }
12       #childDiv {
13         width: 50px;
14         height: 50px;
15         background-color: #eee;
16         border: 1px solid;
17         margin-left: 25px;
18       }
19     </style>
20   </head>
21   <body>
22     <div id="parentDiv">父元素
23       <div id="childDiv">子元素</div>
24     </div>
25     <script>
26       document.getElementById("parentDiv").onclick = function ()
27       { alert("父元素"); };
28       document.getElementById("childDiv").onclick = function ()
29       { alert("子元素"); };
30     </script>
31   </body>
32   </html>
```

在该例中，单击子元素会触发该元素的单击事件，执行事件处理程序，弹出"子元素"提示框，运行效果如图 7-19（a）所示。随之事件向上冒泡，传播给父元素，同时触发了父元素的单击事件，因此随后执行了父元素的单击事件处理程序，弹出如

图 7-19(b)所示的"父元素"提示框。如果去掉子元素的单击事件绑定语句"document. getElementById("childDiv").onclick=function(){alert(" 子元素 ");};",那么会发生什么事呢?单击子元素时,因为该元素没有绑定单击事件,所以不会执行任何响应,但是它会把单击事件传播给父元素,从而触发父元素的单击事件,因此还是会弹出"父元素"提示框。

(a)"子元素"提示框

(b)"父元素"提示框

图 7-19 ex7-14 的运行结果

JavaScript 事件有很多种,按照触发事件的对象进行分类,常见的有鼠标、键盘事件、表单事件以及页面事件。下面将详细介绍这几类事件。

2. 鼠标、键盘事件

鼠标事件指通过移动鼠标和单击来触发事件处理程序。常见的鼠标事件如表 7-11 所示。

表 7-11 常见的鼠标事件

事 件 名 称	触发条件描述
click	当网页中指定元素被单击时,包括左键和右键单击
contextmenu	在右击用户区打开上下文菜单时
dblclick	当网页中指点元素被双击时,包括左键双击和右键双击
mousedown	当用户按下鼠标左右键时
mousemove	当用户将鼠标在指定元素上移动时
mouseout	当鼠标指针从指定元素上移开时
mouseover	当鼠标指针第一次移动到指定元素上时

续表

事 件 名 称	触发条件描述
mouseup	当鼠标按键弹起时
mouseenter	当鼠标指针移动到指定元素上时，该事件与 mouseover 类似，差别在于它不支持事件冒泡
mouseleave	当鼠标移出元素时，该事件与 mouseout 类似，差别在于它不支持事件冒泡

键盘事件指通过键盘按下、松开键触发事件处理程序。常见的键盘事件如表 7-12 所示。

表 7-12　常见的键盘事件

事 件 名 称	触发条件描述
keydown	当按下键盘任意键时
keyup	当按下的键松开时
keypress	当按下和松开键盘任意键时。此事件相当于把 KeyDown 和 KeyUp 这两个事件合在一起

3. 表单事件

表单事件主要是指用户对表单、表单元素进行操作时触发的事件。常见的表单事件如表 7-13 所示。

表 7-13　常见的表单事件

事 件 名 称	触发条件描述
blur	失去焦点，当指定元素不再被访问者交互时
focus	获得焦点，当指定元素被访问者交互时
change	当表单元素的内容发生改变时
select	当访问者选择文本框中的文本时
submit	当访问者提交表格时
input	当访问者向表单元素输入内容时
reset	当表单重置时

4. 页面事件

页面事件通常用于整个页面，在页面状态发生变化的时候被触发，例如页面载入。常见的页面事件如表 7-14 所示。

表 7-14 常见的页面事件

事 件 名 称	触发条件描述
load	当网页载入完成时
unload	当访问者离开网页时
resize	当访问者调整浏览器或框架大小时
scroll	当文档发生滚动时

任务 7-3 多媒体

知识目标：

- 了解并熟悉多媒体标签
- 掌握视频样式的属性和方法
- 掌握控制视频的方法

导语

本任务将介绍多媒体标签的相关知识，学习如何构建一个视频对象，并利用视频属性和方法控制视频的样式和操作。

知识点

1. 多媒体标签

早期的 HTML 并没有提供支持多媒体的专门标签，主要是通过 <object> 标签以嵌入的方式插入到页面中。HTML5 新增了 <embed> 标签，该标签用于将外部内容嵌入文档中。此内容为外部应用或者互动程序（插件），而现今大多数浏览器不提供对插件的支持，因此不建议使用 <embed> 标签，可以使用 <video>、<audio> 等标签代替。

（1）<object> 标签。<object> 标签用于将对象（图像、声音、视频等）嵌入到页面中。例如向页面插入一个 MP4 视频，代码如下所示：

```
1  <object width="320" height="240" data="video/sequence.mp4">
2  </object>
```

其中，width、height、data 均为 <object> 标签的属性，用于描述对象外观以及嵌入对象的相关参数信息。

<object> 标签的常用属性如表 7-15 所示。

表 7-15 <object> 标签的常用属性

属 性	属 性 描 述
data	嵌入对象的 URL 地址
width	嵌入对象的宽度
height	嵌入对象的高度
type	data 属性中规定的数据的 MIME 类型

（2）<embed> 标签。<embed> 标签也是用于将对象嵌入到网页中，与 <object> 标签用法相似。例如，向页面插入一个 MP4 视频，代码如下所示：

```
1   <embed height="240" width="320" src="video/sequence.mp4"/>
```

其中，width、height、src 均为 <embed> 标签的属性，用于描述对象外观以及嵌入对象的相关参数信息。

<embed> 标签常用属性如表 7-16 所示。

表 7-16 <embed> 标签的常用属性

属 性	属 性 描 述
src	嵌入对象的 URL 地址
type	嵌入对象的 MIME 类型
width	嵌入对象的宽度
height	嵌入对象的高度

不同浏览器对 <object> 标签和 <embed> 标签的兼容性不同。为了更好地兼容多个浏览器，常常把 <embed> 标签嵌入到 <object> 标签中。当浏览器无法加载 <object> 标签嵌入的对象时，就会去加载 <embed> 标签嵌入的对象，代码如下所示：

```
1   <object width="320" height="240" data="video/sequence.mp4">
2     <embed height="240" width="320" src="video/sequence.mp4"/>
3   </object>
```

（3）<video> 与 <scource> 标签。<video> 是 HTML5 中新增的一个标签，专门用于在网页中嵌入视频的视频标签。当浏览器不支持 <video> 标签时，<video> 标签中嵌入的文本作为提示内容加以显示。

支持 <video> 标签的浏览器能够原生提供视频解码能力，但是各个浏览器支持的视频格式却不一样。为了兼容不同的浏览器，可以在 <video> 标签内添加多个 <source> 标签，每个 <source> 标签对应一类格式的视频对象。浏览器会从 <source> 标签中选择第一个能识别的资源进行解码和播放。<source> 标签主要有 src、type 两个属性。src 用于描述多媒体资源的 URL，type 为资源的 MIME 类型。主流的浏览器主要支持 MP4、WebM、Ogg 三种视频格式，对应视频媒体资源的 MIME 类型分别为 video/mp4、video/webm、video/ogg。下面所示的是一段较为通用的 `<video>` 实例代码：

```
1  <video width="320" height="240" controls="controls">
2  <source src="video/sequence.mp4" type="video/mp4"/>
3    <source src="video/sequence.ogg" type="video/ogg"/>
4  <source src="video/sequence.webm" type="video/webm"/>
5    浏览器不支持 video 标签。
6  </video>
```

由于早期的浏览器并不支持 `<video>` 标签，因此为了更好地兼容不同版本、不同种类的浏览器，采用 video+object+embed 的方式在网页中插入视频，代码如下所示：

```
1  <video width="320" height="240" controls="controls">
2    <source src="video/sequence.mp4" type="video/mp4"/>
3    <source src="video/sequence.ogg" type="video/ogg"/>
4    <source src="video/sequence.webm" type="video/webm"/>
5      <object width="320" height="240" data=" video/sequence.mp4">
6        <embed height="240" width="320" src="video/sequence.mp4"/>
7      </object>
8  </video>
```

`<video>` 标签除了与 `<object>` 标签和 `<embed>` 标签一样具有宽度 width、高度 height 属性以外，还提供了更多丰富的属性用于对视频播放和样式的控制，将在下一节进行详细介绍。

（4）`<audio>` 标签。`<audio>` 标签用于嵌入声音，其用法与 `<video>` 标签相似。主流浏览器支持 MP3、Wav、Ogg 三种音频格式。`< audio >` 实例代码如下所示：

```
1  <audio controls="controls">
2    <source src="audio/sequence.mp3" type="audio/mp3"/>
3    <source src="audio/sequence.ogg" type="audio/ogg"/>
4    <source src="audio/sequence.webm" type="audio/wav"/>
5    浏览器不支持 audio 标签。
6  </audio>
```

2. 播放器的样式与播放方式

当在网页中插入视频后，浏览器会以默认样式加载视频播放器。默认的视频播放器外观比较简洁，功能比较简单，不一定符合整个页面的设计风格或满足播控需求，此时可自定义播放器样式，编写 JavaScript 增强播放器的播放控制功能。下面将以 `<video>` 为例，介绍如何自定义播放器。

视频播放器通常包含两个区域：主屏幕区和控制条。主屏幕区用于播放视频画面，控制条提供若干控制键用于控制视频播发，例如暂停、快进、静音等。通过 `<video>` 的属性和方法可以设置播放器的外观以及视频的播放方式，常用的属性和方法如表 7-17 所示。

表 7-17 `<video>` 常用的属性和方法

属性 / 方法		属 性 描 述
width	Ⓐ	视频宽度
height	Ⓐ	视频高度
controls	Ⓐ	是否显示控制条
autoplay	Ⓐ	是否在视频加载完成后自动播放
loop	Ⓐ	是否在视频结束时再次自动播放
muted	Ⓐ	是否静音
defaultMuted	Ⓐ	视频是否默认静音
paused	Ⓐ	是否暂定
preload	Ⓐ	是否在页面加载完成后加载视频
volume	Ⓐ	视频音量，该属性值在 0~1 之间
src	Ⓐ	视频的 src 属性值
currentSrc	Ⓐ	当前视频的 URL
currentTime	Ⓐ	视频当前播放位置，以秒为单位
playbackRate	Ⓐ	视频播放速度
defaultPlaybackRate	Ⓐ	视频默认的播放速度
duration	Ⓐ	视频长度，以秒为单位
ended	Ⓐ	视频是否已播放结束
load（）		载入视频
play（）		播放视频
pause（）		暂停播放视频

【例 7-15】自定义视频播放器，示例代码位于本书配套的代码文件 ch07\ex7-15.html 中，具体代码如下：

ex7-15.html

```
1   <!DOCTYPE html>
2   <html>
3   <head>
4     <meta charset="utf-8" />
5     <title> 自定义播放器 </title>
6   </head>
7   <body>
8     <video id="vd" width="320" height="240">
9       <source src=" video/sequence.mp4" type="video/mp4" />
10      <source src=" video/sequence.mp4" type="video/ogg" />
```

```
11        <source src=" video/sequence.mp4" type="video/webm" />
12        浏览器不支持 video 标签
13      </video>
14      <div>
15        <input type="button" value=" 开始播放 " onclick="play()">
16        <input type="button" value=" 暂定播放 " onclick="pause()">
17        <input type="button" value=" 获取视频播放时长 "onclick="getVideoTime()">
18      </div>
19    </body>
20    </html>
```

上述代码中取消了 <video> 的 controls 属性，因此该视频并没有控制条。在视频下方添加了三个按钮替代控制条，以实现对视频的控制。单击按钮触发按钮的单击事件，分别调用 play()、pause() 和 getVideoTime() 函数来控制视频的播放、暂停以及获取视频的时长，具体代码如下，运行结果如图 7-20 所示。

```
1    <script>
2      function play() {
3        obj = document.getElementById("vd");
4        obj.play();
5      }
6      function pause() {
7        obj = document.getElementById("vd");
8        obj.pause();
9      }
10     function getVideoTime() {
11       obj = document.getElementById("vd");
12       alert(obj.duration);
13     }
14   </script>
```

图 7-20　ex7-15 的运行结果

任务 7-4　地理位置

知识目标:

● 掌握地理定位的常用方法

导语 🐝

本任务将介绍 HTML5 提供的地理定位接口，并学习如何应用接口方法获取用户的地理定位。

知识点 📖

1. 地理定位

HTML5 提供了 Geolocation API 用于地理定位。Geolocation API 提供三个方法: getCurrentPosition()、watchPosition()、clearWatch()。

（1）getCurrentPosition()。

getCurrentPosition(successCallback,errorCallback,positionOptions) 用于获取用户的地理位置。该方法需要提供三个参数。

successCallback：用于成功定位后要执行的回调函数。该函数带有一个参数，用于获取用户的定位数据，它包含 coords 和 timestamp 两个属性。coords 主要是位置信息，包含 7 个值，如表 7-18 所示；timestamp 表示响应时间。

表 7-18　coords 的属性

属　　性	属　性　描　述
coords.latitude	纬度
coords.longitude	经度
coords.accuracy	精度
coords.altitude	海拔
coords. altitudeAccuracy	海拔精度
coords.heading	方向
coords.speed	速度

errorCallback：用于定位失败后要处理错误的回调函数。与 successCallback 一样，该函数也带有一个参数，包含 message 和 code 两个属性。Message 用于描述错误信息，code 表示错误代码。code 有 4 个值，其含义如表 7-19 所示。

表 7-19　code 的属性

Code 值	错 误 属 性	描　述
1	PERMISSION_DENIED	表示用户拒绝定位请求
2	POSITION_UNAVAILABLE	表示无法获取到位置信息
3	TIMEOUT	表示超时请求
4	UNKNOW_ERROR	表示有未知错误发生

positionOptions：这是一个 JSON 格式的数据，有三个属性：enableHighAcuracy、timeout、maximumAge。enableHighAcuracy 表示是否启动高精度定位模式；timeout 表示超时请求的时间设定；maximumAge 表示浏览器重新获取位置信息的时间间隔。

（2）watchPosition()。

watchPosition() 方法用于监听定位信息的变化。与 getCurrentPosition() 方法一样，watchPosition() 方法也有 successCallback、errorCallback、positionOptions 三个参数。watchPosition() 用于监听，当位置信息发生变化时自动被调用。该方法会返回一个 ID，通过这个 ID 可以取消监听。

（3）clearWatch()。

clearWatch() 方法用于取消监听，只有一个参数，即需要取消的监听 ID。

2. 获取用户地理定位的一般过程

利用 Geolocation API 获取用户地理定位的一般步骤如下：

①判断浏览器是否支持地理定位；

②如果支持，则调用 getCurrentPosition() 方法。getCurrentPosition() 方法根据是否能成功定位，执行响应的回调函数；

③如果不支持，则弹出提示信息告知用户。

【例 7-16】获取用户的地理地位，示例代码位于本书配套的代码文件 ch07\ex7-16.html 中，相关代码如下所示：

ex7-16.html

```
1   <html>
2   <head>
3     <script>
4       function getPosition() {
5         var lblmsg = document.getElementById("lblmsg");
6         if (navigator.geolocation) {
7           navigator.geolocation.getCurrentPosition(showPosition,
8   showfailure);
9         }
10        else {
11          lblmsg.innerHTML = " 对不起，您的浏览器不支持定位！";
12        }
```

```
13        }
14      function showPosition(pos) {
15        latitude = pos.coords.latitude;
16        longitude = pos.coords.longitude;
17        lblmsg.innerHTML = "经度:" + longitude + "纬度:" + latitude;
18      }
19      function showfailure(err) {
20        var lblmsg = document.getElementById("lblmsg");
21        var msg = "";
22        console.info(err.PERMISSION_DENIED);
23        switch (err.code) {
24          case 1: msg = "Sorry, 用户拒绝定位!"; break;
25          case 2: msg = "Sorry, 因某个原因无法获取位置信息!"; break;
26          case 3: msg = "Sorry, 请求超时!"; break;
27          case 4: msg = "Sorry, 未知错误发生!"; break;
28        }
29        lblmsg.innerHTML = msg;
30      }
31    </script>
32  </head>
33  <body>
34    <button onclick="getPosition()">获取用户地理定位</button><br />
35    <label id="lblmsg"></label>
36  </body>
37  </html>
```

　　在例 7-16 中，页面有一个按钮和一个标签。单击"获取用户地理定位"按钮后，出于隐私保护策略，浏览器并不会直接获取定位，而是弹出如图 7-21 所示的对话框。单击"允许"按钮，浏览器才会获取定位信息。如果单击"阻止"按钮，表示拒绝定位，运行结果如图 7-22 所示。

图 7-21　ex7-15 的运行结果

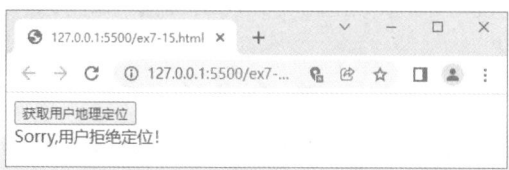

图 7-22　ex7-15 "阻止"定位后的运行结果

任务 7-5　视频播放网站页面分析

导语

通过学习任务 7-1~7-4 了解和掌握了 JavaScript 的对象和事件以及 HTML 多媒体标签的相关知识。从本任务开始，将利用已学知识来设计和实现如图 7-1 所示的视频网站页面。本任务将对页面进行分析，并完成项目的基本架构。

页面分析

从整体结构上来看，视频网站页面布局主要包含三个部分：①页首、②视频播放区、③热门视频区，视频播放区和热门视频区呈两栏式排列，如图 7-23 所示。

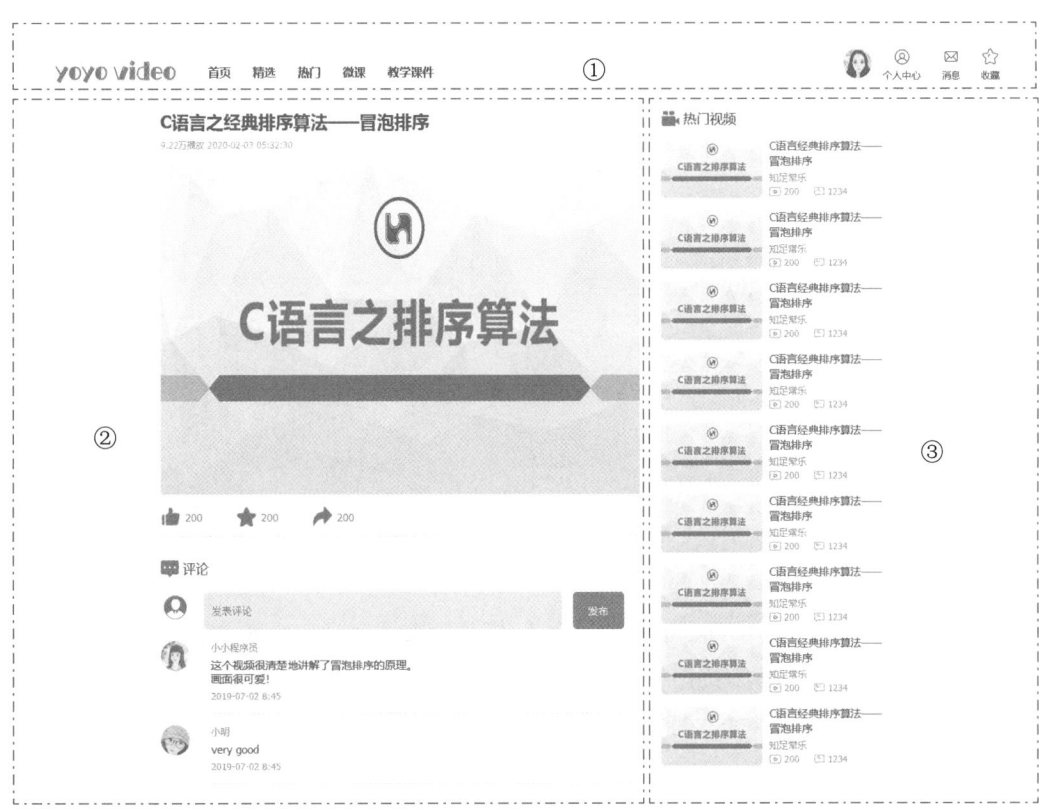

图 7-23　视频播放网站页面

页面实现

1. 准备工作

打开 Visual Studio Code，首先创建视频播放网站项目 PROJECT07 和视频播放页面文件 videobroadcast.html；然后创建用于存放图像的资源文件夹 images、用于存放视频的资源文件夹 video、控制页面样式文件夹 css 以及用户交互的页面脚本文件夹 js，并将网页所需资源文件拷贝到对应的文件夹中；在 css 文件夹中创建样式文件

videobroadcast.css，在 js 文件夹中创建脚本文件 videobroadcast.js。至此，完成了的项目创建。

2. 页面架构

（1）页面布局。根据图 7-23 的页面框架分析，视频播放网站页面整体是一个两栏式布局，顶部是页首，视频播放区和热门视频区水平两栏呈现。考虑到页首的宽度与视频播放区和热门视频区的宽度和不一致，可将其分别放置在两个容器中，页面架构代码如下所示：

```
1   <!DOCTYPE html>
2   <html>
3   <head>
4     <meta charset="utf-8">
5     <title>yoyo video</title>
6     <link rel="stylesheet" href="css/videobroadcast.css">
7     <script src="js/videobroadcast.js"></script>
8   </head>
9   <body>
10    <!-- 页首 -->
11    <header></header>
12    <!-- 视频播放区和热门视频区 -->
13    <main>
14      <!-- 视频播放区 -->
15      <div class="playerarea"></div>
16      <!-- 热门视频区 -->
17      <div class="hotvideo"></div>
18    </main>
19  </body>
20  </html>
```

（2）基本样式。使用 Visual Studio Code 打开 videobroadcast.css 文件，来定义页面的基本样式，CSS 样式代码如下所示：

```
1   *{
2     margin: 0;
3     padding:0;
4   }
5   body{
6     color: #000;
7     font-family: 微软雅黑 , 黑体 , 宋体 ,Arial,Helvetion,sans-serif;
8   }
9   h3{
10    font-size: 24px;
11  }
12  h4{
```

```
13      font-size: 18px;
14      font-weight: normal;
15  }
16  ul,li {
17      list-style-type: none;
18  }
19  a {
20      text-decoration: none;
21      color: #000;
22  }
23  /* 页首 */
24  header{
25      width: 1500px;
26      height: 44px;
27      padding: 10px 24px;
28      position:fixed;
29      left: 0px;
30      top: 0px;
31      z-index: 999;
32      background-color: #fff;
33      box-shadow: 0px 2px 4px 0px #eee;
34  }
35  /* 页面主要内容 */
36  main{
37      width: 1010px;
38      margin: 0px auto;
39      padding: 91px 60px 0px;
40  }
41  /* 视频播放区 */
42  main .playerarea{
43      width:660px;
44      float: left;
45      margin-right: 30px;
46  }
47  /* 热门视频区 */
48  main .hotvideo{
49      width:320px;
50      float: left;
51  }
```

　　至此，视频播放网站页面的框架已经搭建好了，下面将按照页面的不同部分进一步展开分析并实现。

任务 7-6　页首模块的实现

页面分析 ✍

页首模块包含网站 logo、导航和登录用户区三个部分，分三个区块放置。导航栏有多个菜单项，用户区的功能模块也有多项，因此使用项目列表来实现，结构分析如图 7-24 所示。

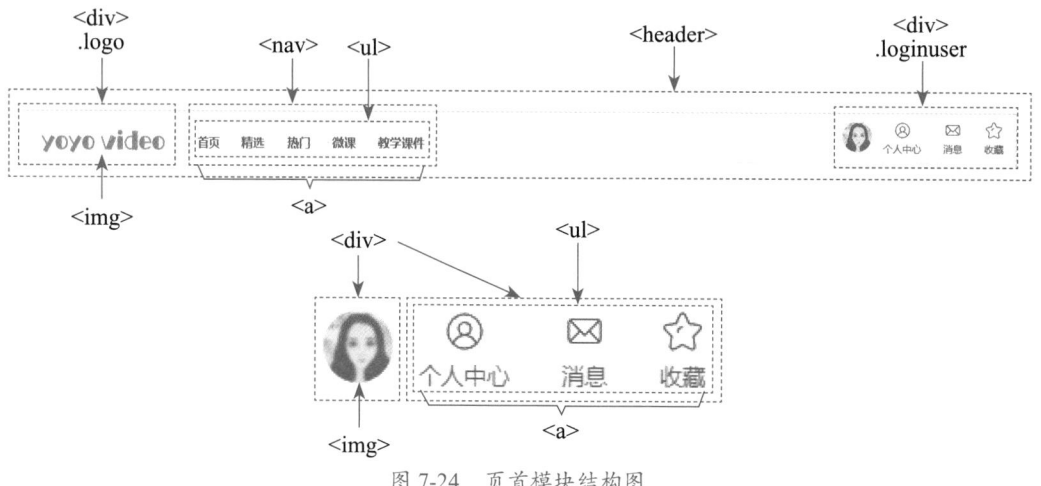

图 7-24　页首模块结构图

页首模块的设计说明如下：

（1）模块放置于 <header> 元素中，由 <header> 元素控制模块的整体结构和样式；

（2）构建一个 <div> 元素 .logo，用于放置网站的 logo 图片。在该 <div> 元素中插入一个 <img> 元素描述图片；

（3）构建一个 <nav> 元素，用来放置导航栏；

（4）导航栏使用 <ul> 元素来实现，<ul> 的元素项 <li> 即菜单项，每一个菜单项中都是文本链接，使用 <a> 来表示；

（5）构建一个 <div> 元素 .loginuser，用于放置用户登录区；

（6）在类属性为 loginuser 的 <div> 元素中构建一个 <div> 元素来放置用户头像，一个 <div> 元素来放置功能模块；

（7）在第一个 <div> 元素中插入一个 <img> 元素，用于描述头像；

（8）在第二个 <div> 元素中插入一个 <ul> 元素，<ul> 的元素项 <li> 即功能项，每一个功能项中都是文本链接，使用 <a> 来表示。

页面实现 📝

1. 页面布局

使用 Visual Studio Code 打开 videobroadcast.html 文件，在 <header> 标签内添加相

关代码，页面代码如下所示：

```
1    <header>
2      <!-- 网站 logo-->
3      <div class="logo">
4        <img src="images/logo.png" alt="">
5      </div>
6      <!-- 导航栏 -->
7      <nav>
8        <ul>
9          <li><a href="#">首页 </a></li>
10         <li><a href="#">精选 </a></li>
11         <li><a href="#">热门 </a></li>
12         <li><a href="#">微课 </a></li>
13         <li><a href="#">教学课件 </a></li>
14       </ul>
15     </nav>
16     <!-- 登录的用户区 -->
17     <div class="loginuser">
18       <div>
19         <img src="images/photo.png" alt="">
20       </div>
21       <div>
22         <ul>
23           <li class="my"><a href="#">个人中心 </a></li>
24           <li class="message"><a href="#">消息 </a></li>
25           <li class="collect"><a href="#">收藏 </a></li>
26         </ul>
27       </div>
28     </div>
29   </header>
```

2. 页面样式

网站 logo、导航栏、用户登录区水平排列，设置其浮动属性。对页首中包含的图片、项目列表以及段落文本进行高宽、文本样式、背景、边距、填充等设置，以实现效果图的设计要求。打开 videobroadcast.css 文件，定义页首的样式，代码如下所示：

```
1    /* 网站 logo区 */
2    header .logo
3    {
4      padding-top: 15px;
5      margin-right: 30px;
6      float: left;
7    }
8    /* 导航栏 */
9    header nav{
```

```
10      float: left;
11    }
12    /* 用户登录区 */
13    header .loginuser{
14      float: left;
15      margin-left: 550px;
16    }
17    /*logo 图片 */
18    .logo img{
19      width: 167px;
20      height: 30px;
21    }
22    /* 导航栏菜单项 */
23    nav li{
24      float: left;
25      line-height: 60px;
26    }
27    nav li a{
28      font-weight: bold;
29      margin: 0px 15px;
30    }
31    nav li a:hover{
32      color: #d81e06;
33    }
34    /* 用户头像 */
35    .loginuser div{
36      float: left;
37    }
38    .loginuser img{
39      width: 40px;
40      height: 40px;
41      border-radius: 50%;
42    }
43    /* 功能项 */
44    .loginuser li{
45      float: left;
46      padding-top:25px;
47      margin: 0px 15px;
48    }
49    .loginuser li.my{
50      background: url("../images/my.png") no-repeat top center;
51    }
52    .loginuser li.collect{
53      background: url("../images/collectbar.png") no-repeat top center;
54    }
55    .loginuser li.message{
56      background: url("../images/message.png") no-repeat top center;
```

```
57  }
58  .loginuser li a{
59    font-size: 13px;
60  }
61  .loginuser li a:hover{
62    color: #d81e06;
63  }
```

任务 7-7 视频播放模块的实现

页面分析

1. 视频播放的整体结构

视频播放包含视频信息、视频播放器、视频交互区和视频评论区，呈一列式布局，使用四个区块，结构如图 7-25 所示。

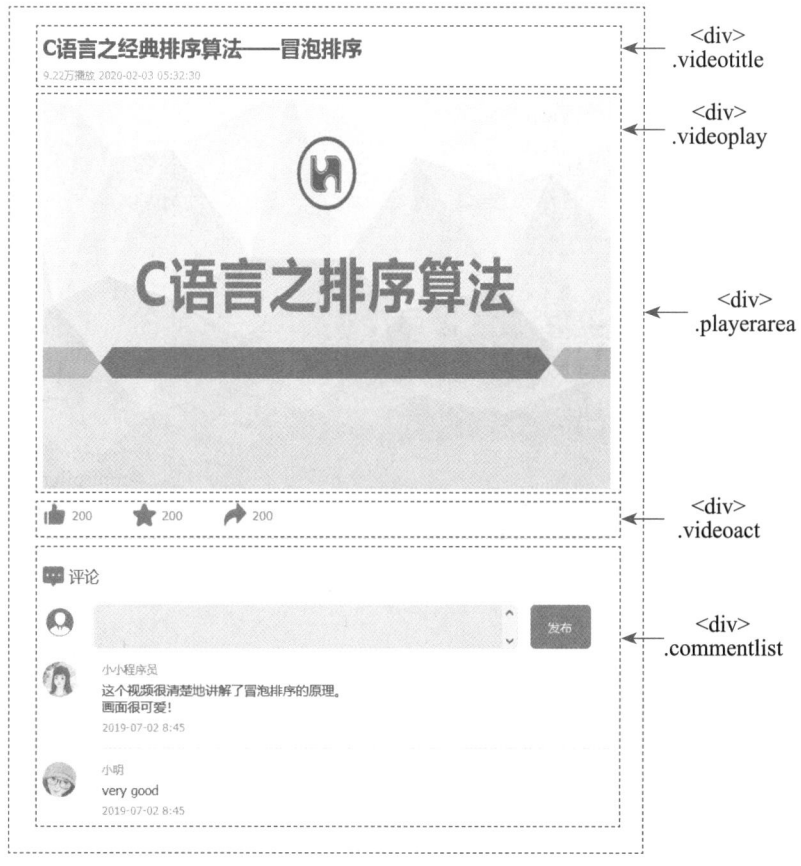

图 7-25 视频播放模块结构图

视频播放模块的设计说明如下：

（1）模块放置于 <div> 元素 .playerarea 中，由 <div> 元素控制模块的整体结构和样式；

（2）构建一个 <div> 元素 .videotitle，放置视频信息；

（3）构建一个 <div> 元素 .videoplay，放置视频播放器；

（4）构建一个 <div> 元素 .videoact，放置视频交互按钮；

（5）构建一个 <div> 元素 .commentlist，放置视频评论；

（6）上述四个 <div> 元素呈一列式布局，只需要设置容器大小、边距和填充即可。

2. 视频信息

视频信息部分比较简单，只有一个标题和一段文本（播放次数、发布时间），分别构建一个 <h3> 元素来显示视频标题，一个 <p> 元素来描述播放次数和发布时间。

3. 视频播放器

视频播放器部分的设计较为复杂，有视频和播放器控制条两部分，具体结构如图 7-26 所示。

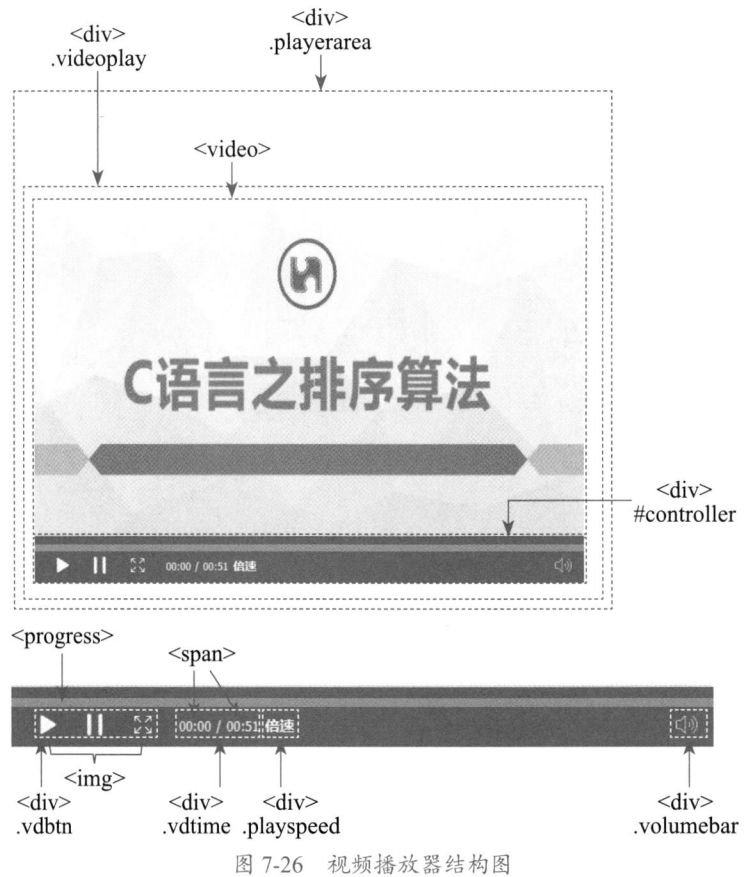

图 7-26　视频播放器结构图

视频播放器的设计说明如下：

（1）视频播放器放置于 <div> 元素 .videoplay 中；

（2）构建一个 <video> 元素用于播放视频；

（3）构建一个 <div> 元素 #controller，用于放置播放器控制条，该容器定位于 <video> 元素下方，初始状态为隐藏，当鼠标移至视频播放器上时方才显示；

（4）在 <div> 元素 #controller 中构建一个 <progress> 元素，用来描述视频进度条；

（5）在 <div> 元素 #controller 中，构建一个 <div> 元素 vdbtn，用于放置视频控制按钮。在 <div> 中插入三个 <img> 元素，分别放置播放、暂停、全屏按钮。单击播放、暂停可播放或暂停播放视频或者单击全屏按钮可切换显示视频，因此需设置按钮的单击事件；

（6）在 <div> 元素 #controller 中构建一个 <div> 元素 .vdtime，用于描述视频时间。在 <div> 中插入 2 个 <span> 元素，分别描述视频播放时间以及总时长；

（7）在 <div> 元素 #controller 中构建一个 <div> 元素 .playspeed，用于视频的倍速设置；

（8）在 <div> 元素 #controller 中，构建一个 <div> 元素 .volumebar，用于实现音量控制。鼠标移至"倍速"文本将会弹窗倍速选择面板，结构设计如图 7-27 所示。

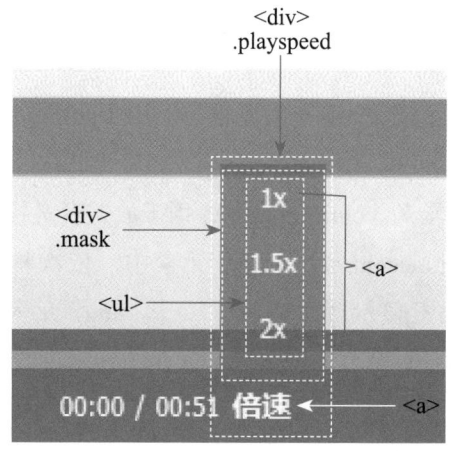

图 7-27　倍速选择面板

倍速设置的设计说明如下：

（1）倍速设置放置于 <div> 元素 .playspeed 中；

（2）构建一个 <a> 元素放置"倍速"按钮。鼠标移至该按钮上时显示倍速面板，移出则隐藏倍速面板；

（3）构建一个 <div> 元素 .mask 作为遮罩层，用来间隔倍速面板与播放器其他区域；

（4）构建一个 <ul> 元素，<ul> 的元素项即倍速选项，每一个选项都是文本链接，使用 <a> 来表示。单击 <a> 元素，视频会倍速播放，因此需设置按钮的单击事件。

音量控制用于实现对视频声音的调节。鼠标移至音量控制图标时，会弹出音量控制面板，结构设计如图 7-28 所示。

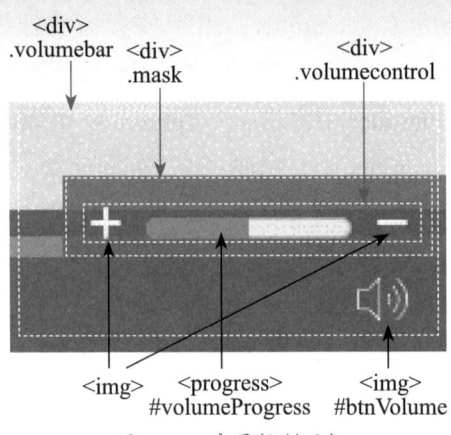

图 7-28　音量控制面板

音量控制的设计说明如下：

（1）音量控制放置于 <div> 元素 .volumebar 中；

（2）构建一个 <img> 元素 #btnVolume，作为音量控制图标。单击该图标，进行播放声音 / 静音切换，因此需设置该元素的单击事件。鼠标移至该图标上时会显示音量控制面板，移出则隐藏面板；

（3）构建一个 <div> 元素 .mask 作为遮罩层，用于间隔音量控制面板与播放器其他区域；

（4）构建一个 <div> 元素 .volumecontrol，用于放置音量控制按钮；

（5）在类属性为 volumecontrol 的 <div> 元素中，依次构建一个 <img> 元素增加音量，一个 <progress> 元素显示音量进度，一个 <img> 元素降低音量。单击这两个 <img> 元素将进行视频的音量调节，因此需为这两个元素设置单击事件。

4. 视频交互区

视频交互区主要用于用户对视频进行点赞、收藏和转发操作，结构如图 7-29 所示。

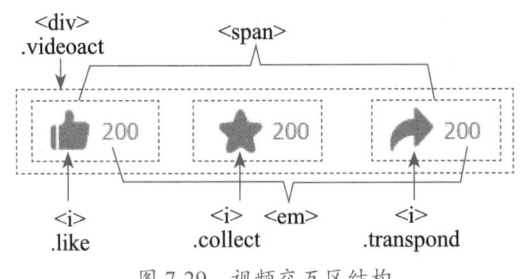

图 7-29　视频交互区结构

视频交互区的设计说明如下：

（1）视频交互区放置于 <div> 元素 .videoact 中；

（2）构建三个 <span> 元素，分别放置三个操作按钮；

（3）在每个 <span> 元素中依次构建一个 <i> 元素作为操作按钮，一个 <em> 元素显示操作数。

5. 视频评论区

视频评论区包含标题、评论编辑和评论列表三个部分，结构设计如图 7-30 所示。

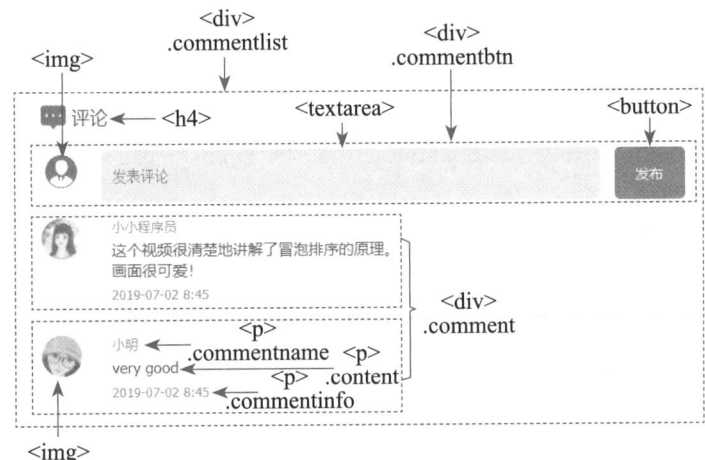

图 7-30 视频评论区结构

视频评论区的设计说明如下：

（1）视频评论区放置于 <div> 元素 .commentlist 中；

（2）构建一个 <h4> 元素放置标题；

（3）构建一个 <div> 元素 .commentbtn，用于放置评论编辑区；

（4）构建一个 <div> 元素 .comment，表示一条评论；

（5）在类属性为 commentbtn 的 <div> 元素中依次构建一个 <img> 元素用于显示图标，一个 <textarea> 元素用于输入评论，一个 <button> 元素用于发布评论。光标置于文本框中，文本框默认文本清空，高度、背景色发生变化，光标离开文本框则恢复样式。单击"发布"按钮，将完成一条评论的发布，因此需为 <button> 元素绑定单击事件；

（6）在类属性为 comment 的 <div> 元素中构建一个 <img> 元素，用于显示发布评论的用户头像；

（7）在类属性为 comment 的 <div> 元素中构建三个 <p> 元素，分别用于表示用户名、评论内容以及发布时间。

页面实现

1. 页面布局

使用 Visual Studio Code 打开 videobroadcast.html 文件，在类属性为 playerarea 的 <div> 标签内是视频播放区的相关页面代码，具体代码如下所示：

```
1   <div class="playerarea">
2     <!-- 视频信息 -->
3     <div class="videotitle">
4       <h3>C 语言之经典排序算法——冒泡排序 </h3>
5       <p>9.22 万播放 2020-02-03 05:32:30</p>
6     </div>
7     <!-- 视频播放器 -->
8     <div class="videoplay" id="player">
9       <!-- 视频显示区 -->
10      <video id="vd" poster="images/pic1.png">
11        <source src="video/sequence.mp4" type="video/mp4" />
12      </video>
13      <!-- 播放器控制 -->
14      <div id="controller">
15        <!-- 视频进度条 -->
16        <progress value="0" id="videoProgress"></progress>
17        <!-- 视频控制按钮 -->
18        <div class="vdbtn">
19          <img src="images/play.png" onclick="play()" />
20          <img src="images/pause.png" onclick="pause()" />
21          <img src="images/fullscreen.png" onclick="fullscreen()"
22          id="btnFullScreen" />
23        </div>
24        <!-- 视频时间信息 -->
25        <div class="vdtime">
26          <span id="currentTime">00:00</span>
27          <span>/</span>
28          <span id="totalTime">00:00</span>
29        </div>
30        <!-- 视频倍速设置 -->
31        <div class="playspeed">
32          <a href="#"> 倍速 </a>
33          <div class="mask"></div>
34          <ul>
35            <li><a href="#" onclick="playspeed(this)">1x</a></li>
36            <li><a href="#" onclick="playspeed(this)">1.5x</a></li>
37            <li><a href="#" onclick="playspeed(this)">2x</a></li>
38          </ul>
39        </div>
40        <!-- 视频音量控制 -->
41        <div class="volumebar">
42          <img src="images/volume.png" id="btnVolume"
43          onclick="switchVolume()" />
44          <div class="mask"></div>
45          <div class="volumecontrol">
46            <img src="images/plus.png" onclick="changeVolume(0.05)">
47            <progress value="0.5" max="1" id="volumeProgress"></progress>
```

```
48          <img src="images/minus.png" onclick="changeVolume(-0.05)">
49        </div>
50      </div>
51    </div>
52  </div>
53  <!-- 视频交互区 -->
54  <div class="videoact">
55    <span>
56      <i class="like" onclick="isClick(this)"></i><em>200</em>
57    </span>
58    <span>
59      <i class="collect" onclick="isClick(this)"></i><em>200</em>
60    </span>
61    <span>
62      <i class="transpond" onclick="isClick(this)"></i><em>200</em>
63    </span>
64  </div>
65  <!-- 视频评论区 -->
66  <div class="commentlist" id="comments">
67    <h4>评论 </h4>
68    <div class="commentfrm">
69      <img src="images/ren.png" alt="">
70      <textarea id="commentText" placeholder=" 发表评论 "></textarea>
71      <button onclick="pubComment()"> 发布 </button>
72    </div>
73    <div class="comment">
74      <img src="images/photo1.png" alt="">
75      <p class="commentname"> 小小程序员 </p>
76      <p class="content"> 这个视频很清楚地讲解了冒泡排序的原理。<br>
77      画面很可爱 !</p>
78      <p class="commentinfo">2019-07-02 8:45 </p>
79    </div>
80    <div class="comment">
81      <img src="images/photo2.png" alt="">
82      <p class="commentname"> 小明 </p>
83      <p class="content">very good</p>
84      <p class="commentinfo">2019-07-02 8:45 </p>
85    </div>
86  </div>
87 </div>
```

2. 页面样式

使用 Visual Studio Code 打开 videobroadcast.css 文件，来定义视频信息、视频播放器、视频交互区以及视频评论区的相关样式。

视频信息区域的样式需要设置文本样式以及文本之间的间隙（边距），代码如下所示：

视频信息区域的 CSS 代码

```
1   /* 视频信息 */
2   .videotitle{
3     margin-bottom: 20px;
4   }
5   .videotitle h3{
6     margin-bottom: 8px;
7   }
8   .videotitle p{
9     font-size: 12px;
10    color: #999;
11  }
```

网页中的播放器需要设置播放器的外观、自定义的控制条以及控制条中各类按钮的样式。鼠标移至控制条中的倍速和音量按钮上时会弹出相应的面板。为了与播放器分隔开，在面板和播放器之间插入了一个遮罩层，因此需设置面板和遮罩层的外观、定位属性。具体代码如下所示：

播放器的 CSS 代码

```
1   /* 播放器 */
2   #player {
3     width: 660px;
4     height: 440px;
5     position: relative;
6     color: #fff;
7     left: 0;
8     top: 0;
9   }
10  /* 视频显示 */
11  #player video {
12    width: 100%;
13    height: 100%;
14    position: absolute;
15    object-fit: fill;
16  }
17  /* 视频控制条 */
18  #controller {
19    position: absolute;
20    left: 0px;
21    bottom: 0px;
22    opacity: 0.8;
23    background-color: #000;
24    width: 100%;
25    height: 34px;
26    padding: 10px 0px;
```

```
27      display: none;
28    }
29    .videoplay:hover #controller{
30      display: block;
31    }
32    /* 视频进度条 */
33    #controller #videoProgress{
34      float: left;
35      width: 100%;
36      height: 8px;
37      margin-bottom: 6px;
38      background-color: #fff;
39    }
40    progress::-webkit-progress-bar {
41      background-color: #797f83;
42    }
43    progress::-webkit-progress-value {
44      background: #0078d7;
45    }
46    #controller div {
47      float: left;
48    }
49    /* 视频控制按钮 */
50    #controller .vdbtn {
51      padding: 0px 15px;
52    }
53    #controller .vdbtn img {
54      margin: 0px 10px;
55    }
56    /* 视频时间显示 */
57    #controller .vdtime span {
58      font-size: 12px;
59    }
60    /* 倍速设置 */
61    .playspeed {
62      position: relative;
63      width: 40px;
64      text-align: center;
65    }
66    .playspeed a {
67      font-size: 14px;
68      color: #fff;
69      font-weight: bold;
70    }
71    .mask{
72      position: absolute;
73      background-color: #000;
```

```
74      opacity: 0.7;
75      display: none;
76      padding-bottom: 9px;
77    }
78    .playspeed .mask {
79      width: 50px;
80      height: 90px;
81      left: 0px;
82      bottom: 21px;
83    }
84    .playspeed ul {
85      position: absolute;
86      left: 0px;
87      bottom: 21px;
88      width: 50px;
89      font-size: 14px;
90      display: none;
91      padding-bottom: 9px;
92    }
93    .playspeed li {
94      width: 100%;
95      color: #fff;
96      opacity: 1;
97      height: 30px;
98    }
99    .playspeed:hover ul,
100   .playspeed:hover .mask {
101     display: block;
102   }
103   .playspeed li a {
104     font-size: 12px;
105     font-weight: normal;
106     line-height: 30px;
107   }
108   .playspeed li a:hover {
109     font-weight: bold;
110   }
111   /* 音量控制 */
112   #controller .volumebar {
113     position: relative;
114     float: right;
115     margin-right: 15px;
116   }
117   .volumebar .volumecontrol{
118     position: absolute;
119     bottom: 31px;
120     height: 30px;
```

```
121      width: 130px;
122      display: none;
123      padding: 0px 10px;
124  }
125  .volumebar .mask{
126      width: 150px;
127      height: 30px;
128  }
129  .volumebar:hover .mask,.volumebar:hover div{
130      display: block;
131      bottom: 21px;
132      right: -15px;
133  }
134  .volumebar progress{
135      width: 80px;
136      margin: 0px 4px;
137  }
```

视频互动区一共有三组互动：点赞、收藏、转发。每组互动使用 <span> 标签，包含互动按钮和互动次数文本两部分，互动按钮使用 <i> 标签，互动次数使用 <em> 标签。要实现这部分样式，需要设置每组互动（<span>）的外观以及它们之间的间距。互动按钮的图片是通过背景图像实现的，因此需要设置 <i> 标签的背景图像属性。由于三组互动图片不一样，因此需要根据三个 <i> 标签的不同 class 属性值分别定义背景图像。当鼠标移动到每组互动上时，互动按钮图片和互动次数文本样式会发生改变，需要修改互动按钮的背景图像以及互动次数的文本样式。具体代码如下所示：

视频互动区的 CSS 代码

```
1   /* 视频互动区 */
2   .videoact{
3       margin-top: 16px;
4       padding-bottom: 12px;
5       border-bottom: 1px solid #e5e9f0;
6   }
7   /* 每组互动 */
8   .videoact span{
9       display: inline-block;
10      width: 92px;
11      height: 28px;
12      margin-right: 8px;
13      font-size: 14px;
14      color: #707070;
15      line-height: 28px;
16  }
17  /* 互动按钮 */
```

```
18   .videoact i{
19     display: inline-block;
20     width: 28px;
21     height: 28px;
22     margin-right: 6px;
23     vertical-align: top;
24   }
25   .videoact i.like{
26     background: url("../images/zan.png") no-repeat center -28px;/* 点赞 */
27   }
28   .videoact i.collect{ /* 收藏 */
29     background: url("../images/shoucang.png") no-repeat center -28px;
30   }
31   .videoact i.transpond{
32     background: url("../images/huifu.png") no-repeat center -28px;/* 转发 */
33   }
34   /* 互动次数 */
35   .videoact em{
36     font-style: normal;
37   }
38   /* 鼠标移至互动组时，互动按钮图片和互动次数文本样式发生变化 */
39   .videoact span:hover{
40     color: #d81e06;
41   }
42   .videoact span:hover i{
43     background-position: center 0px;
44   }
```

　　视频评论区需要设置标题、评论表单组件（文本框、按钮）外观以及评论信息列表的样式。当文本框获得焦点时，评论表单组件的外观会发生变化。具体代码如下所示：

视频评论区的 CSS 代码

```
1    /* 视频评论区 */
2    .commentlist{
3      margin-top: 30px;
4    }
5    /* 视频评论区标题 */
6    .commentlist h4{
7      background: url("../images/comment.png") no-repeat left center;
8      padding-left:31px;
9      margin-bottom: 20px;
10   }
11   /* 评论表单区 */
12   .commentfrm{
13     height: 50px;
```

```
14       font-size: 0;
15    }
16    .commentfrm img{
17    float:left;
18       margin-right: 20px;
19       vertical-align: top;
20    }
21    .commentfrm textarea{
22    float:left;
23       font-size: 14px;
24       padding:5px 10px;
25       width:493px;
26       height: 100%;
27       margin-right: 15px;
28       border-radius: 6px;
29       background-color: #e6e6e6;
30       border:1px solid #e6e6e6;
31       box-sizing: border-box;
32       line-height: 38px;
33       resize: none;
34    }
35    .commentfrm button{
36       float:left;
37       width: 70px;
38       height: 100%;
39       border: 0;
40       background-color: #f90b0b;
41       font-size: 14px;
42       color: #fff;
43       border-radius: 6px;
44       padding:5px 0px;
45    }
46    #commentText:focus {
47    background-color: #fff;
48    height: 70px;
49    }
50    #commentText:focus+button{
51    height: 70px;
52    }
53    /* 评论列表 */
54    .comment{
55       clear: left;
56       padding-top: 15px;
57    }
58    .comment img{
59       float: left;
60       width: 40px;
```

```
61      height: 40px;
62      border-radius: 50%;
63    }
64    .comment p{
65      padding-left: 70px;
66    }
67    .comment p.commentname{
68      font-size: 13px;
69      color: #ff4040;
70      margin-bottom: 5px;
71    }
72    .comment p.content{
73      font-size: 15px;
74      line-height: 1.3em;
75      margin-bottom: 5px;
76    }
77    .comment p.commentinfo{
78      font-size: 13px;
79      color: #8a8a8a;
80      border-bottom: 1px solid #e5e9f0;
81      padding-bottom: 15px;
82    }
```

任务 7-8   热门视频模块的实现

页面分析

热门视频模块以列表形式展示最新的热门视频，主要包含标题和视频列表两部分，结构如图 7-31 所示。

热门视频模块的设计说明如下：

（1）模块放置于 <div> 元素 .hotvideo 中，由 <div> 元素控制模块的整体结构和样式；

（2）构建一个 <h4> 元素，用于放置标题；

（3）构建一个 <div> 元素 .videoitem，表示一条热门视频；

（4）在类属性为 videoitem 的 <div> 元素中依次构建一个 <img> 元素、一个 <h5> 元素、两个 <p> 元素，分别表示视频图片、视频标题、视频发布人以及视频信息量；

（5）在描述视频信息量的 <p> 元素中，依次构建两个 <a> 元素，分别表示播放量和评论量。

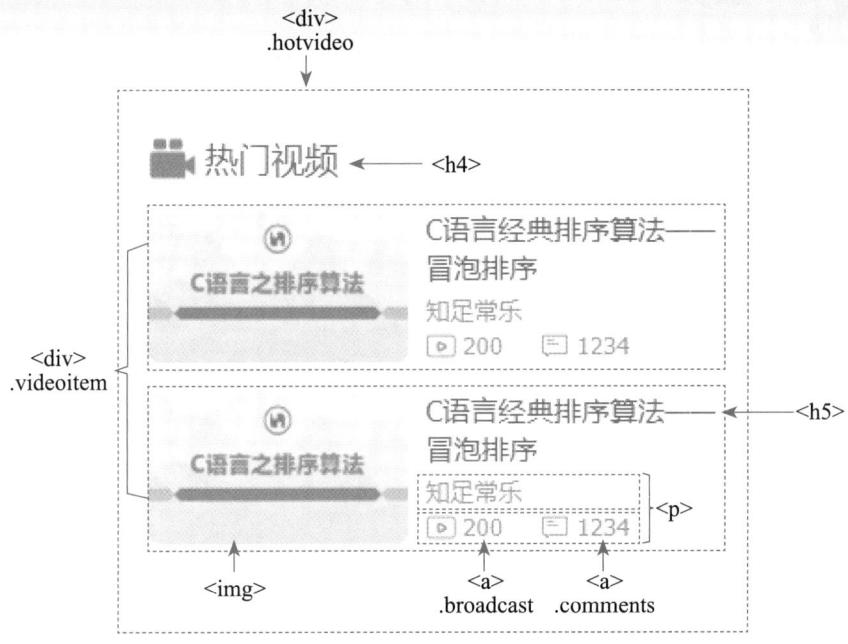

图 7-31　热门视频模块的结构

页面实现 ✏️

1. 页面布局

使用 Visual Studio Code 打开 videobroadcast.html 文件，在类属性为 hotvidea 的 <div> 标签内是视频播放区的相关页面代码，其中一个 <div class="videoitem"> 表示一条热门视频。为节省篇幅，此处仅以两条热门视频为例展开介绍，具体代码如下所示：

```
1   <div class="hotvideo">
2       <h4> 热门视频 </h4>
3       <div class="videoitem">
4           <img src="images/pic1.png" alt="">
5           <h5>C 语言经典排序算法——冒泡排序 </h5>
6           <p> 知足常乐 </p>
7           <p><a href="#" class="broadcast">200</a><a href="#"
8           class="comments">1234</a></p>
9       </div>
10      <div class="videoitem">
11          <img src="images/pic1.png" alt="">
12          <h5>C 语言经典排序算法——冒泡排序 </h5>
13          <p> 知足常乐 </p>
14          <p><a href="#" class="broadcast">200</a><a href="#"
15          class="comments">1234</a></p>
16      </div>
17  </div>
```

2. 页面实现

使用 Visual Studio Code 打开 videobroadcast.css 文件，定义热门视频的相关样式，样式代码如下所示：

```css
.hotvideo h4{
    background: url("../images/hotvideo.png") no-repeat left center;
    padding-left: 31px;
    margin-bottom: 15px;
}
.hotvideo div{
    margin-bottom: 15px;
    clear:both;
}
.hotvideo img{
    float: left;
    width: 140px;
    height: 80px;
    border-radius: 6px;
}
.hotvideo h5,.hotvideo p{
    padding-left: 150px;
}
.hotvideo h5{
    font-size: 15px;
    font-weight: normal;
    margin-bottom: 4px;
}
.hotvideo p{
    font-size: 13px;
    color: #8a8a8a;
    height: 17px;
    margin: 2px 0px;
}
.hotvideo p a{
    color: #8a8a8a;
    padding-left: 20px;
}
.hotvideo p a.broadcast{
    background: url("../images/broadcast.png") no-repeat;
    margin-right: 20px;
}
.hotvideo p a.comments{
    background: url("../images/commenticon.png") no-repeat;
}
```

任务 7-9　视频播放网站脚本的实现

页面脚本分析 ✎

yoyo video 视频播放网站共有三处涉及脚本，分别是视频播放器、视频交互区、视频评论区。

1. 视频播放器

视频播放器的脚本主要是对视频播放时间的读取以及对视屏播放效果的控制，具体设计如下：

（1）当页面载入时，需获取视频时长，并将时间以 00:00 的格式写入视频播放器中，需构建描述视频总时长的 <div> 元素 #totalTime；

（2）单击视频控制条中的"控制"按钮，实现相应的视频播放设置要求。例如单击倍速面板上的选项，将以几倍速进行播放；

（3）单击"视频播放"按钮，除了要实现播放视频功能以外，还要实时读取视频的播放位置，同时设置进度条的完成进度以及改写述视频播放时长，需构建 <div> 元素 #currentTime 完成上述功能。

2. 视频交互区

在视频交互区中单击"交互"按钮，可实现操作和取消操作的切换，修改按钮图像以及操作数。

3. 视频评论区

视频评论区用于实现用户输入评论内容并发布至评论列表中，具体设计如下：用户编辑完评论后单击"发布"按钮，将用户名、用户头像、评论内容以及评论时间追加到评论列表尾部。

页面脚本实现 ✎

使用 Visual Studio Code 打开 videobroadcast.js 文件，分别为视频播放器、视频交互区、视频评论区添加脚本。视频播放器的相关脚本代码如下所示：

```
1  var vd;
2  var originwidth;
3  var originheight;
4  window.onload = function () {
5    vd = document.getElementById("vd");      // 获取 video 对象
6    var currentTime = vd.currentTime;        // 获取视频当前时间
7    var totalTime = vd.duration;             // 获取视频总时长
8  /* 将视频当前时间和总时长格式化后写入对应的对象中 */
9    document.getElementById("currentTime").innerHTML =
10     formatTime(currentTime);
```

```
11      document.getElementById("totalTime").innerHTML = formatTime(totalTime);
12      document.getElementById("videoProgress").max = totalTime;
13      // 设置视频进度条完成值
14      vd.volume = 0.5;                          // 初始化视频音量
15      originwidth = document.getElementById("player").clientWidth;
16      // 计算视频播放器宽度
17      originheight =document.getElementById("player").clientHeight;
18      // 计算视频播放器宽度
19    }
20    /* 格式化视频时间，格式为 00:00*/
21    function formatTime(time) {
22      var m = Math.floor(time % 3600 / 60);
23      var s = Math.floor(time % 60);
24      m = m >= 10 ? m : "0" + m;
25      s = s >= 10 ? s : "0" + s;
26      return m + ":" + s;
27    }
28    var timer;
29    /* 播放视频 */
30    function play() {
31      vd.play();
32      timer = setInterval(readVideo, 1000)
33    }
34    /* 根据视频播放时间，修改时间显示 */
35    function readVideo() {
36      document.getElementById("currentTime").innerHTML = formatTime(vd.
37    currentTime);
38      document.getElementById("videoProgress").value = vd.currentTime;
39    }
40    /* 暂停视频 */
41    function pause() {
42      vd.pause();
43      clearInterval(timer);
44    }
45    /* 设置倍速 */
46    function playspeed(obj) {
47      var text = obj.innerText;
48      var speed = text.substring(0, text.length - 1);
49      vd.playbackRate = speed;
50    }
51    /* 全屏 */
52    var flag = 0                              // 是否全屏，1 表示全屏，0 表示非全屏
53    function fullscreen() {
54      var player = document.getElementById("player");
55      var btnFullScreen = document.getElementById("btnFullScreen");
56      if (flag == 0) {
57        player.style.width = document.documentElement.clientWidth + "px";
```

```
58      player.style.height = document.documentElement.clientHeight + "px";
59      player.style.position = "fixed";
60      player.style.zIndex=9999;
61      btnFullScreen.src = "images/cancelfull.png";
62      flag = 1;
63    }
64    else {
65      player.style.width = originwidth + "px";
66      player.style.height = originheight + "px";
67      player.style.position = "relative";
68      player.style.zIndex=0;
69      btnFullScreen.src = "images/fullscreen.png";
70      flag = 0
71    }
72  }
73  /* 静音切换 */
74  var isVolume = 0;                       // 静音标识，0 表示静音，1 表示非静音
75  function switchVolume() {
76  if (isVolume == 0) {
77      document.getElementById("btnVolume").src = "images/volumeCross.png";
78      vd.muted = true;
79      isVolume = 1;
80    }
81    else {
82      document.getElementById("btnVolume").src = "images/volume.png";
83      vd.muted = false;
84      isVolume = 0;
85    }
86  }
87  // 改变音量
88  function changeVolume(num) {
89    if (vd.volume + num < 1 && vd.volume + num > 0) {
90      vd.volume = vd.volume + num;
91      document.getElementById("volumeProgress").value = vd.volume;
92    }
93    else {
94      if (num > 0)
95        document.getElementById("volumeProgress").value = 1;
96    }
97  }
```

视频交互区的相关代码如下所示：

```
1  var ischeck=0;                    // 是否进行操作标识，0 表示未操作，1 表示已操作
2  // 每次单击交互按钮，获取用户的操作标识，此处虚拟用户尚未操作，值为 0
3  function isClick(obj){
4    brotherNode=obj.parentNode.children[1];
```

```
5    if(ischeck==0){
6      obj.style.backgroundPositionY="0px";
7      brotherNode.innerText=parseInt(brotherNode.innerText)+1;
8      ischeck=1;
9    }
10   else{
11     obj.style.backgroundPositionY="-28px";
12     brotherNode.innerText=parseInt(brotherNode.innerText)-1;
13     ischeck=0;
14   }
15 }
```

视频评论区的相关代码如下所示：

```
1  /* 发布评论 */
2  function pubComment() {
3    if (document.getElementById("commentText").value != "" &&
4    document.getElementById("commentText").value != "发表评论") {
5      var date = new Date();
6      var content = document.getElementById("commentText").value;
7      var userImg = "images/photo.png";
8      var username = "我是一条鱼";
9      var text = "<div class='comment'><img src=" + userImg +
10     " alt=''><div><p class='commentname'>" + username + "</p><p
11     class='content'>" + content + "</p><p class='commentinfo'>" +
12     date.toLocaleDateString() + " " + date.getHours() + ":" + date.
13     getMinutes() + ":" + date.getSeconds() + "</p></div></div>"
14     document.getElementById("comments").innerHTML += text;
15   }
16 }
```

项目小结 ✎

　　项目 7 重点介绍以下几部分知识：① JavaScript 对象的基础知识以及常用对象；②事件的基本概念及其在页面中的应用；③多媒体标签、视频播放器样式的修改方式以及视频播放的控制方式；④利用 Geolocation API 获取地理定位。项目 7 最后通过设计和实现视频播放网站，演示了如何自定义播放器以及实现点赞、收藏、转发以及评论等功能。

响应式网站设计篇

任务描述与技能要求

随着"互联网+"兴起，传统行业与互联网相结合，极大地推动了我国经济和社会的发展。餐饮行业就是一个例子，许多公司推出了在线外卖平台。本项目将设计并实现一个在线订餐网站的订餐页面。

本项目参考了一些外卖平台，设计了如图 8-1 所示的在线订餐页面。简单分析图 8-1，可以发现页面需要同时兼容移动设备和大屏幕设备。针对两种类型的设备，页面采用的布局不同，部分元素的呈现效果也不同。为了在一套 CSS 样式中兼容不同类型的设备，本项目拟采用响应式设计。在着手制作在线订餐页面前，先通过若干小任务，学习响应式设计、媒体查询和弹性布局等知识，最后再来完成本项目。

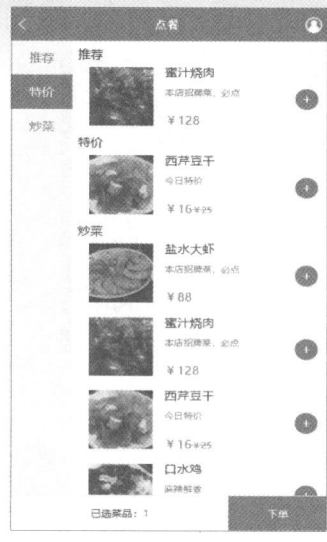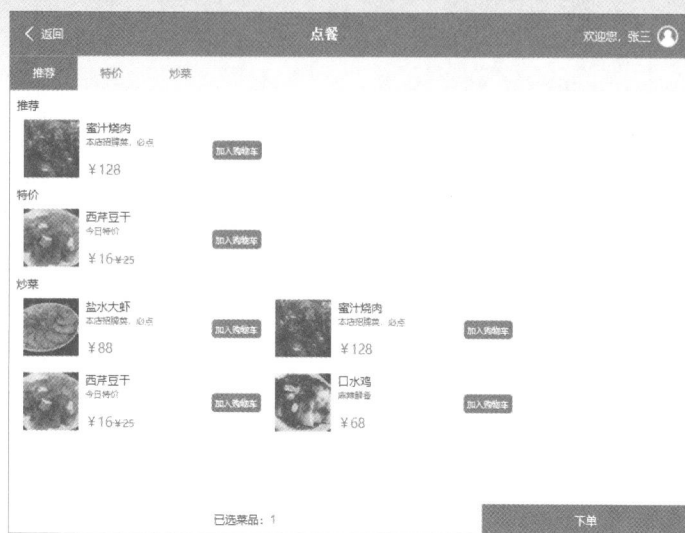

（a）移动设备　　　　　　　　　　　　　　　（b）大屏幕设备

图 8-1　在线订餐页面

任务 8-1　响应式设计

> **知识目标：**
> - 了解并熟悉响应式设计的相关概念
> - 了解适合响应式布局的几种布局方式

导语

任务 8-1 将介绍响应式设计的概念，包括响应式设计、响应式布局、视口、尺寸单位，并简述适合响应式布局的几种常用布局方式。

知识点

1. 响应式设计与响应式布局

响应式设计是一种设计概念，这种设计概念要求开发的网页能够尽可能适应不同的终端设备，而不是为不同的设备开发不同的网页。响应式布局是实现响应式设计的关键。对此，HTML 和 CSS 技术提供了多种特性，能够更容易地创建支持各种设备和屏幕尺寸的布局。如图 8-1（a）所示的是专为小型移动设备设计的布局，图 8-1（b）所示的是专为大屏幕设备设计的布局。

响应式布局的核心是布局方式和尺寸。为了适应不同的显示设备，响应式页面中元素的定位和尺寸都需要根据设备情况做出相应调整。不同类型的设备通常需要使用不同的布局方式，例如 PC 显示器和移动设备屏幕；屏幕或视口大小不一样，通常需要使用不同的字体大小，例如 iPhone 和 iPad。本项目将对布局和尺寸的相关概念展开介绍。

2. 视口

视口（viewport）指浏览器向用户提供查阅 Web 页面的一个多边形区域，通常是一个矩形。用户可见的窗口被称为可视视口（visual viewport），浏览器渲染文档的视口被称为布局视口（layout viewport）。

布局视口通常比可视视口大，因为 Web 页面一般都大于可视视口，用户需要翻页才能查看完整的页面。浏览器提供滚动条或滚动手势，用户可滚动可视视口来查看完整页面。浏览器通常还提供了缩放工具或缩放手势，用户可通过调整缩放比例来调整页面大小。无论如何缩放，布局视口不会变，但可视视口中显示的页面内容将会发生变化。例如缩小页面时，可视视口中能看到更多的页面内容。

默认情况下，浏览器可能并不会将页面作为响应式页面进行渲染。为了让页面能够适应多种尺寸，需要显式地声明页面的视口属性。

HTML5 支持使用 <meta> 标签设置视口属性，浏览器将按照设置来渲染页面。相关设置方法如下：

```
<meta name="viewport" content="属性1=属性值1,属性2=属性值2,…,属性N=属性值N "/>
```

为设置视口属性，需要将 <meta> 的 name 属性值设为 viewport，content 属性内填写 viewport 的具体属性。可以设置的属性及说明如表 8-1 所示。

表 8-1　meta viewport 的属性及说明

属　　性	说　　明
width	布局视口的像素宽度，值为正整数或 device-width（代表设备宽度）
initial-scale	页面的初始缩放值，值为正数
minimum-scale	允许用户的最小缩放值，值为正数
maximum-scale	允许用户的最大缩放值，值为正数
height	布局视口的像素高度，很少使用
user-scalable	是否允许用户进行缩放，值为 yes 或 no。除非有特殊需要，通常应设置为 yes

一般情况下，可以使用下面的设置，这样就能够使页面在移动设备上的显示得到一定优化。

```
<meta name="viewport" content="width=device-width, initial-scale=1">
```

3. 尺寸单位

响应式网页通常使用相对尺寸单位进行设计，这样便于页面元素尽可能适应不同的设备（本书项目 3 中介绍了 CSS 定义的各种尺寸单位，读者可以再查阅相关内容）。在前面的项目中，像素单位 px 作为一种绝对长度单位，使用频次最高，px 可以保证所有设备上显示的像素数都一致。但是使用绝对长度单位布局时，容易因为视口大小、屏幕分辨率及屏幕密度不同，导致不同设备上的显示效果千差万别。例如，在界面中插入一张图片（假设父元素为 body，无边框、内外边距等属性），希望图片在水平方向上占满屏幕。如果图片宽度设置为 480px，在屏幕水平分辨率为 480px 的设备上，宽度上正好满屏；但是在水平分辨率为 1920px 的设备上，图片只占了屏幕宽度的 1/4；而如果图片宽度设置为 100%，无论设备分辨率是多少，图片都可以在水平方向撑满屏幕。

为了实现响应式页面，通常使用相对单位进行设计。相对单位包括 %、em、rem、vw、vh、vmin、vmax 等。%、em 是传统的相对尺寸单位，这些尺寸的计算依赖于父元素的尺寸。如果父元素尺寸不支持响应式，则在视口发生变化时，应用这些尺寸的元素并不能随之改变尺寸。虽然可以利用 JavaScript 或者一些 hack 手段实现实时响应，但是增加了开发复杂度，使用时存在一定局限性。CSS3 新增了 rem、vw、vh、vmin、vmax 等诸多相对尺寸单位。rem 相对的对象是 html 根元素大小，只要调整根元素尺寸就能实现全局的尺寸调整；vw、vh、vmin、vmax 单位相对的对象是视口，使元素能够在不刷新页面的情况下实时地随视口大小的变化而变化。

注意：移动设备的屏幕像素密度通常较高，浏览器获取的分辨率是由设备汇报的逻辑分辨率，而不是屏幕的物理分辨率，所以浏览器中的 1px 通常不等于真正的 1 像素。例如 iPhone 13 Pro Max 的物理分辨率是 1284×2778，逻辑分辨率是 428×926，垂直和水平方向的物理分辨率均是逻辑分辨率的 3 倍。这样即使不同设备的屏幕尺寸和物理分辨率差别很大，开发者在适配界面时也不需要针对设备做特别多的优化。当然对于图片来说，要保证浏览清晰度，依旧需要按照物理分辨率进行准备。一般 UI（user interface，用户界面）设计师提供的图片名称会有 @2x、@3x 这样的标记，表示对应图像的分辨率与逻辑分辨率之间的比例关系。在不同的物理 / 逻辑分辨率条件下，需要选用正确比例的图片。

4. 适合响应式设计的布局方式

（1）百分比布局。百分比布局主要使用百分比单位来设置元素的大小和定位。百分比布局实际上是流式布局（flow layout）的一种实现响应式设计的实践方式。流式布局采用普通流（normal flow）定位方案对元素进行定位。但是如之前所说，百分比单位依赖于父元素的尺寸，所以使用时存在较多局限性。

（2）弹性盒布局。弹性盒布局通常简称为弹性布局，是 CSS3 中新增的布局模块。设置弹性属性的元素称为弹性容器（flex container），其子元素称为弹性项目（flex item）。弹性项目能够"弹性伸缩"尺寸；既可以增加尺寸以填充未使用的空间，也可以收缩尺寸以避免父元素溢出。使用弹性布局可以更加容易地实现子元素的水平和垂直对齐。弹性布局是一维的布局模型，容器的子元素只能按水平或垂直方向中的一种进行排列布局，但是通过嵌套不同方向的弹性容器，也可以在水平和垂直两个维度上构建布局。

（3）网格布局。网格布局又称为栅格布局，也是 CSS3 中新增的一种布局模块。这种布局能够非常灵活地控制盒子及其内容的尺寸和位置。不同于弹性盒子，网格布局原生就是二维布局。设置网格属性的元素称为网格容器（grid container），网格容器的子元素称为网格项目（grid item）。网格项目可以放置在预先定义的布局网格中的任意位置，其尺寸可以弹性调整，也可以采用固定值。

在实际网页设计过程中，通常会结合多种布局方式。除了上述布局方式外，在进行响应式开发时还会结合传统的浮动布局、定位布局等方式一起使用。

任务 8-2　媒体查询

知识目标：
- 了解媒体类型与媒体查询的基本概念和用途
- 掌握媒体类型和媒体查询的使用方法

导语

媒体类型和媒体查询是实现响应式设计的重要手段。利用媒体类型和媒体查询，可以根据设备特性加载不同的样式。媒体查询是媒体类型的增强和扩展，进一步降低了响应式设计的难度。

知识点

1. 媒体类型

CSS 最重要的功能之一是让 HTML 文档在不同媒体上可以具有不同的呈现方式。媒体类型（media types）实现了对不同显示媒体的分类，这样开发人员就能够针对不同的媒体设计合适的样式，使文档在该媒体上能够更好地呈现。

CSS2 中定义了若干媒体类型，但是 CSS3 中仅保留三种推荐的媒体类型定义，其余类型虽然继续兼容，但不再推荐使用。CSS3 推荐使用的媒体类型及说明如表 8-2 所示。

表 8-2　CSS3 推荐的媒体类型

媒 体 类 型	说　　明
all	匹配所有设备
print	匹配打印机或者用于展示打印效果的设备
screen	匹配除打印机类型外的所有设备，可以认为就是各种尺寸的屏幕

浏览器在应用样式时，可以根据设备匹配的媒体类型加载不同的样式文件，实现更好的页面布局效果。CSS 中定义了三种方式，用来指定样式表的媒体依赖关系。

（1）在 CSS 样式中使用 @import 给选定的媒体类型引入外部样式表。例如，当设备为 screen 时，使用 foo.css 文件中的样式：

```
@import url("foo.css") screen;
```

（2）在 CSS 样式中使用 @media 给指定的媒体类型对应的样式。例如，当设备为打印设备时，使用语句块内的样式。

```
@media print {
  /* 内部自定义相关样式 */
}
```

（3）在 HTML 文档中，在 <link> 外联样式表链接中添加 media 属性。例如，当设备为 print 时链入 foo.css 文件。

```
<link rel="stylesheet" type="text/css" media="print" href="foo.css">
```

2. 媒体查询

CSS3 中新增了媒体查询（media queries）功能。该功能在媒体类型的基础上进行了扩展和增强，可以用于测试显示 Web 文档的用户代理或设备的某些特性。在媒体查询功能推出前，只能由开发人员自行编写 JavaScript 来实现对设备特性的检测，然后根据设备特性更新页面样式，效率较低，且实现较为复杂。媒体查询作为 CSS3 的原生功能推出后，大大降低了检测难度和设置页面样式的难度。

一条媒体查询语句由一个可选的媒体查询修饰词、一个可选的媒体类型以及零个或若干个媒体特性查询条件构成。媒体查询的结果可以为真或假，当查询结果为真时，将应用对应的 CSS 样式，语法结构如下所示：

```
@media [only | not] [<media type>] [ and (<media condition>) ]
```

媒体查询修饰词包括 only 和 not。only 用于让不支持媒体查询的浏览器忽略当前的媒体查询，因为这些浏览器无法识别 only 关键词，所以后续内容同时失效，但是通常不需要设置。not 关键词的功能就是逻辑非，用来排除符合条件的设备。

<media type> 即表 8-2 列出的媒体类型，由此可见媒体查询是对媒体类型的进一步增强。

<media condition> 表示待测试媒体特性（media features）的集合，多个媒体特性使用逻辑符号（and）连接。媒体特性是对媒体类别的更加细粒度的划分，每个媒体特性都用于定义特定的用户代理或显示设备的特性并进行测试。

W3C 发布的 Media Queries、Media Queries Level 4 和 Media Queries Level 5 中定义了诸多媒体特性，有一些已经被废弃，不再推荐使用，还有很多特性尚未被浏览器广泛支持。本书仅介绍目前主流浏览器支持度较好且比较常用的媒体特性，相关说明如表 8-3 所示。部分和尺寸有关的特性都支持使用 min-、max- 前缀，表示小于或等于、大于或等于，这样可以避免使用 <、> 产生的解析问题。相信用不了多久，新版本的浏览器将能良好地支持这些符号。

表 8-3　常用的媒体特性及说明

特　　性	说　　明
width	输出设备目标显示区域的宽度
height	输出设备目标显示区域的高度
aspect-ratio	输出设备目标显示区域宽度与高度的比率
orientation	屏幕方向，横屏（landscape）或竖屏（portrait），不支持 min-、max- 前缀
resolution	设备分辨率，使用 dpi、dpcm 或 dppx 单位进行描述
pointer	主要输入设备是否是指针设备；如果是，则提供设备精度
hover	主要输入模式是否允许用户在元素上悬停

定义待测试的媒体特性的方法有点类似 CSS 属性。定义的方法包括以下三种形式：

（1）键值对（媒体特性名称：测试值）；

（2）仅媒体特性名称；

（3）范围（Media Queries Level 4 新增，即使用 >、<、= 这样的符号，暂时没有得到浏览器的广泛支持）。

【例 8-1】利用媒体查询功能识别不同设备，完整代码参见本书配套的代码文件 ch08\ex8-1.html。可以利用 Chrome 的开发人员工具模拟不同设备，以便观察效果。图 8-2 所示是例 8-1 在 Chrome 下模拟 iPhone12 设备时的运行结果。

ex8-1.html

```
1  <!DOCTYPE html>
2  <html>
3  <head>
4      <meta charset="utf-8">
5      <title> 媒体查询 </title>
```

```
6     <meta name="viewport" content="width=device-width, initial-
7     scale=1">
8     <link rel="stylesheet" type="text/css" media="print" href="ex8-
9     1-print.css">
10    <style>
11      @import url("ex8-1-portrait.css") screen and
12      (orientation:portrait);
13      body{
14        margin: 0;
15        background-color: gainsboro;
16        font-size: 4vmax;
17      }
18      @media all and (orientation: landscape){
19        .box2::after{ content: "landscape"; }
20      }
21      @media screen{
22        .box3::after{ content: " 普通分辨率 "; }
23        .box1::after{ content: " 移动设备 "; }
24      }
25      @media screen and (min-width :768px ){
26        .box1::after{ content: " 平板或小尺寸显示器 "; }
27      }
28      @media screen and (min-width :1024px ) {
29        .box1::after{ content: " 大尺寸平板或显示器 "; }
30      }
31      @media screen and (min-width :2560px ) {
32        .box1::after{ content: "2K 以上超高清显示器 "; }
33      }
34      @media screen and (min-resolution :2dppx){
35        .box3::after{ content: " 视网膜分辨率 "; }
36      }
37    </style>
38  </head>
39  <body>
40    <div class="box1"> 设备类型 :</div>
41    <div class="box2"> 屏幕方向 :</div>
42    <div class="box3"> 屏幕密度 :</div>
43  </body>
44  </html>
```

ex8-1-print.css

```
1  body{  font-size: 20pt; }
2  .box1::after{ content: " 打印设备 "; }
```

ex8-1-portrait.css

```
1    .box2::after{ content: "portrait"; }
```

图 8-2　ex8-1 的运行结果

注意：利用媒体查询可以获取设备屏幕信息，根据宽度和分辨率能大致判断设备类型是移动设备还是 PC 设备，但还不足以做出准确判断。由于移动设备和 PC 设备的 UI 逻辑不同，即使屏幕分辨率和尺寸完全一致，为了保证用户体验，页面布局设计通常也是不同的。此时还需要结合 JavaScript 完成一些额外的查询，这将在项目 9 中展开介绍。

任务 8-3　弹性布局

知识目标：

- 了解并掌握弹性布局元素的基本概念
- 了解并掌握弹性容器和弹性项目属性的设置方法

任务 8-1 简单介绍了弹性布局的基本概念，本任务将对弹性布局展开详细介绍。

知识点

1. 弹性布局的概念

在学习弹性布局的属性之前，先了解弹性布局中的其他重要概念。图 8-3 是一个行式弹性布局的示意图，下面将基于这张图对相关概念展开介绍。

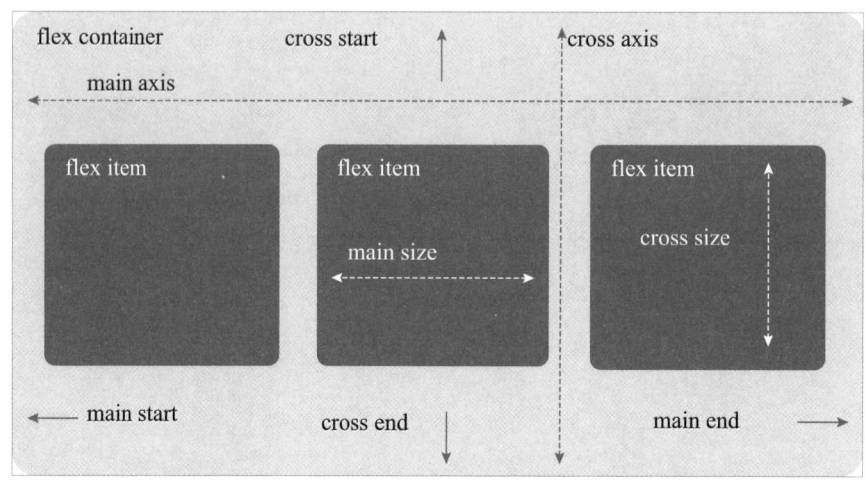

图 8-3　行式弹性布局

设置弹性属性的元素称为弹性容器（flex container），其子元素称为弹性项目（flex item）。

在弹性容器内，存在两根用于描述弹性项目布局的轴。弹性项目依次排列的方向称为主轴（main axis），垂直于主轴的方向称为交叉轴（cross axis）。根据弹性容器布局方向的不同，主轴可能是水平方向，也可能是垂直方向。主轴为水平时，称为行式弹性布局，反之称为列式弹性布局。图 8-3 所示是行式弹性布局。

主轴的开始位置称为主轴起点（main start），结束位置称为主轴终点（main end）；交叉轴的开始位置称为交叉轴起点（cross start），结束位置称为交叉轴终点（cross end）。这些起点和终点也由布局的方向确定。通过控制交叉轴的方向和新行的排列方向，弹性项目可以排布在单个行中，也可以排布在多个行中。

单个弹性项目占据的主轴空间称为主尺寸（main size），占据的交叉轴方向空间称为交叉尺寸（cross size）。通过设置不同的弹性伸缩属性，可以调整弹性项目的尺寸。

可使用 display 属性将元素设置为弹性容器，元素内部将启用弹性布局。display 属性的语法如下：

```
display : flex | inline-flex;
```

flex 代表元素使用块级弹性显示方式，inline-flex 代表行内弹性显示方式。设为弹性布局以后，容器子元素的 float、clear 和 vertical-align 属性将完全失效。

【例 8-2】设置行式弹性布局的方法，完整代码参见本书配套的代码文件 ch08\

ex8-2.html，具体代码如下，运行结果如图 8-4 所示。

ex8-2.html

```
1   <!DOCTYPE html>
2   <html>
3   <head>
4     <meta charset="utf-8">
5     <meta http-equiv="X-UA-Compatible" content="IE=edge">
6     <title> 构建响应式网页 </title>
7     <meta name="viewport" content="width=device-width, initial-scale=1">
8     <style>
9       .container{
10        display: flex;
11        border:3px solid gray;
12      }
13      .item{
14        border:1px solid black;
15        background-color: rgb(206, 206, 206);
16      }
17      .box1{      }
18      .box2{      }
19      .box3{      }
20  </style>
21  </head>
22  <body>
23    <div class="container">
24      <div class="item box1">box1</div>
25      <div class="item box2">box2</div>
26      <div class="item box3">box3</div>
27    </div>
28  </body>
29  </html>
```

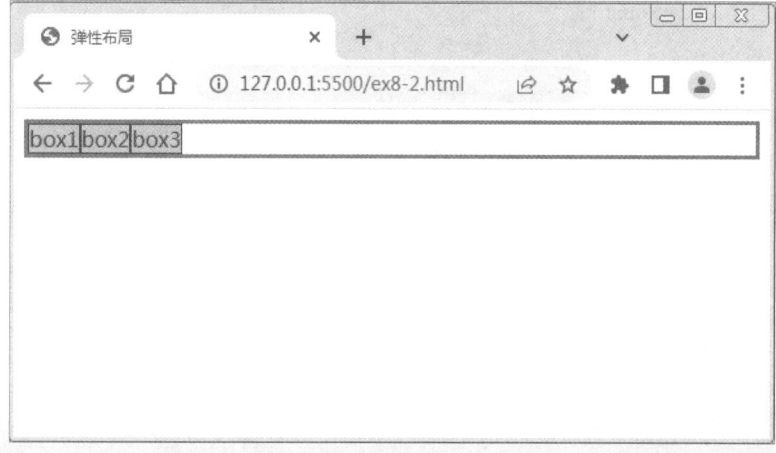

图 8-4 例 8-2 的运行结果

2. 设置弹性容器的属性

使用弹性盒进行布局时，容器具有若干可以调节的属性，这些属性可以定义主轴、交叉轴的方向和对齐方式等特性。

（1）方向相关。

① flex-direction 属性。flex-direction 属性用于定义主轴的方向，切换弹性项目的排列方向。注意，该属性只改变弹性项目的方向，但不改变弹性项目内的文字显示方向。flex-direction 属性的语法如下：

```
flex-direction : row | row-reverse | column | column-reverse;
```

flex-direction 属性值及说明如表 8-4 所示。

表 8-4　flex-direction 属性值及说明

属 性 值	说　　　明
row	主轴为水平方向，主轴起点在左侧，默认值
row-reverse	主轴为水平方向，主轴起点在右侧
column	主轴为垂直方向，主轴起点在顶部
column-reverse	主轴为垂直方向，主轴起点在底部

【例 8-3】演示 flex-direction 属性，完整代码参见本书配套的代码文件 ch08\ex8-3.html。本例在例 8-2 代码的基础上，为 container 类添加了 flex-direction 属性。图 8-5 是 flex-direction 设置各种属性值时的运行结果。

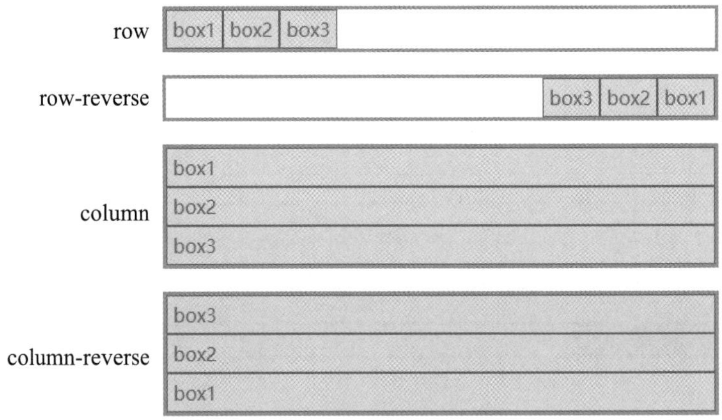

图 8-5　设置 flex-direction 属性

② flex-wrap 属性。flex-wrap 属性可以控制弹性项目以单行或多行方式显示，以及交叉轴的方向。flex-wrap 属性的语法如下：

```
flex-wrap : nowrap | wrap | wrap-reverse;
```

flex-wrap 属性值及说明如表 8-5 所示。

表 8-5　flex-wrap 属性值及说明

属 性 值	说　明
nowrap	单行模式，弹性项目可能溢出容器，默认值
wrap	多行模式，沿交叉轴换行
wrap-reverse	多行模式，与 wrap 相似，但交叉轴起点和终点与 wrap 相反

【例 8-4】演示 flex-wrap 属性，完整代码参见本书配套的代码文件 ch08\ex8-4.html。本例在例 8-2 代码的基础上为 container 类添加了 flex-wrap 属性，并且在 container 容器中又增加了若干弹性项目元素。图 8-6 是 flex-wrap 设置不同属性值时的运行结果。

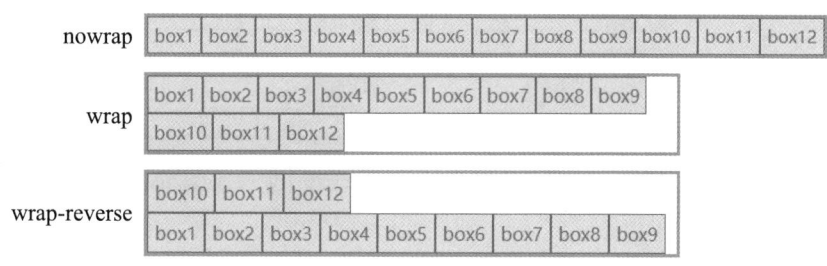

图 8-6　设置 flex-wrap 属性

③ flex-flow 简写属性。为了便于设置上述两个属性，CSS 还提供了 flex-flow 简写属性，同时设置了主轴方向和换行方式，例如"flex-flow: column wrap"。flex-flow 属性的语法如下：

```
flex-flow : <'flex-direction'> || <'flex-wrap'>;
```

（2）对齐相关。

① justify-content 属性。通过设置 justify-content 属性，可以自定义弹性项目主轴方向上的对齐方式。justify-content 属性的语法如下：

```
justify-content : flex-start | flex-end | center | space-between | space-
around | space-evenly;
```

justify-content 属性值及说明如表 8-6 所示。

表 8-6　justify-content 属性值及说明

属 性 值	说　明
flex-start	所有弹性项目朝主轴起点对齐，默认值
flex-end	所有弹性项目朝主轴终点对齐
center	所有弹性项目居中对齐
space-between	两端对齐，弹性项目之间的间隔都相等
space-around	每个弹性项目两侧的间隔相等，项目间距离是容器与项目间距离的 2 倍
space-evenly	平均分布项目，间隔相等，项目间距离和容器与项目间的距离相等

【例 8-5】演示 justify-content 属性，完整代码参见本书配套的代码文件 ch08\ex8-5. html。本例在例 8-2 代码的基础上为 container 类添加了 justify-content 属性。图 8-7 是 justify-content 设置不同属性值时的运行结果。

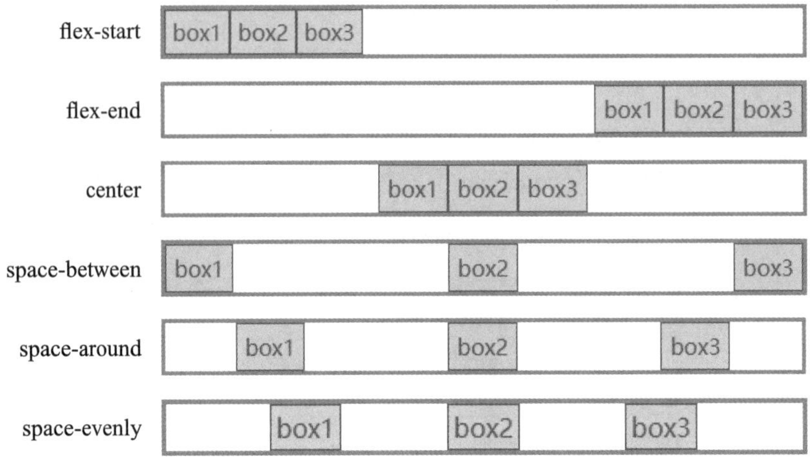

图 8-7　设置 justify-content 属性

② align-content 属性。align-content 属性可以自定义多行弹性项目中各行在交叉轴方向上的对齐方式。注意，需要将 flex-warp 属性值设置为 wrap 或 wrap-reverse 时才有效；设置为 nowrap 时，align-content 属性无效。

align-content 属性的语法如下：

```
align-content : flex-start | flex-end | center | space-between | space-around | space-evenly | stretch;
```

align-content 属性值及说明如表 8-7 所示。

表 8-7　align-content 属性值及说明

属 性 值	说　明
flex-start	所有弹性项目朝交叉轴起点对齐，默认值
flex-end	所有弹性项目朝交叉轴终点对齐
center	所有弹性项目居中对齐
space-between	两端对齐，弹性项目之间的间隔都相等
space-around	每个弹性项目两侧的间隔相等
space-evenly	平均分布项目，项目间、第一个项目与起点、最后一个项目与终点距离相等
stretch	占满整个交叉轴，默认值

【例 8-6】演示 align-content 属性，完整代码参见本书配套的代码文件 ch08\ex8-6. html，图 8-8 所示是 align-content 设置不同属性值时的运行结果。本例在例 8-2 代码的基础上为 container 类添加了 align-content 属性，在 container 容器中又增加了若干弹性

项目元素。为了体现出属性值的差别，需要为容器添加以下样式：

```
1  .container{
2    height:40vmin;
3    flex-wrap : wrap ;
4  }
```

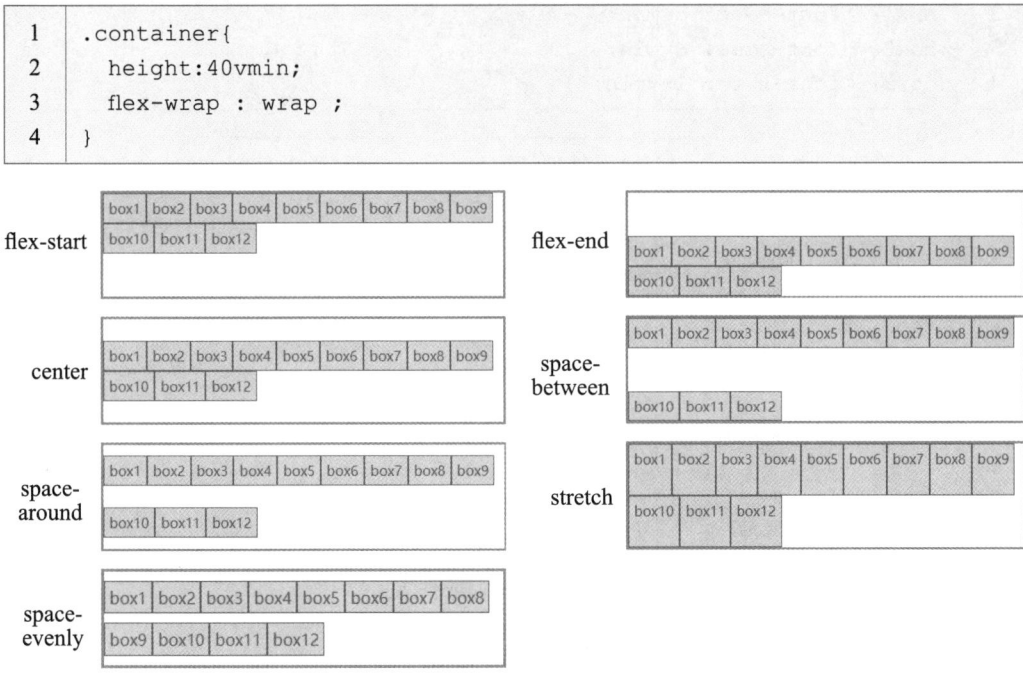

图 8-8　设置 align-content 属性

③ align-items 属性。通过设置 align-items 属性可以自定义弹性项目在交叉轴方向上的对齐方式。align-items 属性的语法如下：

```
align-items : flex-start | flex-end | center | baseline | stretch
```

align-items 属性值及说明如表 8-8 所示。

表 8-8　align-items 属性值及说明

属 性 值	说　　明
flex-start	所有弹性项目朝交叉轴起点对齐
flex-end	所有弹性项目朝交叉轴终点对齐
center	所有弹性项目居中对齐
baseline	所有弹性项目第一行文字的基线对齐
stretch	如果弹性项目未设置高度或设为 auto，则占满整个容器交叉轴，默认值

【例 8-7】演示 align-items 属性，完整代码参见本书配套的代码文件 ch08\ex8-7. html，图 8-9 所示是 align-items 设置不同属性值时的运行结果。本例在例 8-2 代码的基础上为 .container 类添加了 align-items 属性。为了体现出属性值的差别，需要为容器和项目添加以下样式：

```
1    .container{ height:20vmin  }
2    .box1{  font-size: 5vmin;  }
3    .box2{  font-size: 8vmin;  }
4    .box3{  font-size: 10vmin; }
```

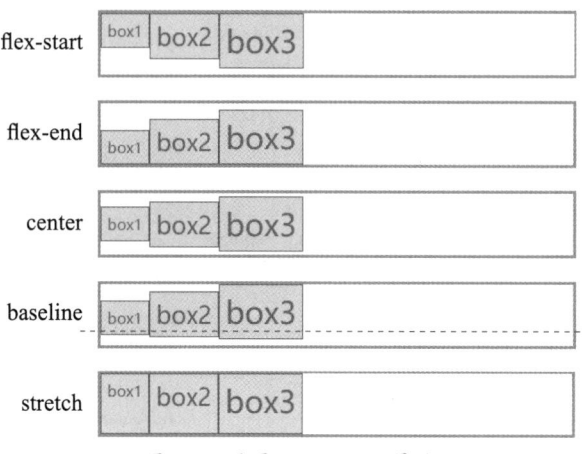

图 8-9　设置 align-items 属性

3. 设置单个弹性项目的属性

弹性容器定义了容器和项目的全局属性。如果需要对容器内的某个项目单独调整属性，可以在弹性项目上添加相关的属性。

（1）order 属性。通过设置 order 属性可以自定义单个弹性项目显示的排列顺序。order 属性的语法如下：

```
order : <integer> ;
```

order 属性使用整数表示当前项目的排列顺序。排序时按所有项目的 order 值从小到大排列；数值相同的项目按文档顺序排列。order 值可以为负数，默认值为 0。

【例 8-8】演示 order 属性，完整代码参见本书配套的代码文件 ch08\ex8-8.html，图 8-10 所示是 order 设置不同属性值时的运行结果。本例在例 8-2 代码的基础上为 .box1、.box2、.box3 添加了 order 属性，代码如下：

```
1    .box1{  order: 99;  }
2    .box2{  order: -1;  }
3    .box3{  order:  2;  }
```

order:　　　　−1　　2　　99

| box2 | box3 | box1 | |

图 8-10　设置 order 属性

（2）flex-grow 属性。当弹性容器分配完所有弹性项目后，主尺寸方向上可能还有剩余空间没有分配。弹性项目可以按照一定的规则进行扩展，将这些剩余空间占满。flex-grow 属性专门用于设置指定弹性项目的扩展系数，其语法如下：

```
flex-grow : <number> ;
```

flex-grow 属性使用数字表示扩展系数。flex-grow 值不能为负数，默认值为 0，代表不会扩展。如果所有项目的 flex-grow 属性值相同（0 除外），则这些项目将等分剩余空间。如果一个项目的 flex-grow 属性值为 2，其他项目都为 1，则表示前者占据的剩余空间将比其他项目多一倍。

通常利用 flex 属性，同时设置 flex-grow、flex-shrink 和 flex-basis 属性，以保证界面不会出现意想不到的问题。

【例 8-9】演示 flex-grow 属性，完整代码参见本书配套的代码文件 ch08\ex8-9.html，图 8-11 所示是 flex-grow 设置不同属性值时的运行结果。本例在例 8-2 代码的基础上为 .box2、.box3 添加了 flex-grow 属性，代码如下：

```
1  .box2{  flex-grow: 1;  }
2  .box3{  flex-grow: 2;  }
```

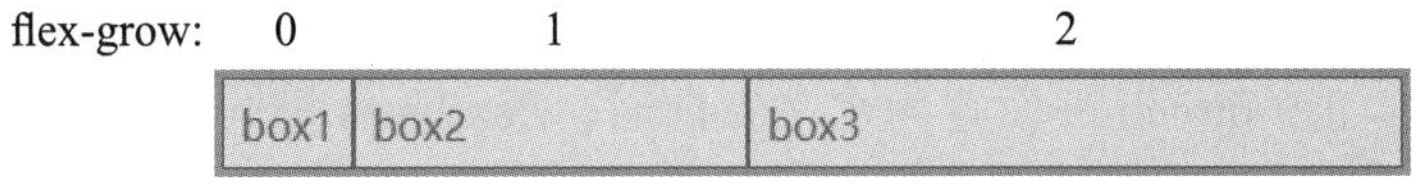

图 8-11　设置 flex-grow 属性

（3）flex-shrink 属性。当容器的主轴空间不够时，弹性项目也可以缩小。flex-grow 属性专门用于设置指定的弹性项目在容器空间不够时的缩小系数，其语法如下：

```
flex-shrink : <number> ;
```

flex-shrink 属性使用数字表示当前项目的缩小系数。flex-shrink 属性值不能为负数，默认值为 1。如果某个项目的 flex-shrink 属性值为 0，则该项目不会缩小；如果所有项目的 flex-shrink 属性值相同（0 除外），则这些项目将等比例压缩空间；如果一个项目的 flex-shrink 属性值为 2，其他项目都为 1，则前者缩小的空间将比其他项目多一倍。

【例 8-10】演示 flex-shrink 属性，完整代码参见本书配套的代码文件 ch08\ex8-10.html，图 8-12 所示是 flex-shrink 设置不同属性值时的运行结果。本例在例 8-2 代码的基础上为 .box1、.box2、.box3 添加了 flex-shrink 属性，代码如下：

```
1  .item{  width: 50vw;     }       // 使所有弹性项目的初始宽度之和大于容器宽度
2  .box1{  flex-shrink: 0;  }
3  .box2{  flex-shrink: 1;  }
4  .box3{  flex-shrink: 2;  }
```

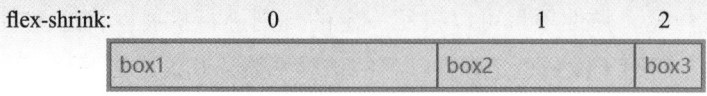

图 8-12 设置 flex-shrink 属性

（4）flex-basis 属性。flex-basis 属性指定了弹性项目在主轴方向上的初始大小，其语法如下：

```
flex-basis : <length> | <percentage> | content | auto ;
```

flex-basis 属性值及说明如表 8-9 所示。

表 8-9　flex-basis 属性值及说明

属 性 值	说　　　明
<length>	使用长度单位设置弹性项目主轴方向的初始大小
<percentage>	使用百分比单位设置弹性项目主轴方向的初始大小
content	弹性项目主轴方向的初始大小等于显示盒子的大小
auto	根据其他设置自动设置弹性项目主轴方向的初始大小，默认值

除了设置为 content 和 auto 时，flex-basis 属性和 width、height 属性的解析方式实际上是相同的。flex-direction 设置为水平方向时，flex-basis 等同于 width；flex-direction 为垂直方向时，flex-basis 等同于 height。

初始大小是否等于弹性项目在主轴上的实际尺寸，这还与弹性项目的 flex-grow 扩展属性和 flex-shrink 缩放属性有关。当所有的弹性项目按初始大小累加后，弹性容器还有剩余空间或空间不够时，弹性项目会按照扩展或缩放属性进行尺寸调整，最终尺寸将和 flex-basis 设置的值不同。

注意：flex-basis 设定的尺寸还与 box-sizing 属性有关，flex-basis 默认设置的是内容盒子（content box）尺寸。只有将 box-sizing 设置为 border-box，flex-basis 设置的尺寸才会包括边框和内边距。

（5）flex 简写属性。正是因为 flex-basis、flex-grow、flex-shrink 属性相互有一定关联，所以通常应当同时设置 flex-grow、flex-shrink 和 flex-basis 属性，以保证这些属性都有合理的值，防止页面在不同情况下出现意想不到的问题。为方便设置，可以使用 flex 简写属性同时设置 flex-grow、flex-shrink 和 flex-basis 属性。flex 简写属性的语法如下：

```
flex: none | auto | initial | [ <'flex-grow'> <'flex-shrink'>? || <'flex-basis'> ]
```

其中，flex 值为 initial，等同于"0 1 auto"，none 等同于"0 0 auto"，auto 等同于"1 1 auto"。如果只设置一个正数 a，则等同于"a 1 0"。

本书配套的代码文件 ex8-11.html 演示了 flex 简写属性。由于该属性设置较为简单，不再展开介绍。

（6）align-self 属性。在容器属性设置小节中，我们介绍了 align-items 属性，该属性用于设置容器内所有弹性项目的对齐方式。为了更加灵活地设置弹性项目的对齐方式，CSS3 提供了 align-self 属性，用来单独设置某个弹性项目的对齐方式，其语法与 align-items 属性完全一致，这里不再赘述。

任务 8-4　使用弹性布局进行响应式设计

知识目标：

- 了解和掌握通过弹性布局实现内容居中的方法
- 了解和掌握通过弹性布局实现三列布局的方法

导语

在任务 8-3 中已经介绍了弹性布局的基本概念以及相关属性的设置方法，本任务将介绍在实践中如何应用弹性布局进行布局。

知识点

1. 内容居中

使用流式布局或浮动布局时，有时需要将元素进行居中显示。在前面的项目中，经常使用 text-align:center 来实现文字水平居中，使用 margin: 0 auto 实现元素水平居中。但是，要让元素或元素内的文字垂直居中却比较困难。

【例 8-11】利用响应式布局实现元素快速居中，完整代码参见本书配套的代码文件 ch08\ex8-11.html，具体代码如下，运行结果如图 8-13 所示。

ex8-11.html 初始代码

```
1  <!DOCTYPE html>
2  <html>
3  <head>
4    <meta charset="utf-8">
5    <title> 内容居中 </title>
6    <meta name="viewport" content="width=device-width, initial-scale=1">
7    <style>
8      body { margin: 0; }
9      .container{
10       width: 80vw;
11       height: 80vh;
12       margin: calc(10vh - 1px) auto;     /* 容器在页面内居中 */
```

```
13          border: 1px solid black;
14          display: flex;
15          justify-content: center;          /* .box 在容器主轴居中 */
16          align-items: center;              /* .box 在容器交叉轴居中 */
17      }
18      .box{
19          width: 40vw;
20          height: 40vh;
21          background-color: gray;
22          color: white;
23          display: flex;
24          justify-content: center;          /* 文字在容器主轴居中 */
25          align-items: center;              /* 文字在容器交叉轴居中 */
26      }
27    </style>
28  </head>
29  <body>
30    <div class="container">
31      <div class="box"> 居中 </div>
32    </div>
33  </body>
34  </html>
```

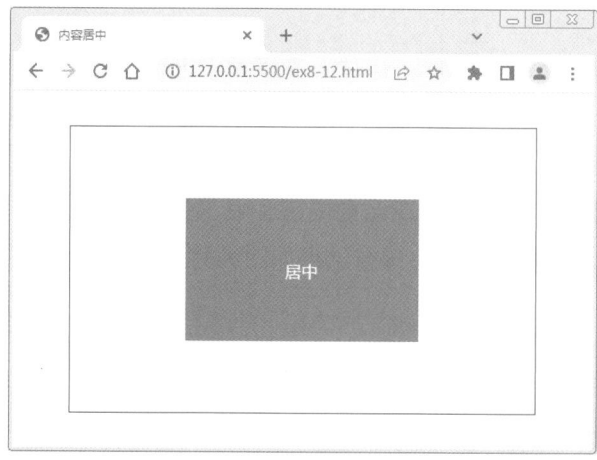

图 8-13　内容居中的运行结果

　　例 8-12 采用了多种手段使元素居中。container 元素的宽和高使用了 vw 和 vh 相对尺寸，保证了其大小跟随视口变化；同时元素的 margin 属性使用了 vw 和 vh 单位，高、宽与外边界之和等于 100% 视口，使 container 元素在水平方向和垂直方向都居中，其中 calc(10vh-1px) 保证了浏览器不产生滚动条。container 元素作为容器，使用弹性布局，且设置了主轴和交叉轴对齐方式均为居中，这样使内部的 box 元素实现了水平和垂直对齐。同样，box 元素也设置了相同的弹性布局，因此内部的文本也实现了水平和垂直对齐。

2. 三列布局

　　三列布局是网页设计中常用的一种页面布局方式，也被称为圣杯布局。除去头部（header）和脚部（footer），中间部分通常分成三列，左侧通常用于展示导航菜单，中间显示页面的主要内容，右侧显示其他次要内容，例如图 8-14（a）所示的布局。在移动设备上这样的布局会导致主要内容宽度不够，影响用户体验。此时需要调整页面布局，适应屏幕大小，例如图 8-14（b）所示的布局。

　　【例 8-12】设计并实现一个响应式三列布局页面，完整代码参见本书配套的代码文件 ch08\ex8-12.html，具体代码如下，运行结果如图 8-14 所示。

ex8-12.html

```
1   <!DOCTYPE html>
2   <html>
3   <head>
4     <meta charset="utf-8">
5     <meta http-equiv="X-UA-Compatible" content="IE=edge">
6     <title> 三列式布局 </title>
7     <meta name="viewport" content="width=device-width, initial-scale=1">
8     <style>
9       body {
10        font-size: 1.2rem;
11        color: #101096;
12        padding: 0;
13        margin: 0;
14    }
15      header,.content,.left,.right,footer{
16        box-sizing: border-box;
17        padding-left: 2vw;
18        min-height: 3rem;
19        }
20      header,footer {
21        height: 3rem;
22        line-height: 3rem;
23        background-color: #7dd8d6;
24      }
25      .container {
26        display: flex;
27        flex-direction: column;
28        min-height: 80vh;
29      }
30      .left,.right {
31        background-color: #49b4e7;
32        width: 100%;
33      }
34      .content{ flex:1; }
```

```
35        .left,.right { flex:0; }
36        @media screen and (min-width: 768px) {
37          .container {
38            flex-direction: row;
39            min-height: 80vh;
40          }
41          .content{ flex:8; }
42          .left,.right { flex:2; }
43        }
44      </style>
45    </head>
46    <body>
47      <header>Header</header>
48      <div class="container">
49        <aside class="left">Navigation</aside>
50        <main class="content">Content</main>
51        <aside class="right">Sidebar</aside>
52      </div>
53      <footer>Footer</footer>
54    </body>
55    </html>
```

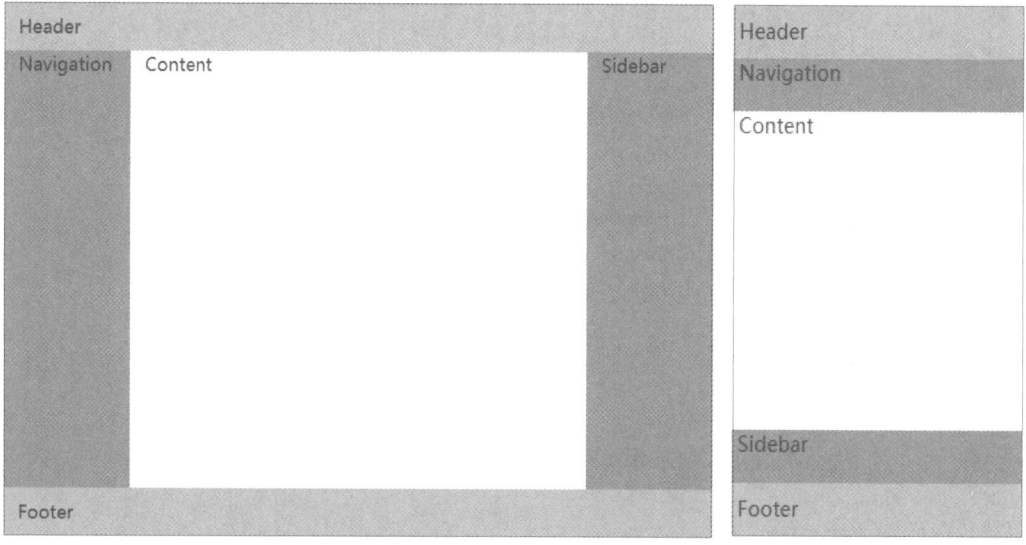

(a) PC 界面   （b) 移动设备界面

图 8-14　三列布局的运行结果

　　设计响应式页面通常先设计并实现一个主要的布局，然后在此基础上利用媒体查询实现其他布局。本例首先实现了移动设备的界面，container 容器使用弹性布局，项目按 column 垂直方向排列；弹性项目 content 的 flex 属性值为 1，自动占满主轴方向的多余尺寸；left、right 的 flex 值为 0，即主轴方向尺寸不变。当视口宽度大于或等于

768px 时，利用媒体查询并应用额外的布局样式，用于实现 PC 界面布局，之前定义的样式将被覆盖。此时，container 的弹性项目排列方向变为 row，且最小高度 min-height 为 80vh；弹性元素 content 占主轴 2/3 空间，left、right 各占 1/6 空间。

任务 8-5　在线订餐页面分析

导语

通过学习任务 8-1~8-4，了解和掌握了响应式设计和弹性布局相关的知识。从本任务开始，将利用已学习的知识来设计和实现一个在线订餐页面。本任务首先对页面进行分析并完成基本的架构。

页面分析

如图 8-15 所示，在线订餐页面按页面功能区域划分，从顶部到底部分割为 3 个模块，分别是导航、菜单和订餐信息。导航菜单固定在顶部，订餐信息固定在底部，其余部分用于显示菜单。其中菜单模块较为复杂，内部又包含了菜品分类和菜品信息等子模块。

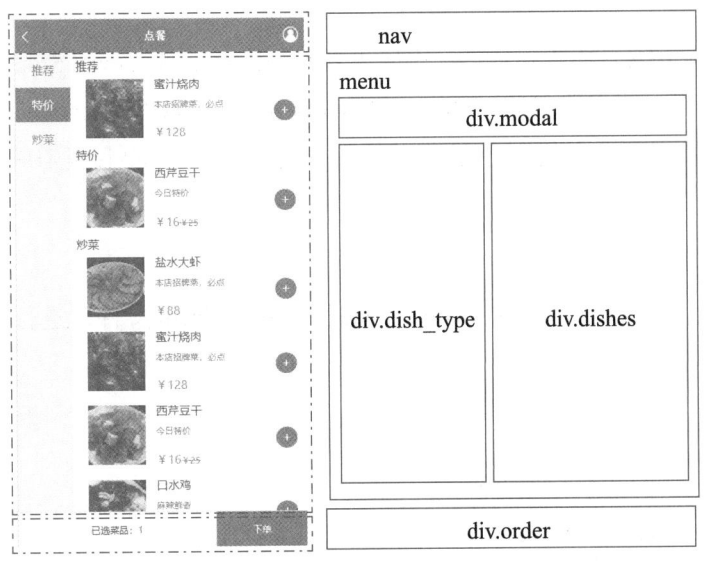

图 8-15　在线订餐页面的移动设备布局

页面采用响应式设计，默认按照图 8-15 所示的移动设备界面布局。当设备视口宽度大于或等于 768px 时，采用另一种界面布局，该布局适用于平板、PC 等大屏幕设备，如图 8-16 所示。两种布局内部略有不同，但 HTML 结构相同，功能也完全一致。

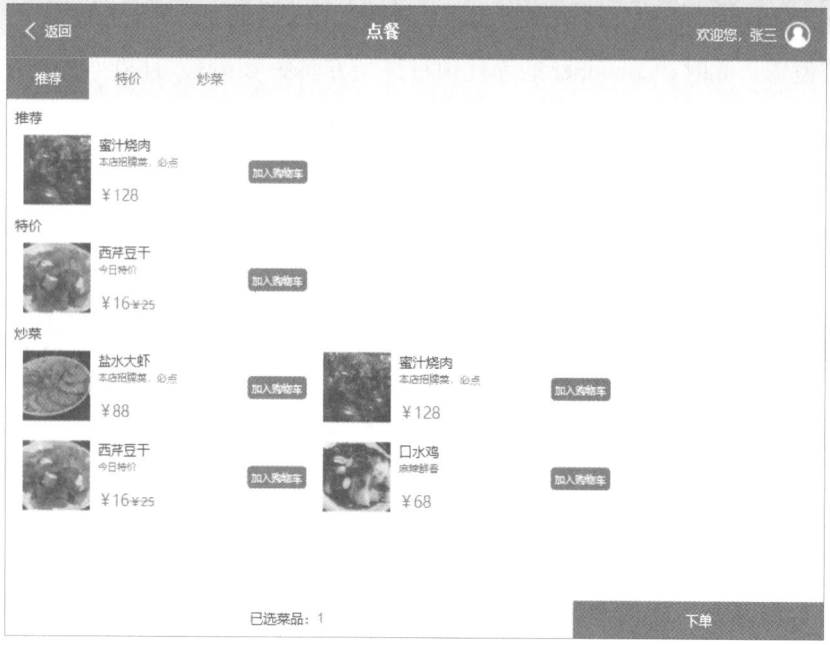

图 8-16　在线订餐页面的大屏幕设备界面布局

页面架构 🖊

1. 准备工作

在计算机文件系统中创建项目文件目录 PROJECT08；在 Visual Studio Code 中创建项目文件夹，在工作区中创建 HTML 文件 order.html、CSS 文件 order.css 和 JavaScript 文件 order.js；在项目文件夹下再创建一个 img 文件夹，将本项目所需的图片文件复制到该文件夹。

2. 页面设计

（1）页面布局。使用 Visual Studio Code 打开 order.html 文件，进行页面布局。相关代码如下所示：

```
1   <!DOCTYPE html>
2   <html>
3   <head>
4     <meta charset="utf-8">
5     <title>在线订餐</title>
6     <meta name="viewport" content="width=device-width, initial-
7     scale=1">
8     <link rel="stylesheet" href="order.css">
9   </head>
10  <body>
11    <!-- 导航 -->
12    <div class="nav"></div>
13    <!-- 菜单 -->
```

```
14        <div class="menu">
15            <div class="modal hide"></div><!-- 遮罩层 -->
16        </div>
17        <!-- 订餐信息 -->
18        <div class="order"></div>
19        <!-JavaScript -->
20        <script src="order.js"></script>
21    </body>
22    </html>
```

上述 HTML 代码按照页面分析所划分的三部分进行构建，导航部分放置在 nav 元素中，订餐信息放置在 order 元素中。菜单属于页面的主要内容，放置在 menu 元素中。modal 元素是一个遮罩层，默认不显示。当订单详情被弹出时，遮罩层将菜单内容遮挡，防止用户误操作。页面的 JavaScript 文件通过 <script> 引入，放置在 HTML 代码最后，这样 JavaScript 代码会在页面渲染完成后才执行。

（2）基本样式。使用 Visual Studio Code 打开 order.css 文件，定义页面基本样式。相关代码如下所示：

```
1    /* 默认适配移动设备 */
2    body{ margin: 0; font-family: 微软雅黑,'Times New Roman', Times, serif;}
3    a { text-decoration: none; }
4    button{ border: none;  outline: none; }
5    /* 导航模块 */
6    .nav {
7        display: inline-flex;          /* 导航模块内部采用行内弹性布局 */
8        justify-content: space-between;
9        align-items: center;
10        background-color: #E73823;
11        height: 100%;
12        width: 100%;
13    }
14    /* 菜单模块 */
15    .menu {
16        display: flex;                 /* 菜单模块内部采用行内弹性布局 */
17        height: 88vh;
18    }
19    /* 遮罩 */
20    .modal {
21        position: fixed;
22        background-color: rgba(10, 10, 10, 50%);
23        width: 100%;
24        height: 100vh;
25    }
26    /* 订单模块 */
27    .order {
```

```
28       position: fixed;              /* 采用固定定位 */
29       bottom: calc(0vh);
30       width: 100%;
31       background-color: white;
32   }
33   .hidden{ display:none; }
34   /* 利用媒体查询实现平板和显示器布局 */
35   @media screen and (min-width: 768px) {
36       html{ font-size: 10px; }
37   }
```

三个主要模块分别使用行内弹性布局、弹性布局和固定定位方式进行布局。订餐信息从底部定位，使用 calc(0vh) 函数计算离底部的距离，实现高度自适应。

利用媒体查询为高分辨率设备单独设置不同的布局。此时的根元素字体大小为 10px，布局时尺寸单位主要采用 rem 单位，即 1.6rem=16px。

至此，页面已经搭建好了框架，下面将按照页面的不同部分进一步展开分析并实现。

任务 8-6　在线订餐页面中导航和订单模块的实现

页面分析 ✎

1. 导航模块

导航模块由返回链接和用户信息两部分构成。根据屏幕尺寸不同有两种布局，如图 8-17（a）、图 8-17（b）所示。

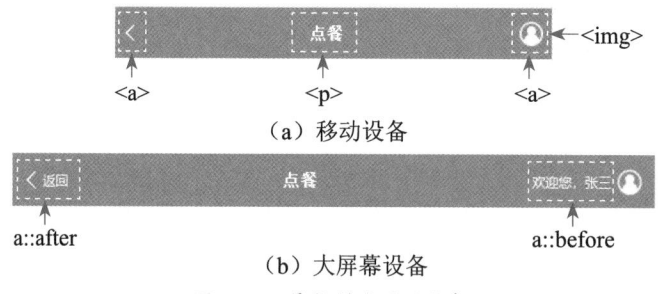

（a）移动设备

（b）大屏幕设备

图 8-17　导航模块页面分析

返回链接和用户信息采用超链接元素，默认只使用图案表示相关功能。当视口宽度大于或等于 768px 时，利用 ::after 和 ::before 伪元素在图案的后面或前面添加文字信息。

2. 订餐模块

订餐模块由订餐按钮和已选菜品列表两部分构成，已选菜品列表默认隐藏不显示，单击"已选菜品"按钮后弹出，效果如图 8-18 所示。

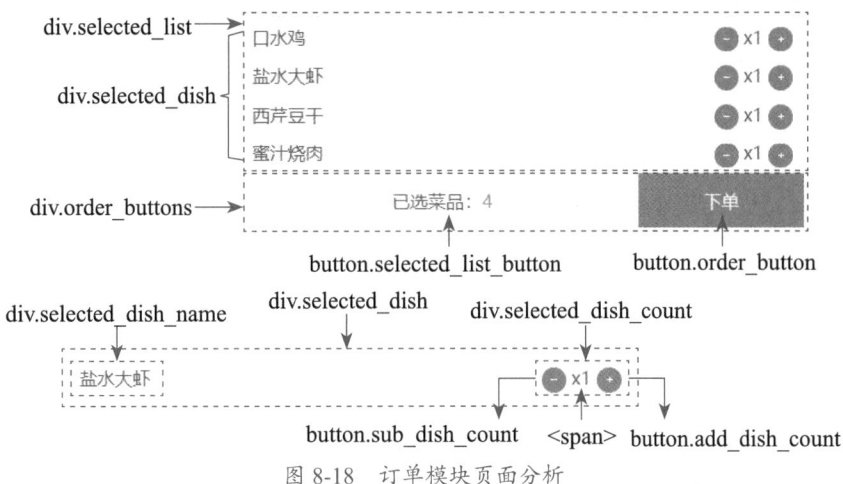

图 8-18　订单模块页面分析

页面的具体描述如下。

（1）订餐按钮由"已选菜品"按钮和"下单"按钮构成。"已选菜品"按钮内有一个 <span> 元素，内部显示已选菜品的数量；单击"已选菜品"按钮，显示或关闭已选菜品列表。

（2）已选菜品列表利用 .hidden 类实现菜单关闭效果，列表内包含多条菜品信息，每条菜品信息包含菜品名称、已点数量以及减少和增加按钮。单击"减少"按钮或"增加"按钮，菜品的已点数量相应发生变化。

页面实现

1. 页面布局

使用 Visual Studio Code 打开 register.html 文件，在 <div class="nav"> 和 <div class="order"> 标签内添加相关代码。页面代码如下所示。

导航模块的 HTML 代码

```
1   <div class="nav">
2     <a class="back" href="#">&lt;</a>
3     <p class="title"> 点餐 </p>
4     <a class="user_info" href="#">
5       <img src="img/user.png">
6     </a>
7   </div>
```

订餐模块的 HTML 代码

```
1   <div class="order">
2     <!-- 菜品列表 -->
3     <div class="selected_list hidden">
4       <!-- 订购的菜品 -->
5       <div class="selected_dish">
6         <div class="selected_dish_name">口水鸡 </div>
7         <div class="selected_dish_count">
8           <button type="button" class="add_dish_count">
9           </-button>x<span>1</span>
10          <button type="button" class="sub_dish_count">+</button>
11        </div>
12      </div>
13    </div>
14    <!-- 订单按钮栏 -->
15    <div class="order_buttons">
16      <button class="selected_list_button">
17        已选菜品 :<span id="selected_dishes_count">1</span>
18      </button>
19      <button class="order_button"> 下单 </button>
20    </div>
21  </div>
```

2. 页面样式

使用 Visual Studio Code 打开 order.css 文件，定义页面导航模块的相关样式。样式代码如下所示：

导航模块的 CSS 代码

```
1   .nav {
2     display: inline-flex;              /* 导航模块内部采用行内弹性布局 */
3     justify-content: space-between;
4     align-items: center;
5     background-color: #E73823;
6     height: 100%;
7     width: 100%;
8   }
9   .back {
10    font: bold 3vmax 宋体 ;
11    margin-left: 2vw;
12    display: flex;                     /* 利用弹性布局使文字垂直居中 */
13    align-items: center;
14    color: white;
15  }
16  .title{
17    font: bold 2vmax 宋体 ;
```

```
18      color: white;
19  }
20  .user_info {
21      display: flex;
22      align-items: center;          /* 利用弹性布局使文字垂直居中 */
23      margin-right: 2vw;
24      height: 100%;
25      color: white;
26  }
27  .user_info>img {
28      height: 3vmax;
29  }
```

订餐模块的 CSS 代码

```
1   /* 已选菜品列表 */
2   .selected_list {
3       border-top: 1px solid #eeeeee;
4   }
5   /* 已选菜品 */
6   .selected_dish {
7       display: flex;
8       justify-content: space-between;
9       padding: 0.8vh 1vw;
10  }
11  .selected_dish_name,.selected_dish_count {
12      font-size: 2vw;
13  }
14  /* 已选菜品数量加减按钮 */
15  .selected_dish_count>button{
16      color: white;
17      font-family: serif;
18      background-color: #E73823;
19      border-radius: 2vw;
20      font-size: 3vw;
21      padding: 0 0 0 0.1vw;
22      margin: 0 1vw;
23      width: 4vw;
24      height: 4vw;
25  }
26  /* 订单按钮 */
27  .order_buttons {
28      display: flex;
29      border-top: 1px solid #eeeeee;
30      width: 100%;
31      min-height: 3em;
32      height: 6vh;
```

```
33    }
34    .selected_list_button {
35      flex: 7;
36      border-right: 1px solid #eeeeee;
37      display: flex;
38      align-items: center;
39      justify-content: center;
40      background-color: white;
41    }
42    #selected_dishes_count {
43      color: red;
44    }
45    .order_button {
46      color: white;
47      background-color: #E73823;
48      flex: 3;
49      display: flex;
50      align-items: center;
51      justify-content: center;
52    }
```

上述 CSS 样式是移动设备布局设计的样式。为了兼容大屏幕设备，还需要在上述 CSS 的基础上，利用媒体查询额外添加样式。这些额外的样式主要用于调整元素的尺寸大小。将下列代码插入 order.css 文件中唯一一处 @media 样式块中。

响应式 CSS 代码

```
1     /* 已选菜品按钮样式 */
2     .selected_dish_count>button{
3       border-radius: 1.2rem;
4       font-size: 1.4rem;
5       width: 2.4rem;
6       height: 2.4rem;
7     }
8     .selected_dish_name, .selected_dish_count,.selected_list_button,.
9     order_button{
10      font-size: 1.6rem;
11    }
```

任务 8-7　在线订餐页面中菜单模块的实现

页面分析 ✎

菜单模块是整个页面中最复杂的部分。菜单包含两大部分，分别是菜品类别和菜品列表两部分。页面的分析如图 8-19、图 8-20 所示。

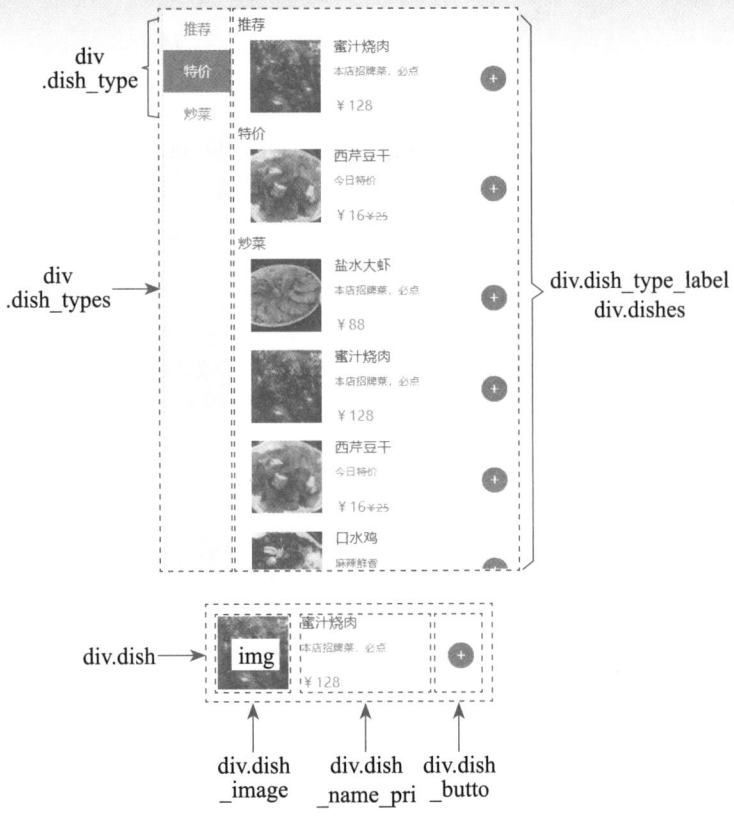

图 8-19　菜单模块的移动设备页面布局

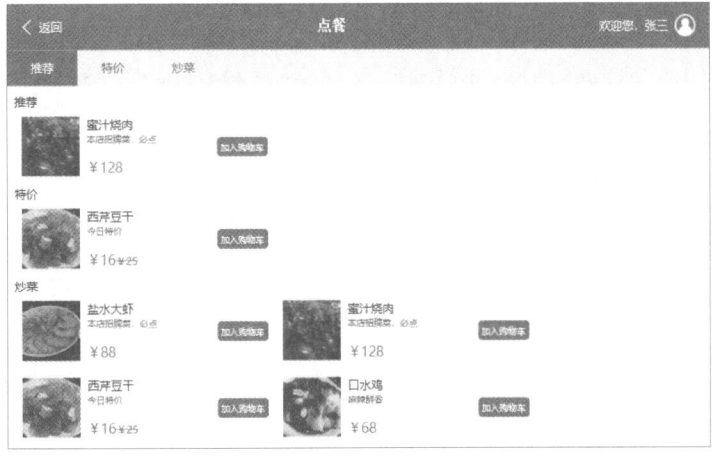

图 8-20　菜单模块的大屏幕设备页面布局

页面的具体描述如下。

（1）菜品类别和菜品列表的容器 div.menu 采用了弹性布局。在移动设备上，菜品类别和菜品列表两者采用水平方向布局；在大屏幕设备上，两者采用垂直方向布局。

（2）每个菜品包含菜品图片、菜品信息和添加菜品按钮三部分，菜品部分采用水平方向弹性布局。菜品信息包括菜品名称、简介和价格，也采用弹性布局。添加菜品按钮在移动设备上显示为一个圆形的加号按钮，在大屏幕设备上显示为圆角矩形文字按钮。

页面实现

1. 页面布局

使用 Visual Studio Code 打开 order.html 文件，在 <div class="menu"> 标签内添加相关代码。页面代码如下所示：

```
1    <!-- 菜品分类   -->
2    <div class="dish_types">
3      <a class="dish_type dish_type_active" href="#recommend"> 推荐 </a>
4      <a class="dish_type" href="#discount"> 特价 </a>
5      <a class="dish_type" href="#main_dish"> 炒菜 </a>
6    </div>
7    <!-- 菜品   -->
8    <div class="dishes">
9      <!-- 一个菜品分类标签   -->
10     <a class="dish_type_label" name="recommend"> 推荐 </a>
11     <!-- 一个菜品   -->
12     <div class="dish">
13       <!-- 菜品图片   -->
14       <div class="dish_image">
15         <img src="img/dish_2.png">
16       </div>
17       <!-- 菜品名称介绍和价格   -->
18       <div class="dish_name_price">
19         <div class="dish_name dish_2"> 蜜汁烧肉 </div>
20         <div class="dish_description"> 本店招牌菜，必点 </div>
21         <div class="dish_price"> ￥<span>128</span></div>
22       </div>
23       <!-- 添加菜品按钮   -->
24       <label class="dish_button">
25         <button type="button" class="add_dish hidden dish_2">
26       </label>
27     </div>
28     <!-- 为了节约篇幅，省略其他分类标签和菜品   -->
29   </div>
```

2. 页面样式

使用 Visual Studio Code 打开 order.css 文件，定义页面菜单模块的相关样式，默认的移动设备布局样式代码如下：

菜单模块的 CSS 代码

```
1    /* 菜品类别子模块 */
2    .dish_types {
3      flex: 2;
4      display: flex;
```

```
5      flex-direction: column;
6      background-color: #f7f7f7;
7      overflow-y: auto;
8    }
9    .dish_types>a{
10     line-height: 3em;
11     text-align: center;
12     color: gray;
13   }
14   .dish_type_active {
15     color: white !important;
16     background-color: #E73823;
17   }
18   /* 菜品子模块 */
19   .dishes {
20     flex: 8;
21     display: flex;
22     flex-direction: column;
23     padding: 1vmax;
24     background-color: white;
25     overflow-y: auto;     /* 溢出滚动 */
26   }
27   /* 菜品 */
28   .dish {  display: flex;      /* 每道菜品内部都采用弹性布局 */ }
29   .dish_image {
30     margin: 2vw 2vh;
31     flex: 0 1 20vw;            /* 菜品图片的 flex 属性 */
32   }
33   .dish_image>img {  width: 100%; }
34   .dish_name_price {
35     flex: 1 1 40vw;            /* 菜名价格区域的 flex 属性 */
36     display: flex;            /* 菜名价格区域内部采用弹性布局 */
37     flex-direction: column;
38   }
39   .dish_name {
40     flex: 1 1 auto;           /* 菜名的 flex 属性 */
41     margin-top: 1vw;
42     font-size: 4vw;
43   }
44   .dish_description {
45     flex: 2 3 auto;           /* 菜品描述的 flex 属性 */
46     color: gray;
47     font-size: 3vw;
48   }
49   .dish_price {
50     flex: 1 3 auto;           /* 价格的 flex 属性 */
51     color: red;
```

```
52      font-size: 4vw;
53    }
54    /* 原价 */
55    .dish_price>span:nth-child(2) {
56      color: gray;
57      text-decoration: line-through;
58      font-size: 3vw;
59    }
60    .dish_button {
61      flex: auto;              /* 添加菜品按钮的 flex 属性 */
62      align-self: center;
63    }
64    .dish_button::before {
65      content: "+";                /* 移动设备按钮显示为 + */
66      border-radius: 50%;
67      background-color: #E73823;
68      color: white;
69      padding: 0.1vmax 1.2vmax 0.6vmax 1.2vmax;
70      font-size: 2.4vmax;
71    }
72    .dish_button:active::before {
73      border: 1px solid #d1d1d1;
74      background-color: white;
75      color: gray;
76    }
```

上述 CSS 样式是移动设备的布局样式。为了兼容大屏幕设备，在上述 CSS 的基础上，利用媒体查询额外添加样式。菜单模块中主要调整以下内容：

（1）某些元素的尺寸大小；

（2）弹性项目的排列方向；

（3）按钮的样式。

将下列代码插入 order.css 文件中唯一一处 @media 样式块中。

响应式 CSS 代码

```
1    /* 菜单调整布局方向 */
2    .menu { flex-direction: column;  }
3    /* 菜品类型调整布局方向和尺寸 */
4    .dish_types {
5      flex: 0 0 auto;
6      flex-direction: row;
7      overflow-x: auto;
8    }
9    .dish_types>a {
10     width: calc(10vw);
11     font-size: 1.6rem;
```

```
12   }
13   /* 菜品调整布局方向、对齐和尺寸 */
14   .dishes {
15     flex-direction: row;
16     flex-wrap: wrap;
17     align-content: flex-start;
18   }
19   .dish_type_label {
20     flex: 0 0 100%;
21     font-size: 1.6rem;
22   }
23   .dish { width: 36rem; }
24   .dish_image {
25     margin: 1rem;
26     flex: 0 0 8rem;
27   }
28   .dish_name_price {  flex: 0 0 18rem; }
29   .dish_name {
30     flex: 0 1 auto;
31     margin-top: 1rem;
32     font-size: 1.6rem;
33   }
34   .dish_description {
35     flex: 3 3 auto;
36     font-size: 1rem;
37   }
38   .dish_price {
39     flex: 2 1 auto;
40     font-size: 1.8rem;
41   }
42   .dish_price>span:nth-child(2){  font-size: 1.4rem;  }
43   .dish_button::before {
44     content: "加入购物车";
45     font-size: 1.2rem;
46     padding: 0.5rem;
47     border-radius: 0.5rem;
48   }
49   /* 已选菜品按钮 */
50   .selected_dish_count>button{
51     border-radius: 1.2rem;
52     font-size: 1.4rem;
53     width: 2.4rem;
54     height: 2.4rem;
55   }
56   .selected_dish_name, .selected_dish_count,.selected_list_button,.
57   order_button{
58     font-size: 1.6rem;
59   }
```

任务 8-8   在线订餐页面中业务逻辑的实现

页面逻辑分析 🖊

页面中需要为诸多元素添加事件，这些事件被触发后会执行一些业务逻辑。真实的订餐页面中的业务逻辑较多，且通常需要后台服务器的支持，这不是本书的重点，因此本项目对此进行了一些简化。

本任务需要添加单击事件的元素包括以下几个。

（1）"添加菜品"按钮。单击"添加菜品"按钮（ ⊕ 、 加入购物车 ），实现将菜品添加到已选菜品中，更新已选菜品的菜品数量。如果当前菜品已经添加过，则只将对应菜品的已点份数增加 1。

（2）"已选菜品"按钮。单击"已选菜品"按钮（ 已选菜品：1 ），实现显示已选菜品列表，并且显示遮罩，将菜单遮起来，防止误操作。再次单击该按钮，隐藏已选菜品列表和遮罩。

（3）"增加、减少已选菜品份数"按钮。单击"增加、减少已选菜品份数"按钮（ ⊕ 、 ⊖ ），实现将当前菜品份数增加或减少 1。当份数减少为 0 时，将当前菜品从已选菜品中移出。

上述这些按钮有些可能是动态生成的，所以这些事件需要在按钮的 DOM 元素生成时再绑定，因此事件的业务逻辑不通过 HTML 的 onclick 属性绑定，而是利用 JavaScript 的 addEventListener() 方法绑定。

页面逻辑实现 📝

下面是页面逻辑对应的 JavaScript 代码：

```
1    // 初始化已选菜品数据对象
2    var selected_dishes={"dishes":[{"id":"dish_4","name":" 口水鸡 ",
3    "count":1}]};
4    // 遍历并绑定添加菜品按钮事件
5    var dish_button=document.getElementsByClassName("add_dish");
6    for(var i=0;i<dish_button.length;i++){
7        dish_button[i].addEventListener("click",function(){
8            var dish_name=document.getElementsByClassName(this.
9    classList[2])[0]
10           var exist_tag=false;
11           // 判断要添加的菜品是否已经在已选菜品中，如果存在则份数加 1
12           for(var i in selected_dishes.dishes){
13               var selected_dish=selected_dishes.dishes[i];
14               if(selected_dish.name===dish_name.textContent){
15                   selected_dish.count+=1;
16                   exist_tag=true;
```

```
17              break;
18           }
19        }
20        // 如果菜品不在已选菜品中，则添加到已选菜品，并更新已选菜品数量
21        if (!exist_tag){
22 selected_dishes.dishes.push({"id":dish_name.
23 classList[1],"name":dish_name.textContent,"count":1});
24           refresh_selected_list_count();
25        }
26    });
27 }
28 // 绑定已选菜品菜单按钮事件
29 var selected_list_button=document.getElementsByClassName("selected_
30 list_button")[0];
31 var selected_list=document.getElementsByClassName("selected_list")[0];
32 selected_list_button.addEventListener("click",function(){
33    selected_list.classList.toggle("hidden");
34    document.getElementsByClassName("modal")[0].classList.
35 toggle("hidden");
36    refresh_selected_list();
37 });
38 // 绑定单击切换菜品类型事件
39 var dish_type=document.getElementsByClassName("dish_type");
40 for(var i=0;i<dish_type.length;i++){
41    dish_type[i].addEventListener("click",function(){
42        var dish_type_active=document.getElementsByClassName("dish_
43 type_active")[0];
44        dish_type_active.classList.remove("dish_type_active");
45        this.classList.toggle("dish_type_active")
46    });
47 }
48 // 重新渲染已选菜品列表
49 function refresh_selected_list(){
50    document.getElementsByClassName("selected_list")[0].
51 innerHTML="";
52    for(var i in selected_dishes.dishes){
53        var selected_dish=selected_dishes.dishes[i];
54        var html="<div class='selected_dish'><div class='selected_
55        dish_name'>"+
56            selected_dish["name"]+"</div><div class='selected_dish_
57            count'>"+
58                "<button type='button' class='sub_dish_count"
59                +selected_dish["id"]+"'>-</button>x<span>"
60                +selected_dish["count"]+"</span>"+
61                "<button type='button' class='add_dish_count"
62                "+selected_dish["id"]+"' >+</button>"+
```

```
63              "</div></div>"
64
65              document.getElementsByClassName("selected_list")[0].
        innerHTML+=html;
66          }
67      // 动态绑定加减已选菜品份数按钮事件
68      var add_dish_count=document.getElementsByClassName("add_dish_
69      count");
70      var sub_dish_count=document.getElementsByClassName("sub_dish_
71      count");
72      for(var i=0;i<add_dish_count.length;i++){
73          add_dish_count[i].addEventListener("click",function(){
74              var current_id=this.classList[1];
75              refresh_data(current_id,1);
76              refresh_selected_list();
77          });
78          sub_dish_count[i].addEventListener("click",function(){
79              var current_id=this.classList[1];
80              refresh_data(current_id,-1);
81              refresh_selected_list();
82              refresh_selected_list_count();
83          });
84      }
85  }
86  // 更新已选菜品数量
87  function refresh_selected_list_count(){
88  document.getElementById("selected_dishes_count").
89  innerHTML=selected_dishes.dishes.length;
90  }
91  // 更新已选菜品数据
92  function refresh_data(current_id,opertator){
93      for(var i in selected_dishes.dishes){
94          var selected_dish=selected_dishes.dishes[i];
95  if(selected_dish.id===current_id){
96              selected_dish.count+=opertator;
97              // 如果已选菜品份数为 0, 则从列表中去除
98              if(selected_dish.count==0){
99                  selected_dishes.dishes.splice(i, 1);
100             }
101             break;
102         }
103     }
104 }
```

项目小结 ✎

项目 8 重点介绍了响应式设计、媒体查询和弹性布局的概念，通过实例演示了以下 CSS 属性的设置方法：媒体类型和媒体查询，弹性容器和弹性项目属性；通过实例演示了弹性布局的两种常见应用，即内容居中和三列布局；最后通过设计和实现一个在线订餐页面，演示了如何利用媒体查询和弹性布局进行响应式网页的开发。

任务描述与技能要求

　　网页应用已经无处不在，大量的嵌入式终端设备也都采用网页作为人机交互界面，例如小区、办公楼内常见的快递柜。本项目将设计并实现一个快递柜取件页面。

　　本项目参考了一些常见的快递柜取件页面，在此基础上设计了如图 9-1 所示的取件页面。简单分析图 9-1，可以发现页面在竖屏和横屏情况下具有不同的布局方式，这是为了兼容不同屏幕的设备。为了在一套 CSS 样式中兼容不同类型的设备，本项目依旧采用响应式设计，使用网格布局方式。在着手制作快递柜取件页面前，下面先通过若干小任务学习网格布局知识，之后再来完成本项目。

（a）竖屏　　　　　　　　　　　　　　　　（b）横屏

图 9-1　快递柜取件页面效果

任务 9-1　网格布局

知识目标：

- 了解并掌握网格布局元素的基本概念
- 了解并掌握网格容器和网格项目属性的设置方法

导语

在项目 8 中已经介绍了弹性布局，项目 9 介绍的网格布局与弹性布局有诸多相似之处。本任务将介绍网格布局的基本概念，并比较其与弹性布局的异同。

知识点 📖

1. 网格布局的概念

在介绍设置网格布局属性前，先介绍网格布局相关的基本概念。图 9-2 是一个网格布局的示例，可以帮助读者理解这些概念。

网格容器是网格布局的基础和弹性容器、块容器类似，所有按照网格布局的内容需要放置在网格容器内。容器中的子元素被称为网格项目，图 9-2 所示的网格容器中共有 8 个网格项目。

一个网格（grid）由对应网格容器中的网格项目以及项目的内容组成，网格项目及其内容按照网格布局样式进行定位和排列，若干水平和垂直的网格线会将网格交叉分割。图 9-2 中共有 8 条网格线，其中水平和垂直方向各 4 条。两条相邻网格线之间的空间称为网格轨道，水平方向的网络轨道称为网格行，垂直方向的网络轨道称为网格

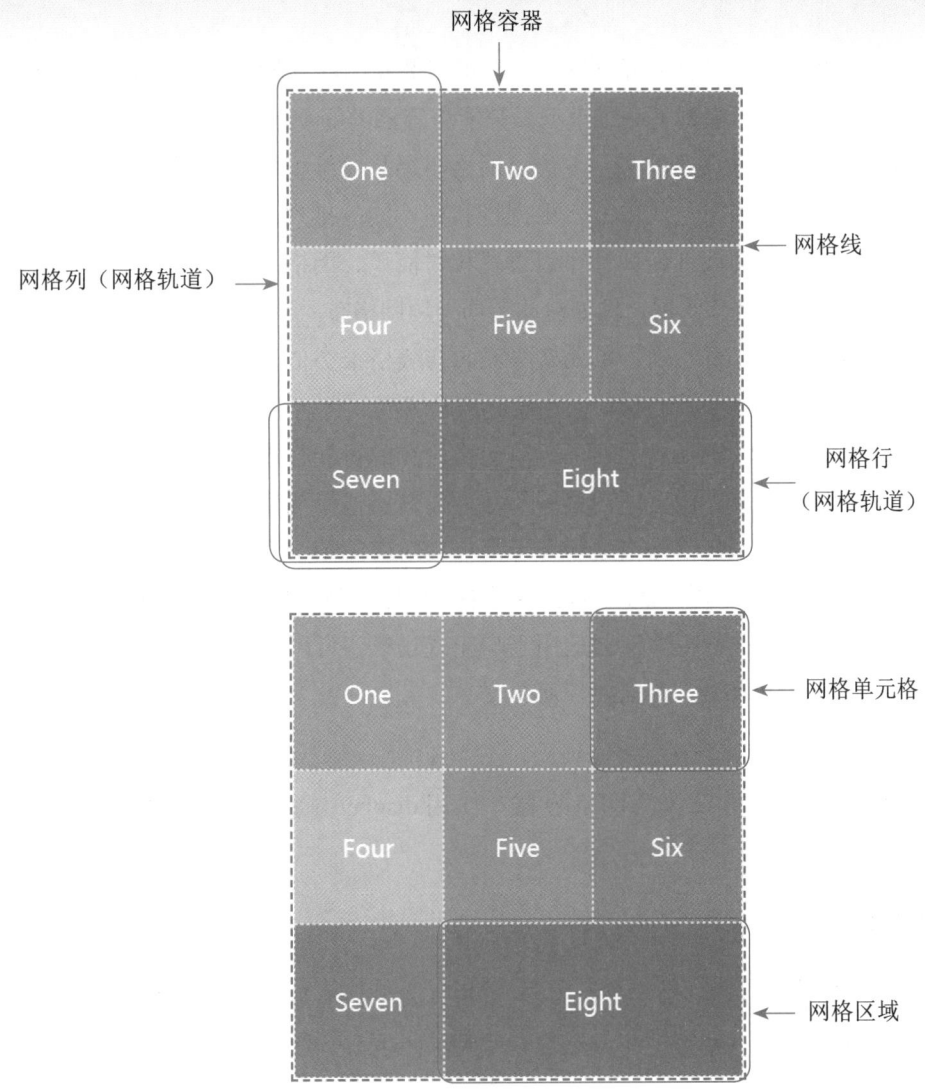

图 9-2　网格布局示例

列。图 9-2 中有 6 条网格轨道，网格行和网格列各 3 条。相邻轨道之间还可以设置间隙来调整网格项目之间的距离，图 9-2 中的间隙为 0，即没有间隙。交错的网格线将网格容器的空间划分成一个个网格单元格，这是网格中最小的描述单位，图 9-2 中共有 9 个网格单元格。一个或多个相邻网格单元格可以组成一个网格区域。网格区域用于布局一个或多个单元格的逻辑空间，通过调整网格区域可以调整网格项目的尺寸。图 9-2 中的网格项目 Eight 设置了一个占用 2 个网格单元格的网格区域。

在设置网格布局时，存在显式网格和隐式网格的概念。所谓显式网格，是指通过显式网格属性设置的网格。显式网格的网格线和网格轨道已经预先通过显式网格属性设置并生成，无论网格所处的位置是否存在网格项目，这些网格都已经存在。隐式网格则是当网格项目超出显式网格属性定义的显式网格时才会动态生成。为了防止出现不可预计的样式结果，可以通过隐式网格属性给隐式网格定义默认的样式。

2. 网格布局与弹性布局、表格布局的差异

通过图 9-2 所示的示例可以发现，与项目 8 介绍的弹性盒子模型相比，网格布局更加灵活。弹性盒子模型是一维模型，只能将容器内的项目按照一个轴方向进行排列，即只能选择水平或垂直中的某一方向。网格布局是二维模型，容器按照行和列进行划分，形成诸多单元格，这些单元格根据行和列不同的排列设置，具有不同的尺寸和定位方式。凡事都有两面性，弹性布局设置相对简单，网格布局则较为复杂。在实际开发中，可以将两者结合使用，例如总体布局采用网格布局，局部内容采用弹性布局。

在网格布局中，行、列、单元格等概念与表格很类似，但网格布局更加灵活，因为布局（CSS）与内容（HTML）之间完成了解耦。在表格中，单元格就是子元素本身，单元格的属性设置在子元素上，单元格所在的行和行内的顺序（列）决定了内容的位置，单元格的尺寸确定了内容的尺寸；而在网格布局中，子元素（项目）可以有自己的位置和尺寸，与单元格之间并不是一一对应关系，而是通过网格的相关设置来建立关联。在网格布局中，行、列、单元格、区域等与 HTML 无关，仅通过 CSS 进行表达。网格布局的这种特性使之适用于响应式场景，可以根据视口大小使用不同的布局方案，而 HTML 部分却不需要任何调整。

3. 设置网格布局

任何元素都可以设置为网格容器。使用 display 显示属性设置网格容器，语法如下：

```
display : grid | inline-grid;
```

其中，grid 代表块级网格显示方式，inline-grid 代表行内网格显示方式。同弹性布局类似，容器元素设为网格布局以后，容器子元素的 float、clear 和 vertical-align 等属性将完全失效。

【例 9-1】实现图 9-2 所示的网格布局，即 8 个网格项目按三行三列布局，其中 Eight 占用最后一行的最后两个单元格。完整代码参见本书配套的代码文件 ch09\ex9-1. html，具体代码如下。

ex9-1.html 初始代码

```
1   <!DOCTYPE html>
2   <html>
3   <head>
4     <meta charset="utf-8">
5     <title> 网格布局示例 </title>
6     <meta name="viewport" content="width=device-width, initial-scale=1">
7     <style>
8       .grid_container {
9         width: 301px;
```

```
10        height: 301px;
11        border: 2px dashed black;
12        display: grid;
13        grid-template-columns: 100px 100px 100px;
14        grid-template-rows:100px 100px 100px;
15      }
16      .grid_item{
17        border: 1px dashed gainsboro;
18        background-color:#eeeeee;
19        color: white;
20        text-align: center;
21        line-height: 100px;
22      }
23      #grid_item8{
24        grid-column-start: 2;
25        grid-column-end: 4;
26      }
27      .red{background-color: red;}
28      .crimson{background-color: crimson;}
29      .darkred{background-color: darkred;}
30      .limegreen{background-color: limegreen;}
31      .green{background-color: green;}
32      .darkgreen{background-color: darkgreen;}
33      .blue{background-color: blue;}
34      .darkblue{background-color: darkblue;}
35    </style>
36  </head>
37  <body>
38    <div class="grid_container">
39      <div class="grid_item red" id="grid_item1">One</div>
40      <div class="grid_item crimson" id="grid_item2">Two</div>
41      <div class="grid_item darkred" id="grid_item3">Three</div>
42      <div class="grid_item limegreen" id="grid_item4">Four</div>
43      <div class="grid_item green" id="grid_item5">Five</div>
44      <div class="grid_item darkgreen" id="grid_item6">Six</div>
45      <div class="grid_item blue" id="grid_item7">Seven</div>
46      <div class="grid_item darkblue" id="grid_item8">Eight</div>
47    </div>
48  </body>
49  </html>
```

任务 9-2　网格容器属性的设置

> **知识目标：**
> - 了解并掌握显式网格的设置方法
> - 了解并掌握隐式网格的设置方法
> - 了解并掌握网格间隙和对齐方式的设置方法
> - 了解并掌握网格属性的简写设置方法

导语

网格布局功能强大，这也意味着它的设置更加复杂。与弹性布局类似，网格布局属性设置的对象包括容器和项目。本任务将分别对网格容器和网格项目属性的设置方法展开详细介绍。

知识点

1. 设置显式网格

（1）行列模板属性 grid-template-columns、grid-template-rows。使用网格布局后接下来需要完成网格的划分，即确定网格的行和列。grid-template-columns 以模板的形式显式地设置列属性，包括列的名称和尺寸（列宽）。grid-template-rows 以模板的形式显式地设置行属性，包括行的名称和尺寸（行高）。

grid-template-columns、grid-template-rows 属性的基本语法如下：

```
grid-template-columns
grid-template-rows        : none | <track-list> | <auto-track-list>
```

当 grid-template-columns、grid-template-rows 属性设置为 none 时，明确表示不创建任何显式网格轨道。此时容器将变为完全隐式网格，隐式网格的行列大小将由 grid-auto-columns 和 grid-auto-rows 属性确定。

<track-list> 和 <auto-track-list> 表示采用列表的形式来描述网格内的所有显式网格轨道。为了简化理解，可以暂时忽略两者的区别。这两种列表均由一系列可选的网格线名称列表（line names）和轨道尺寸调整函数（track sizing function）构成，其结构为类似下面的格式：

```
［网格线 1 名称列表］［轨道 1 调整函数］［网格线 2 名称列表］［轨道 2 调整函数］［网格线 3 名称列表］…
```

网格中默认能通过数字进行索引，但为了便于开发人员设计网格属性，可以在定义网格时给网格线定义一个或多个名称（别名），这些名称构成了网格线名称列表。轨道尺寸调整函数用于定义所在轨道（行或列）的尺寸，网格有多少条显式轨道，就需要设置多少个轨道尺寸调整函数。注意，一条轨道有两条网格线，相邻轨道中间夹着一条相同的网格线，所以在最后一条轨道后方还有一条网格线。

　　构成 \<track-list\> 和 \<auto-track-list\> 的具体属性值及说明如表 9-1 所示。

表 9-1　行列模板属性值及说明

属　性　值	说　　明
\<line-names\>	使用字符串定义网格线名称，一个轨道可以设置多个名称，例如 [line1]、[l1 head]
\<length\>	使用长度单位设置轨道尺寸，例如 10px、2em 等
\<percentage\>	使用百分比单位设置轨道尺寸，例如 50%
\<flex\>	使用 fr 弹性单位设置轨道尺寸，所有使用弹性单位设置的轨道按照比例分割剩余空间。例如轨道列表共有 2 条轨道设置为 1fr 和 2fr，则 2 条轨道分别占据 1/3 和 2/3 剩余空间
minmax(min, max)	设置轨道的最小最大尺寸范围，例如 minmax(10px,20px)
auto	由浏览器自动计算轨道尺寸
max-content	使用所有轨道内容中尺寸最大的部分作为轨道尺寸
min-content	使用所有轨道内容中尺寸最小的部分作为轨道尺寸
fit-content(\<length-percentage\>)	在指定尺寸条件下尽可能收缩，当内容小于指定尺寸时等同于 max-content，当内容尺寸大于指定尺寸时等同于 min-content，内容介于两者之间时等于指定尺寸

　　【例 9-2】演示上述属性的设置效果，完整示例位于本书配套的代码文件 ch09\ex9-2.html 中，具体代码如下。本例以例 9-1 为基础，去除项目 grid_item8 的设置，对 grid-template-columns 属性进行调整，将 grid-template-columns 设置为以下 4 种方式，得到 4 种不同的结果，如图 9-3 所示。

ex9-2.html 中 grid-template-columns 的基本设置

```
（1）grid-template-columns:[c1 column] 100px [c2 column] 50% [c3 column]
    auto;
（2）grid-template-columns:[c1 column] 100px [c2 column] 1fr [c3 column]
    2fr;
（3）grid-template-columns:[c1 column] minmax(10%,90%) [c2 column] max-
    content [c3 column] min-content;
（4）grid-template-columns:[c1 column] fit-content(500px) [c2 column] fit-
    content(100px)  [c3 column] fit-content(1px) ;
```

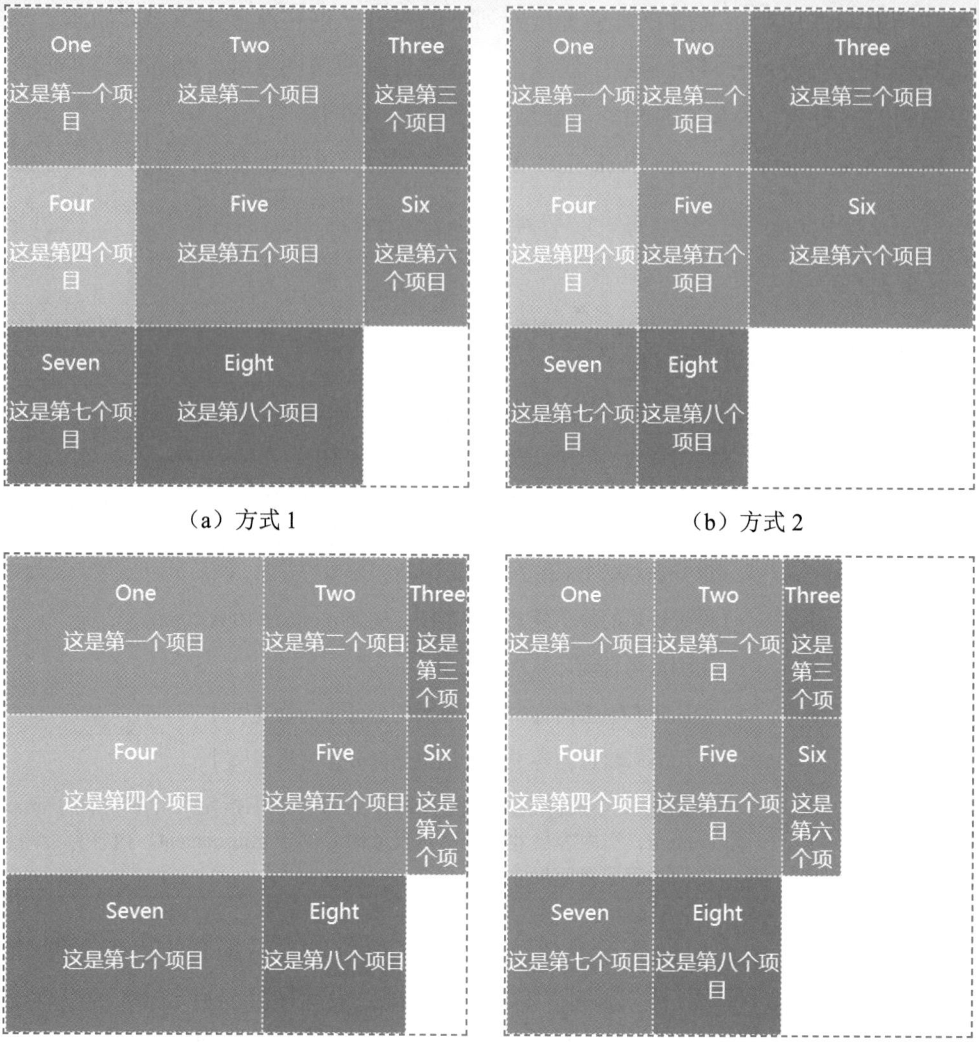

（a）方式 1　　　　　　　　　（b）方式 2

（c）方式 3　　　　　　　　　（d）方式 4

图 9-3　ex9-2 运行结果 1

　　要保证网格划分正确，每条轨道需要利用上述属性值进行设置。如果轨道数量较多，设置过程就相对烦琐。可以使用 repeat() 函数简化设置，函数参数及说明如表 9-2 所示，语法如下：

```
repeat( [ <integer [1,∞]> | auto-fill | auto-fit ] , <track-list> )
```

表 9-2　repeat() 函数参数及说明

参　　数	说　　明
<integer [1, ∞]>	使用正整数表示重复轨道的数量
auto-fill	自动计算对应轴方向填满网格所需的轨道数量。如果网格项目所占用的轨道数小于计算出的轨道数量，则多余的空间会生成空轨道，这些空轨道也会分配尺寸

续表

参　数	说　明
auto-fit	与 auto-fill 基本一致。但当存在空轨道时，空轨道将被折叠。此时如果轨道列表使用 minmax() 函数，且使用了弹性尺寸，则网格项目会占满空轨道的空间

下面在例 9-2 的基础上修改 grid-template-columns 属性，演示 repeat() 函数的设置方法，具体代码如下，几种设置方法的运行结果如图 9-4 所示。

ex9-2.html 中 grid-template-columns 的 repeat 函数设置

```
（1）grid-template-columns:repeat(3,120px);
（2）grid-template-columns:repeat(2,1fr) 50%;
（3）grid-template-columns:repeat(1,1fr 2fr 1fr);
（4）grid-template-columns:repeat(auto-fill,minmax(50px,1fr));
（5）grid-template-columns:repeat(auto-fit,minmax(50px,1fr));
```

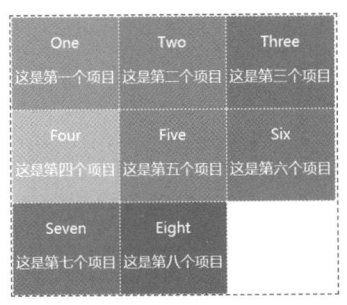
（a）方式（1）

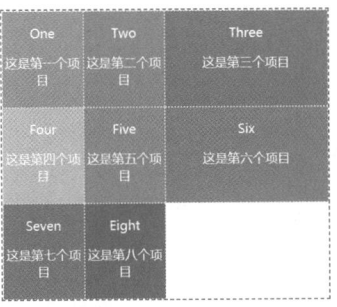
（b）方式（2）

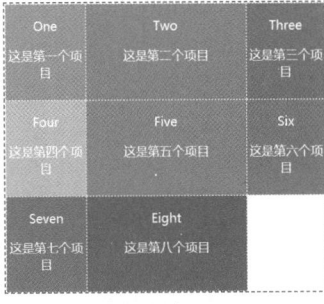
（c）方式（3）

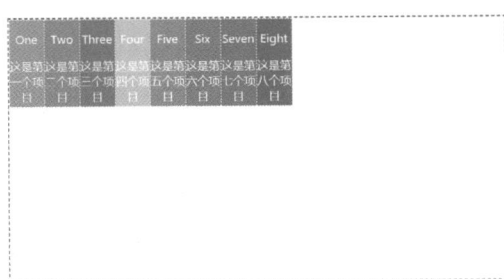
（d）方式（4）

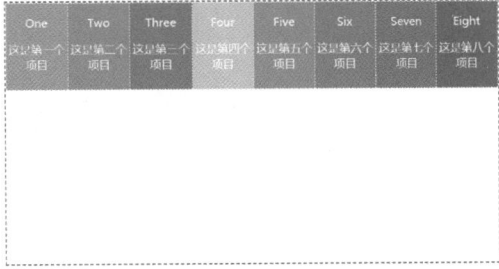
（e）方式（5）

图 9-4　ex9-2.html 运行结果 2

（2）区域模板属性 grid-template-areas。网格布局允许为单元格指定区域，每个区域可由一个或多个单元格组成。grid-template-areas 属性用于可视化设置区域模板，语法如下：

```
grid-template-areas : none | <string>+
```

区域模板由多行字符串构成，每行字符串表示该行的区域划分方式，字符串中的空格用于划分列，划分出的每个单词代表单元格名称，"."表示该单元格留空。如果要划分出由多个单元格构成的区域，只需将区域内的单元格都设置为相同的名称。实际使用中通常需要同时为网格项目设置 grid-area 属性（该属性介绍见任务 9-3）。

下面是一些例子：

```
1    /* 样例 1：形成 3 行 3 列网格，其中第 3 行第 3 列为空 */
2    grid-template-areas: "a b c"
3                         "d e f"
4                         "g h .";
5    /* 样例 2：形成 3 行 3 列网格，其中 h 占据第 3 行第 2、3 列 */
6    grid-template-areas: "a b c"
7                         "d e f"
8                         "g h h";
```

【例 9-3】设置 grid-template-areas 属性。如图 9-5 所示的是上述样例 2 的运行结果。由于相关示例都基于例 9-1，故此处不再展示完整代码，完整代码参见本书配套的代码文件 ex9-3.html。

图 9-5 样例 2 的运行结果

（3）显式网格模板简写属性 grid-template。grid-template 简写属性实现在一条声明中同时设置 grid-template-rows、grid-template-columns 和 grid-template-areas 属性。grid-template 简写属性的语法如下：

```
grid-template :    none |
                   [ <'grid-template-rows'> / <'grid-template-columns'> ] |
                   [ <line-names>? <string> <track-size>? <line-names>? ]+
                   [ / <explicit-track-list> ]?
```

grid-template 简写属性有 3 种设置方式。

① none：表示 3 个属性均采用默认值。

② <'grid-template-rows'> / <'grid-template-columns'>：将行列模板属性分别列出，然后通过 / 隔开，grid-template-areas 默认为 none。

③ [<line-names>? <string> <track-size>? <line-names>?]+ [/ <explicit-track-list>]?：<string> 表示 grid-template-areas 属性，/ 前面的剩余部分表示 grid-template-rows 属性，/ 后面部分表示 grid-template-columns 属性。

下面是一个 grid-template 简写属性的例子：

```
1   grid-template: auto 1fr / auto 1fr auto;
2   # 等同于
3   grid-template-rows: auto 1fr;
4   grid-template-columns: auto 1fr auto;
5   grid-template-areas: none;
```

2. 设置隐式网格

利用 grid-template-columns、grid-template-rows 和 grid-template-areas 设置可以定义一个确定轨道数量的显式网格，但是当有网格项目布局在定义范围之外时，网格容器将通过增加隐式网格线来生成隐式网格轨道以放置这些网格项目。可通过以下属性设置隐式网格的默认尺寸和排列方式。

（1）隐式行列属性 grid-auto-columns、grid-auto-rows。grid-auto-columns、grid-auto-rows 属性用于定义隐式行列的尺寸，使用方法与 grid-template-columns、grid-template-rows 类似。区别在于隐式行列不能定义轨道名称，且不能使用 repeat() 函数。

本书配套的代码文件 ex9-4.html 演示了 grid-auto-columns、grid-auto-rows 属性，此处不再赘述。

（2）自动排序属性 grid-auto-flow。默认情况下，网格按先行后列（row）的方式放置项目。通过设置 grid-auto-flow 属性可以调整为先列后行方式，类似弹性布局的 flex-direction 属性。grid-auto-flow 设置可在没有显式定义位置的情况下自动布置网格项目。当显式网格已被排满甚至没有显式网格时，该设置可以生成隐式网格轨道。下面是 grid-auto-flow 属性的语法。

```
grid-auto-flow : [ row | column ] || dense
```

grid-auto-flow 属性值及说明如表 9-3 所示。

表 9-3　grid-auto-flow 属性值及说明

属 性 值	说　　明
row	按先行后列顺序放置项目，默认值
column	按先列后行顺序放置项目
dense	紧密排列选项，使用后排列时将尝试使用小的项目填充空单元格，即使项目本来处于后方

下面演示 grid-auto-flow 属性，完整示例参见本书配套的代码文件 ch09\ex9-5.html。图 9-6 是 grid-auto-flow 设置为 column 时的运行结果。

图 9-6　grid-auto-flow 设置为 column 时的运行结果

3. 设置间隙和对齐

（1）间隙属性 row-gap、column-gap 和 gap。行和列之间可以有一定间隙，默认没有间隙。可以通过 column-gap 和 row-gap 属性分别设置列间隙和行间隙。需要注意的是，行列间隙只存在于行与行、列与列之间，网格首尾行列的外侧不存在间隙。gap 是行列间隙的简写方式。在最新的 CSS Grid 模块草案中，3 个属性名称推荐省略 grid 前缀。相关语法如下：

```
row-gap (grid-row-gap)
column-gap (grid-column-gap)      : <length> | <percentage>;

grid-gap (gap)                    : <'row-gap'> <'column-gap'>?
```

【例 9-4】演示 row-gap、column-gap 和 gap 属性，完整代码参见本书配套的代码文件 ex9-6.html。图 9-7 是行列间隙均设置为 10px 时的运行结果。

图 9-7　设置 row-gap、column-gap、gap 属性的运行结果

（2）轨道对齐属性 align-content、justify-content、place-content。通过设置 align-content、justify-content 属性可以分别定义网格容器中所有行和列轨道的对齐方式，这和使用弹性布局时的效果基本一致。place-content 是 align-content、justify-content 属性的简写属性。相关属性的语法如下：

```
align-content    normal | start| end | center | stretch | space-around
justify-content :
                 | space-between | space-evenly

place-content    : <'align-content'>  <'justify-content'>
```

justify-content 属性值及说明如表 9-4 所示。

表 9-4　justify-content 属性值及说明

属 性 值	说　　明
start	所有网格项目朝设置轴方向的起点对齐，默认值
end	所有网格项目朝设置轴方向的终点对齐
center	所有网格项目按设置轴方向居中对齐
stretch	当网格项目未定义尺寸时，拉伸设置轴方向的大小，使之在轴方向充满网格
space-between	在设置轴方向，每个网格项目之间的间隔相等，项目与容器间没有间隔
space-around	在设置轴方向，每个网格项目两侧的间隔相等，项目间隔是项目与容器之间间隔的 2 倍
space-evenly	在设置轴方向，网格项目间以及网格与容器边框间的间隔相等

【例 9-5】演示 align-content、justify-content、place-content 属性，完整代码参见本书配套的代码文件 ch09\ex9-7.html。图 9-8 是 align-content 设置为 end、justify-content 设置为 space-around 时的运行结果。

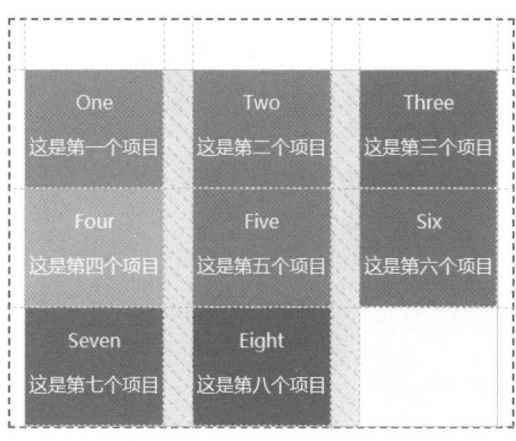

图 9-8　轨道对齐的运行结果

（3）单元格内对齐属性 justify-items、align-items、place-items。justify-items 属性可以定义网格项目在单元格内行轴（水平）方向上的对齐方式，align-items 属性定义网格项目在单元格内块轴（垂直）方向上的对齐方式。place-items 是 justify-items、align-items 的简写属性。justify-items、align-items、place-items 与 align-content、justify-content、place-content 属性的差异在于对齐对象不同，前者用于设置单元格内的对齐方式，后者用于设置容器内容的对齐方式。

justify-items、align-items、place-items 属性的语法如下：

```
align-items
justify-items    : start| end | center | stretch | baseline

place-items    : <'align-items'>  <'justify-items'>?
```

justify-items 属性值及说明如表 9-5 所示。

表 9-5　justify-items 属性值及说明

属 性 值	说　　明
start	所有网格项目在布局区域内朝设置轴方向的起点对齐，默认值
end	所有网格项目在布局区域内朝设置轴方向的终点对齐
center	所有网格项目在布局区域内按设置轴方向居中对齐
stretch	当网格项目未定义尺寸时，拉伸设置轴方向的大小，使之在轴方向充满布局区域

【例 9-6】演示 justify-items、align-items、place-items 属性的设置效果，完整代码参见本书配套的代码文件 ch09\ex9-7.html。图 9-9 是 align-items 设置为 end、justify-items 设置为 start 时的运行结果。

图 9-9　单元格内对齐设置效果

4. 设置网格简写属性

与其他简写属性类似，可以将显式网格属性和隐式网格属性在 grid 简写声明中同时完成设置。grid 简写属性的语法如下：

```
        <'grid-template'> |
        <'grid-template-rows'> / [auto-flow && dense? ] <'grid-auto-
grid :  columns'>? |
        [ auto-flow && dense? ] <'grid-auto-rows'>? / <'grid-template-
        columns'>
```

grid 简写属性实际就是如下两种形式。

（1）等同于 grid-template 简写属性，进行显式设置。

（2）同时设置显式和隐式网格属性。此时只能规定一个方向为显式网格，另一个方向为隐式网格，两者间用 / 分隔。设置隐式网格的自动排列方向时，只需要使用 auto-flow 关键字，因为此时设置直接加在了行或列设置前，无须再指明方向。需要注意的是，没有在 grid 中设置的网格属性将使用其默认值。

下面是一个 grid 简写属性的例子：

```
1   grid: auto-flow 2fr / 200px
2   # 等同于
3   grid-template: none / 200px;
4   grid-auto-flow: row;
5   grid-auto-rows: 2fr;
6   grid-auto-columns: auto;
```

任务 9-3　网格项目属性的设置

知识目标：

● 了解并掌握网格项目属性的设置方法

导语

本任务就网格项目的属性设置方法展开详细介绍。在任务 9-2 中介绍了网格布局中与网格容器相关的属性设置。网格容器的相关属性主要实现对容器和项目的整体设置，对于特殊的项目则需要对其单独设置属性。

知识点

1. 设置布局相关属性

（1）行、列起止网格线属性 grid-row-start、grid-row-end、grid-column-start、grid-column-end。网格项目在默认情况下只占用一个单元格，其所处单元格（行、列）由网格容器上设置的属性决定。如果网格项目的布局需要自定义占用的单元格数量和位置，可以通过设置 grid-column-start、grid-column-end、grid-row-start、grid-row-end 属性实现。

grid-row-start、grid-row-end 属性分别用于定义网格项目在行方向上的起始网格线和结束网格线信息。起始网格线位于项目上边框上侧，结束网格线位于项目下边框下侧，这样就确定了项目占用哪几行。类似地，grid-column-start、grid-column-end 用于完成列方向的相关设置，确定项目占用哪几列。

grid-column-start、grid-column-end、grid-row-start、grid-row-end 属性的语法如下：

```
grid-row-start、grid-row-      auto | <custom-ident>
end grid-column-start、        : | [ <integer> && <custom-ident>? ]
grid-column-end               | [ span && [ <integer> || <custom-ident> ] ]
```

相关属性值及说明如表 9-6 所示。

表 9-6 grid-column-start、grid-column-end、grid-row-start、grid-row-end
属性值及说明

属 性 值	说 明
auto	自动放置或默认范围为 1，默认值
<custom-ident>	使用已经命名的自定义标志，即在显式网格模板中定义的网格线名称
<integer>	正数表示网格线编号，负数表示从网格结束边缘反向计数，注意不能为 0
span	配合整数或自定义标志表示一个跨度

下面是一组简单的例子：

```
1  grid-row-start: 1;          /* 网格项目水平方向的起始位置为第 1 条水平网格线 */
2  grid-row-end: r3;           /* 网格项目水平方向的结束位置为名为 r3 的水平网格线 */
3  grid-column-start:-4        /* 网格项目垂直方向的起始位置为倒数第 4 根垂直网格线 */
4  grid-column-end: span 2     /* 网格项目垂直方向的结束位置和起始位置间跨过 2
                                   条网格线 */
```

注意：在实际定义时会存在一些冲突的情况，此时 CSS 按下列方式处理：

如果网格项目的布局包含两行（列），并且开始网格线比结束网格线靠后，则交换两行（列）；

如果开始网格线等于结束网格线，则忽略结束网格线的设置；

如果布局同方向设置了两个跨度（span），则忽略由结束网格布局所创建的跨度；

如果布局仅包含一个跨度（span），则默认跨度的起始网格线为 1。

【例 9-7】演示 grid-column-start、grid-column-end、grid-row-start、grid-row-end 属性，完整代码参见本书配套的代码文件 ch09\ex9-8.html。图 9-10 是 grid-row-start 设置为 1、grid-row-end 设置为 r3 时的运行效果。

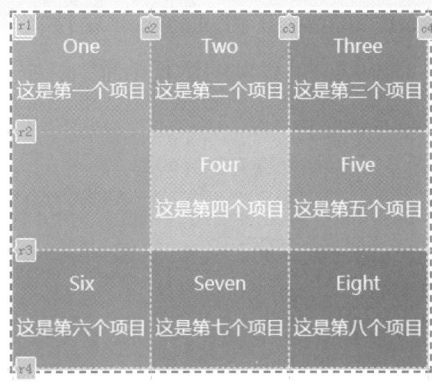

图 9-10　基于网格线的布局设置效果图

（2）行、列起止网格线简写属性 grid-row、grid-column、grid-area。grid-row、grid-column、grid-area 属性是任务 9-2 介绍的行、列布局设置的简写形式。grid-column、grid-row 分别用于列和行的布局设置。

下面是 grid-column、grid-row 属性的语法：

```
grid-column
grid-row        : <grid-line> [ / <grid-line> ]?
```

grid-row、grid-column 通过设置 1 条或 2 条网格线（grid-line）确定项目行和列的起止位置。如果设置 2 条网格线，则第 1 条表示起始网格线，/ 后方的网格线表示结束网格线；如果仅设置 1 条网格线，则另外一条网格线取默认值 1。<grid-line> 的具体语法与 grid-column-start、grid-column-end、grid-row-start、grid-row-end 属性的语法相同。

grid-area 属性用于网格区域的设置，即同时设置行和列的布局属性。下面是 grid-area 属性的语法：

```
grid-area: <grid-line> [ / <grid-line> ]{0,3}
```

如果 grid-area 只设置一个网格线名称（自定义标志），则可以配合 grid-template-area 属性，实现便捷的可视化布局。

本书配套的代码文件 ch9\ex9-9.html 演示了 grid-row、grid-column、grid-area 属性的设置方法，此处不再赘述。

2.设置对齐、排列相关属性

（1）项目对齐属性 justify-self、align-self、place-self。任务 9-2 中介绍了 justify-items、align-items、place-items 属性，这组属性针对网格中所有的项目。如果只需要对个别项目设置不同的对齐方式，可以在项目上设置 justify-self、align-self、place-self 属性，这些属性的使用方法与 justify-items、align-items、place-items 属性完全一致，故此处不再展开介绍。

【例 9-8】演示 justify-self、align-self 和 place-self 属性，完整代码参见本书配套的代码文件 ch09\ex9-10.html，图 9-11 是该例的运行结果。

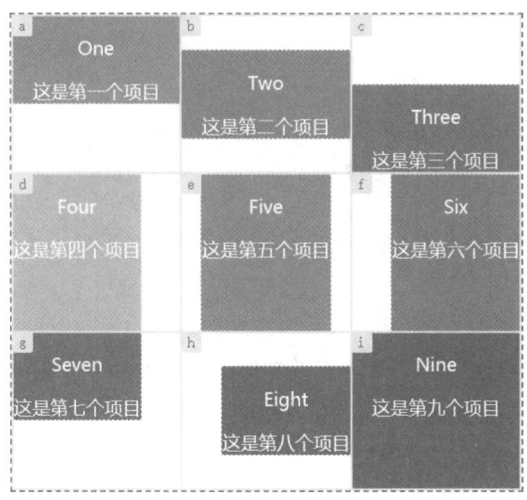

图 9-11　对齐属性的设置效果图

（2）排序属性 order 。在网格布局中，可以利用 order 属性在不改变项目大小的情况下，调整项目的显示顺序。使用方法同弹性布局中的 order 属性一致，故不再赘述。

【例 9-9】演示 order 属性的设置方法，完整代码参见本书配套的代码文件 ch09\ex9-11.html，图 9-12 是该例的运行结果。

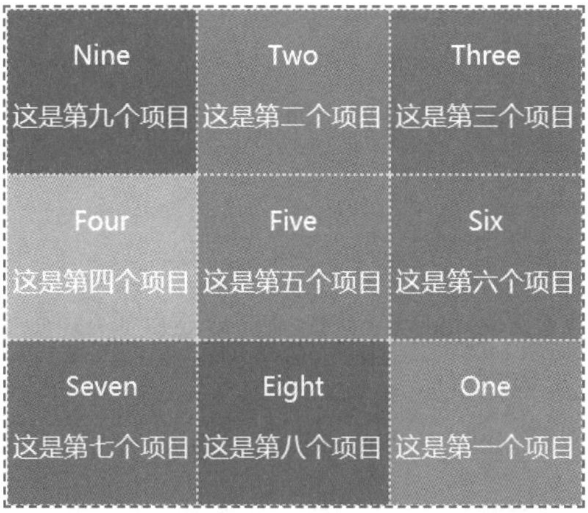

图 9-12　order 属性的设置效果图

（3）z 轴索引属性 z-index。网格项目之间可能出现覆盖、部分重叠等现象，如图 9-13 所示。这是因为网格项目对应的网格区域有交叉或者网格项目本身定义了负的外边距或定位。此时，可以通过 z-index 属性明确哪个项目在上方，哪个项目在下方。

【例 9-10】演示 z-index 属性的设置方法，完整代码参见本书配套的代码文件 ch09\ex9-12.html，图 9-13 是该例的运行效果。

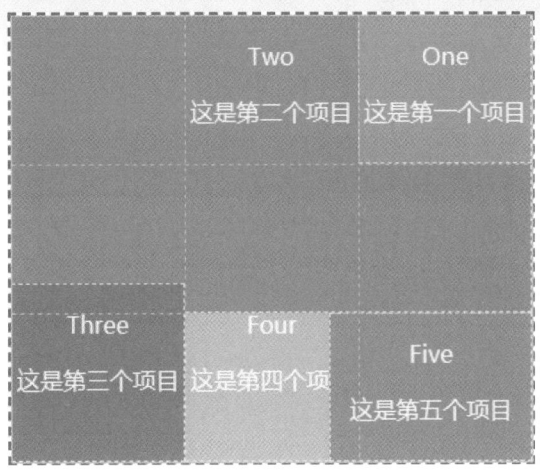

图 9-13　z-index 属性的设置效果图

任务 9-4　使用网格布局实现响应式设计

知识目标：

- 了解适合网格布局的几种场景
- 灵活使用网格布局实现响应式设计

导语

响应式布局设计的难点在于：在不同的视口条件下，需要实现正确且合理的重新布局。在没有弹性布局、网格布局及媒体查询功能时，仅通过 CSS 实现响应式布局较为困难。弹性布局简化了设计难度，但是同网格布局相比，由于只能选择单个轴方向进行布局，还存在一定局限性，更适合在局部使用。网格布局则更适合用于页面整体布局。本任务将详细介绍两种常见的页面布局模型。

知识点

1. 三列布局

三列布局（圣杯布局）在项目 8 中已经介绍过，当时采用弹性布局实现。本任务将使用网格布局实现同样的布局，然后再来对比两者的差别。

【例 9-11】使用网格布局实现三列布局，完整代码参见本书配套的代码文件 ch09\
ex9-13.html，具体代码如下，运行结果如图 9-14 所示。

ex9-13.html 代码

```
1   <!DOCTYPE html>
2   <html>
3   <head>
4     <meta charset="utf-8">
5     <title>使用网格布局实现圣杯布局</title>
6     <meta name="viewport" content="width=device-width, initial-scale=1">
7     <style>
8       body {
9         margin: 0;
10        padding: 0;
11        font-size: 1.2rem;
12      }
13      .grid_container {
14        width: 100vw;
15        height: 100vh;
16        display: grid;
17      }
18      /* 大屏幕样式 */
19      @media screen and (min-width: 768px) {
20        .grid_container {
21          grid-template-columns: 1fr 4fr 1fr;
22          grid-template-rows: 5em 1fr 3em;
23          grid-template-areas: "header header header"
24                               "nav main sidebar"
25                               "footer footer footer";
26        }
27      }
28      /* 小屏幕样式 */
29      @media screen and (max-width: 767px) {
30        .grid_container {
31          grid-template-rows: 2em 1fr 10fr 1fr 2em;
32          grid-template-areas: "header"
33                               "nav"
34                               "main"
35                               "sidebar"
36                               "footer";
37        }
38      }
39      #header  { grid-area: header; }
40      #nav     { grid-area: nav;     }
41      #main    { grid-area: main;    }
42      #sidebar { grid-area: sidebar;}
43      #footer  { grid-area: footer; }
44      .lightblue1 { background-color: #7dd8d6; }
45      .lightblue2 { background-color: #49b4e7; }
```

```
46      </style>
47    </head>
48    <body>
49      <div class="grid_container">
50        <div class="grid_item lightblue1" id="header">Header</div>
51        <div class="grid_item lightblue2" id="nav">Navigation</div>
52        <div class="grid_item" id="main">Main</div>
53        <div class="grid_item lightblue2" id="sidebar">Sidebar</div>
54        <div class="grid_item lightblue1" id="footer">Footer</div>
55      </div>
56    </body>
57    </html>
```

对比例 8-13 和例 9-11 的代码，分析两种方法的差异。首先，两者实现的效果是基本一致的，代码行数也相同。其次，仔细观察 CSS 代码，可以发现网格布局由于可以对轨道、网格线、区域进行命名，且相关属性设置比较直观，即使不预览结果，也能够大致了解布局结构；反观弹性布局，虽然代码并不复杂，但由于设置不直观，相对来说可阅读性较差。

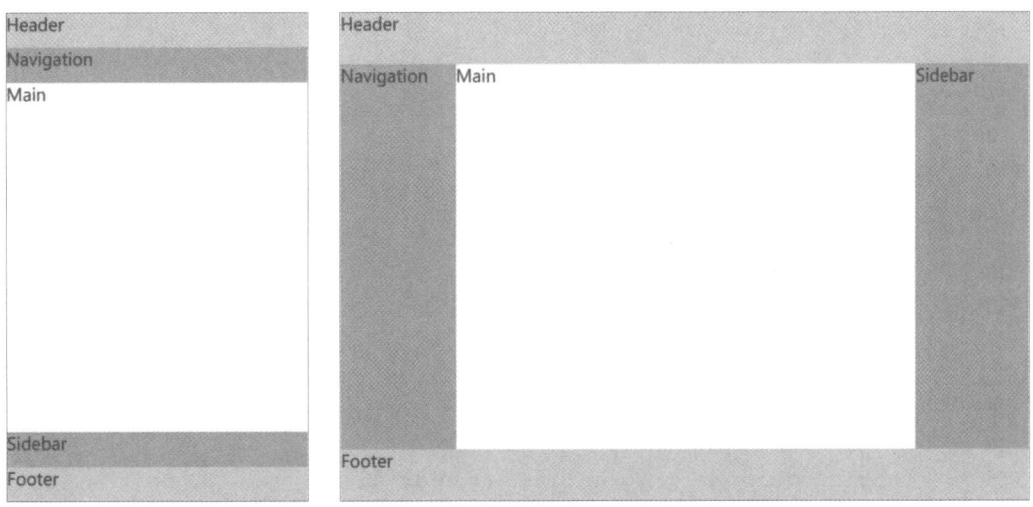

图 9-14　使用网格布局实现的圣杯布局效果图

2.12 栅格布局

在网格布局模块推出之前，很多第三方前端开发框架提供了非原生的网格布局方式，例如 Bootstrap，这些框架将网格布局称为栅格系统。现在大部分栅格系统都采用 12 栅格，即将父元素（容器）的宽度等分为 12 份，除此之外还有 16 栅格、24 栅格等。

因为布局通常不超过 6 列，且栅格越多代码越复杂，为了兼顾常用布局习惯和使用的便捷性，取 1、2、3、4、6 的最小公倍数 12 作为栅格大小。

栅格系统简化了响应式设计的难度，但是由于缺少原生 CSS 属性的支持，这些框架仅是通过各种其他布局方式模拟出网格布局。虽然效果上非常接近网格布局，但是由于无法做到内容和样式的完全解耦，所以很难利用一套 CSS 和 HTML 代码来适应不同的视口条件，实现起来需要添加很多额外的结构，较为臃肿。利用网格布局原生地实现栅格系统，可以进一步简化的响应式设计。

【例 9-12】利用网格布局实现 12 栅格布局，完整代码参见本书配套的代码文件 ch09\ex9-14.html，具体代码如下所示。

ex9-14.html 代码

```
1   <!DOCTYPE html>
2   <html>
3   <head>
4     <meta charset="utf-8">
5     <title> 使用网格布局实现 12 栅格布局 </title>
6     <meta name="viewport" content="width=device-width, initial-scale=1">
7     <style>
8       body {
9         margin: 0;
10        padding: 0;
11        font-size: 1.2rem;
12      }
13      /* 容器 */
14      .grid_container {
15        display: grid;
16        min-width: 100vw;
17        height: 100vh;
18      }
19      /* 栅格区域 */
20      .grid_row {
21        display: grid;
22        grid-template-columns: repeat(12, 1fr);
23      }
24      /* 12 栅格 */
25      .grid_column-1{ grid-column: span 1; }
26      .grid_column-2{ grid-column: span 2; }
27      .grid_column-3{ grid-column: span 3; }
28      .grid_column-4{ grid-column: span 4; }
29      .grid_column-5{ grid-column: span 5; }
30      .grid_column-6{ grid-column: span 6; }
31      .grid_column-7{ grid-column: span 7; }
32      .grid_column-8{ grid-column: span 8; }
33      .grid_column-9{ grid-column: span 9; }
34      .grid_column-10{ grid-column: span 10; }
35      .grid_column-11{ grid-column: span 11; }
36      .grid_column-12{ grid-column: span 12; }
```

```
37      .main{ height: 80vh; }
38      .header,.footer{ height: 10vh; }
39      .lightblue1 { background-color: #7dd8d6; }
40      .lightblue2 { background-color: #49b4e7; }
41    </style>
42  </head>
43  <body>
44    <div class="grid_container">
45      <div class="grid_row header">
46        <div class="grid_item grid_column-12 lightblue1">占用 12 格 </div>
47      </div>
48      <div class="grid_row main">
49        <div class="grid_item grid_column-2 lightblue2">占用 2 格 </div>
50        <div class="grid_item grid_column-8">占用 8 格 </div>
51        <div class="grid_item grid_column-2 lightblue2">占用 2 格 </div>
52      </div>
53      <div class="grid_row footer">
54        <div class="grid_item grid_column-12 lightblue1">占用 12 格 </div>
55      </div>
56    </div>
57  </body>
58  </html>
```

例 9-12 的运行结果如图 9-15 所示，实现了经典的圣杯布局。在本例中，首先定义了一个完整的网格容器 grid_container；接着定义了一个通用的网格模板类 grid_row，该模板也定义了一个网格容器，网格设置了 12 列，每列宽度均分；然后定义了 12 个通用的项目列模板类 grid_column-1~grid_column-12，这些类定义了项目占用网格的列数，可以占用 1~12 列。这样，每个需要使用 12 栅格的元素不需要重复定义网格属性，只需要在容器元素上添加 grid_row 类即可。容器内的项目根据所需占用的栅格数量，添加 grid_column-1~grid_column-12 中对应的类。

图 9-15　12 栅格布局

任务 9-5 快递柜取件页面分析

导语 🐝

通过学习任务 9-1~9-4 了解和掌握了网格布局相关的知识。从本任务开始,利用相关知识来设计和实现一个快递柜取件页面。本任务首先对页面进行分析并完成基本的架构。

页面分析 ✏️

如图 9-16 所示,快递柜取件页面按功能区域划分,从顶部到底部分割为两个模块,分别是①导航模块、②取件模块。导航菜单固定在顶部,取件模块在导航下方。取件模块内部又包含了二维码和键盘等若干子模块。

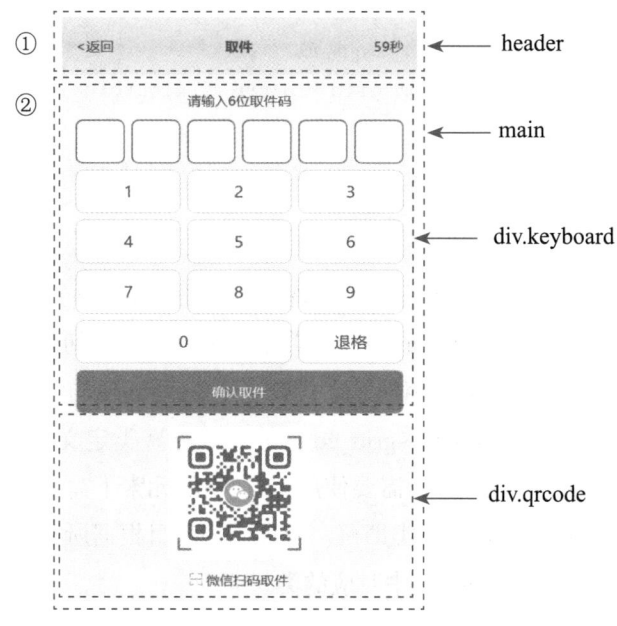

图 9-16 快递柜取件页面布局

　　页面采用响应式设计，并为不同方向的屏幕设置了不同的布局。当屏幕垂直时，键盘和二维码上下分布；当屏幕水平时，二维码和键盘左右分布。两种布局略有不同，但功能完全一致。

页面架构

1. 准备工作

　　在计算机文件系统中创建项目文件目录 PROJECT09；在 Visual Studio Code 中创建项目文件夹，在工作区中创建 HTML 文件 package.html、CSS 文件 package.css 和 JavaScript 文件 package.js；在项目文件夹下再创建一个 img 文件夹，将本项目所需的图片文件复制到该文件夹。

2. 页面架构

　　（1）页面布局。使用 Visual Studio Code 打开 package.html 文件，进行页面布局。相关代码如下所示：

```
1   <!DOCTYPE html>
2   <html>
3   <head>
4     <meta charset="utf-8">
5     <title>快递柜取件页面</title>
6     <meta name="viewport" content="width=device-width, initial-scale=1">
7     <link rel="stylesheet" type="text/css" href="package.css"></link>
8   </head>
9   <body>
10    <!-- 导航 -->
11    <header></header>
12    <!-- 内容区域 -->
13    <main>
14      <!-- 二维码 -->
15      <div class="qrcode"></div>
16      <!-- 键盘 -->
17      <div class="keyboard"></div>
18    </main>
19    <script src="package.js"></script>
20  </body>
21  </html>
```

　　上述 HTML 代码按照页面分析所划分的两部分进行构建，导航部分放置在 <header> 中。页面的主要内容都放置 <main> 中，其中二维码相关代码放置在 qrcode 元素中，键盘相关代码放置在 keyboard 元素中。页面的 JavaScript 文件通过 <script> 引入，放置在 HTML 代码最后，这样 JavaScript 代码会在页面渲染完成后才执行。

　　（2）基本样式。使用 Visual Studio Code 打开 package.css 文件，定义页面的基本样式。相关代码如下所示：

```
1    body {
2      margin: 0;
3      padding: 0;
4      display: grid;      /* 整个页面使用网格布局 */
5      height: 100vh;
6      grid-template-rows: minmax(3em,10vh) 1fr;
7    }
8    a,a:visited{
9      color: black;
10     text-decoration: none;
11   }
12   a:hover{
13     color: white;
14   }
15   header{
16     display: flex;      /* 头部使用弹性布局 */
17     align-items:center;
18     background-image: linear-gradient(#ececec,#dadada,#ececec);
19   }
20   main{
21     display: grid;      /* 主要内容区域使用网格布局 */
22     max-height: 90vh;
23     background-color: #f5f5f5;
24   }
25   /* 响应式 */
26   @media screen  and (orientation: landscape) { /* 横屏样式 */    }
27   @media screen  and (orientation: portrait)  { /* 竖屏样式 */    }
```

整个页面 <body> 使用网格布局，通过网格行模板设置将 <header> 和 <main> 按一定条件分割。其中 <header> 部分高度可变，至少占用 3em，最多占用 10vh，剩余部分则由 <main> 占据。<header> 部分用于显示导航信息，由于导航信息分布在同一行，故采用弹性布局。<main> 部分则采用网格布局，这主要是为了便于内部的二维码和键盘两部分能够适应横屏和竖屏。最后，利用媒体查询分别创建用于兼容横屏和竖屏的样式。

至此，页面框架已经搭建好了，下面将按照页面的不同部分进一步展开分析并实现。

任务 9-6　快递柜取件页面中导航模块的实现

页面分析 ✎

导航模块包含三部分，分别是返回链接、标题和倒计时。这部分页面的结构如图 9-17 所示。

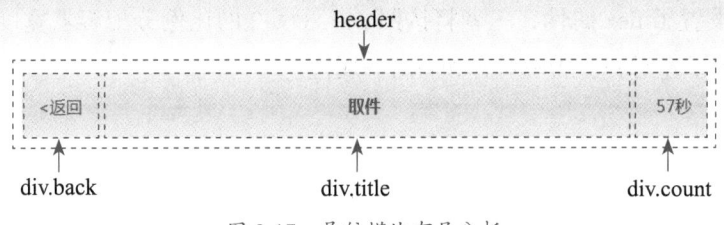

图 9-17 导航模块布局分析

页面实现

1. 页面布局

使用 Visual Studio Code 打开 package.html 文件，在 <header> 标签内添加相关代码，页面代码如下所示：

```
1   <header>
2     <div class="back"><a href="#">&lt 返回 </a></div>
3     <div class="title"> 取件 </div>
4     <div class="countdown"><span>60</span> 秒 </div>
5   </header>
```

2. 页面样式

使用 Visual Studio Code 打开 package.css 文件，定义页面导航模块的相关样式，默认的移动设备布局样式代码如下。

导航模块的 CSS 代码

```
1    /* 头部 */
2    /* 返回链接 */
3    header>.back{
4      flex: 2;       /* 弹性布局占用比例 */
5      margin-left: 1em;
6    }
7    /* 标题 */
8    header>.title{
9      text-align: center;
10     flex: 8;      /* 弹性布局占用比例 */
11     font-weight: bold;
12   }
13   /* 倒计时 */
14   header>.countdown{
15     flex: 2;       /* 弹性布局占用比例 */
16     text-align: right;
17     margin-right: 1em;
18   }
```

导航模块较为简单，主要考虑水平方向的布局，故采用弹性布局。返回链接、标题和倒计时设置了 flex 属性，三者将按照 2 ∶ 8 ∶ 2 的比例分配容器宽度，同时三者内部分别设置了左对齐、居中对齐和右对齐属性。

任务 9-7　快递柜取件页面中取件模块的实现

页面分析 ✐

取件模块包含键盘和二维码两部分，页面分析如图 9-18 所示。

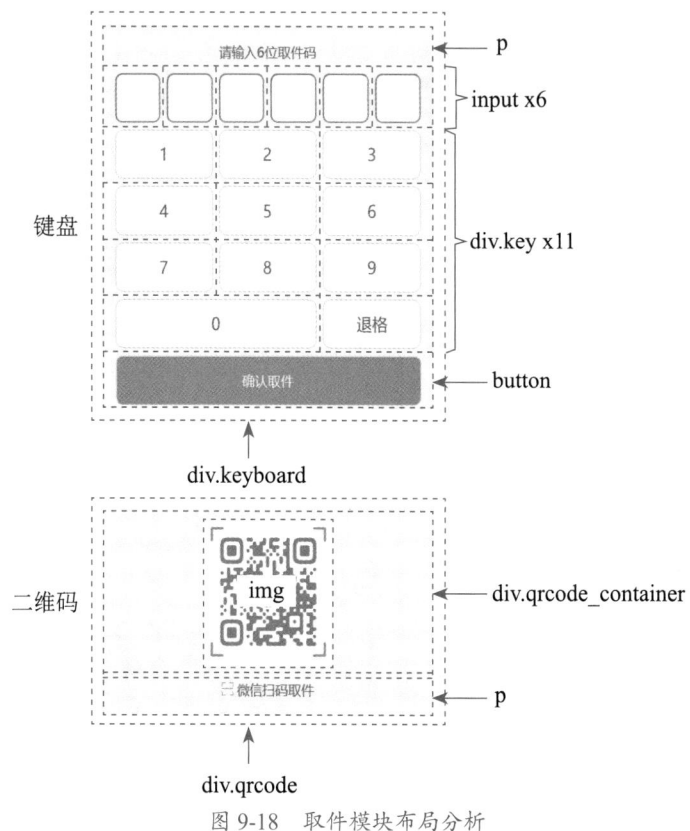

图 9-18　取件模块布局分析

页面实现 📝

1. 页面布局

使用 Visual Studio Code 打开 package.html 文件，在 <main> 标签内添加相关代码，页面代码如下所示：

```
1    <!-- 取件区域 -->
2    <main>
3      <!-- 二维码 -->
4      <div class="qrcode">
```

```
5      <div class="qrcode_container">
6        <img class="qrcode_img" src="img/qrcode.png"/>
7      </div>
8      <p><img src="img/scan.png" class="scan_img"/> 微信扫码取件 </p>
9    </div>
10   <!-- 键盘 -->
11   <div class="keyboard">
12     <p> 请输入 6 位取件码 </p>
13     <!-- 取件码输入框 -->
14     <input type="text" maxlength="1" required readonly/>
15     <input type="text" maxlength="1" required readonly/>
16     <input type="text" maxlength="1" required readonly/>
17     <input type="text" maxlength="1" required readonly/>
18     <input type="text" maxlength="1" required readonly/>
19     <input type="text" maxlength="1" required readonly/>
20     <!-- 数字键盘 -->
21     <div class="key key-1" onclick="tap(1)">1</div>
22     <div class="key key-2" onclick="tap(2)">2</div>
23     <div class="key key-3" onclick="tap(3)">3</div>
24     <div class="key key-4" onclick="tap(4)">4</div>
25     <div class="key key-5" onclick="tap(5)">5</div>
26     <div class="key key-6" onclick="tap(6)">6</div>
27     <div class="key key-7" onclick="tap(7)">7</div>
28     <div class="key key-8" onclick="tap(8)">8</div>
29     <div class="key key-9" onclick="tap(9)">9</div>
30     <div class="key key-0" onclick="tap(0)">0</div>
31     <div class="key key-c" onclick="tap(-1)"> 退格 </div>
32     <button type="button"  onclick="collect()">确认取件 </button>
33   </div>
34 </main>
```

取件模块由二维码子模块和键盘子模块构成。二维码子模块主要由二维码图片和段落文本构成；键盘子模块包含提示文字、输入框、数字键盘和确认按钮四部分。仔细观察键盘部分的代码，由于该部分使用网格布局，故内部的元素直接放置其中，没有嵌套额外的 DIV 层，减少了大量代码，简化了布局结构。

2. 页面样式

使用 Visual Studio Code 打开 package.css 文件，定义页面取件模块的相关样式。取件模块采用网格布局，将二维码子模块和键盘子模块按比例分隔开。二维码子模块由于结构简单，采用了弹性布局，将二维码图片和文字垂直排列，并在水平和垂直方向都居中显示。键盘子模块内元素较多，采用 7 行 6 列的网格布局，其中提示文字占用 1 行 6 列；6 个取件码输入框占用 1 行，每个输入框占用 1 列；数字键盘部分除数字 0 占用 4 列外，其他数字占用 2 列，共占用 3 行；确认按钮占用 1 行 6 列。

布局样式代码如下：

取件模块的 CSS 代码

```
1    /* 键盘子模块 */
2    .keyboard{
3      display: grid;
4      padding: 1em;
5      grid-template-columns: repeat(6,1fr);   /* 网格设置平均分配的 6 列 */
6      grid-template-rows: 2em repeat(6,1fr); /* 网格设置平均分配的 6 行 */
7      gap: 0.5em;
8    }
9    /* 提示文字 */
10   .keyboard>p{
11     grid-column: 1 / 7;
12     align-self: center;
13     justify-self: center;
14   }
15   /* 取件码输入框 */
16   .keyboard>input{
17     min-height: 1.4em;
18     min-width: 1.4em;
19     box-sizing: border-box;
20     font-size: 180%;
21     text-align: center;
22     outline: none;
23     border-color: #007bff;
24     border-radius: 0.3em;
25   }
26   /* 数字键盘 */
27   .keyboard>.key{
28     grid-column: span 2;                    /* 每个数字默认占用 2 列 */
29     font-size: 1.2em;
30     border:1px solid #bdbdbd;
31     border-radius: 0.5em;
32     background-color: white;
33     display: flex;
34     align-items:center;
35     justify-content: center;
36   }
37   .keyboard>.key-0{ grid-column: 1 / 5;    /* 数字 0 按钮占用 4 列 */ }
38   .keyboard>.key:active{
39     color: white;
40     background-color: #007bff;
41   }
42   /* 确认按钮 */
43   .keyboard>button{
44     grid-column: 1 / 7;                     /* 确认按钮占用所有 6 列 */
45     height: 100%;
46     font-size: 1em;
```

```
47    color: white;
48    background-color: #007bff ;
49    border-radius: 0.5em;
50    border-color: #e0e0e0;
51  }
52  .keyboard>button:active{
53    color: #007bff;
54    background-color: white;
55  }
56  /* 二维码子模块 */
57  .qrcode{
58    display: flex;                    /* 使用弹性布局 */
59    flex-direction: column;           /* 垂直排列 */
60    align-items: center;
61    justify-content: center;
62  }
63  .scan_img{
64    width: 14px;
65    height: 14px;
66  }
```

为了兼容横屏和竖屏，需要添加合适的媒体查询代码。横屏和竖屏的区别有以下几点：①二维码子模块和键盘子模块的行列布局不同，横屏时为水平分布，竖屏时为垂直分布；②占比不同，横屏时平均分布，竖屏时键盘子模块占用更多空间；③排列顺序不同，横屏时二维码在左（前）、键盘在右（后），竖屏时键盘在上（前）、二维码在下（后）；④二维码图片尺寸不同，横屏时限制图片宽度，竖屏时限制图片高度。

媒体查询样式代码如下：

取件模块媒体查询的 CSS 代码

```
1   @media screen  and (orientation: landscape) {
2     /* 横屏时内容区域的网格设置   */
3     main{ grid-template-columns: repeat(2,1fr); }
4     /* 二维码尺寸 */
5     .qrcode_container{ width: 50%; }
6     .qrcode_img{
7       width: 100%;
8       height: 100%;
9     }
10  }
11  @media screen  and (orientation: portrait) {
12    /* 竖屏时内容区域的网格设置 */
13    main{   grid-template-rows: 2fr minmax(20vh,1fr);   }
14    /* 竖屏键盘和二维码的排列顺序，键盘在上，二维码在下 */
15    .keyboard{  grid-row-start: 1; }
16    /* 二维码尺寸 */
```

```
17      .qrcode_container{ height: 75%; }
18      .qrcode_img{ height:100%; }
19  }
```

任务 9-8　快递柜取件页面中业务逻辑的实现

页面逻辑分析 ✏️

　　页面中有诸多元素需要添加事件，这些事件被触发后需要执行一些业务逻辑。真实的取件页面中业务逻辑较多，且需要后台服务器支持，本项目对此进行了一些简化。

　　本任务需要处理的逻辑包括以下三个。

　　（1）单击"数字"按钮和"退格"按钮。单击数字按钮 0~9，如果输入的取件码长度不足 6 位，则将按下的数字填入输入框，否则不填写。单击"退格"按钮，删除输入框中输入的数字，如果没有数字则不再删除。

　　（2）单击"确认取件"按钮。单击"确认取件"按钮，弹出提示对话框，提示"箱门已打开"。这里做了简化，实际应用中还需要编写服务器通信相关程序。

　　（3）倒计时。页面中导航模块的最右侧有一个倒计时显示，倒计时 60 秒后，弹出提示对话框，提示"超时"，并重新计时。在实际应用中，超时后将返回快递柜主界面，这里做了简化。

页面逻辑实现 📝

　　下面是页面逻辑对应的 JavaScript 代码：

```
1   var codes = [];                                     // 取件码数组
2   var code_inputs = document.getElementsByTagName("input");// 取件码输入框
3   var times = 60                                      // 倒计时秒数
4   var countdown = document.getElementsByClassName("countdown")[0].
5   firstElementChild;// 取件码输入框
6   // 倒计时
7   setInterval(() => {
8       if (times > 0) {
9           countdown.innerText = times;
10          times -= 1;
11      } else {
12          alert(" 操作超时 ");
13          times = 60;
14      }
15  }, 1000);
16  // 数据键盘单击事件
17  function tap(key) {
```

```
18      if (key == -1) {
19          codes.pop();
20      } else if (codes.length < 6) {
21          codes.push(key);
22      }
23      refresh_input();
24  }
25  // 更新取件输入框数字
26  function refresh_input() {
27      for (var i = 0, len = code_inputs.length; i < len; i++) {
28          if (codes[i] != undefined) {
29              code_inputs[i].value = codes[i];
30          } else {
31              code_inputs[i].value = "";
32          }
33      };
34  }
35  function collect() {
36      alert(" 箱门已打开 ")
37  }
```

项目小结 ✎

项目 9 重点介绍了网格布局概念；通过实例演示了网格容器和弹性项目属性的设置方法，以及如何使用网格布局实现三列布局和 12 栅格布局；最后通过设计和实现一个快递柜取件页面，演示了如何利用网格布局开发一个复杂的响应式网页。

[1] W3C. HTML5[EB/OL].（2018-03-27）[2022-05-14]. https://www.w3.org/TR/2018/SPSD-html5-20180327/.

[2] W3C. HTML 4.01 Specification[EB/OL].（2018-03-27）[2022-05-14]. https://www.w3.org/TR/2018/SPSD-html401-20180327/.

[3] WHATWG. HTML Living Standard[EB/OL].（2011-11-11）[2022-05-14]. https://html.spec.whatwg.org/multipage/.

[4] MDN.HTML（超文本标记语言）[EB/OL].（2015-07-16）[2022-05-14]. https://developer.mozilla.org/zh-CN/docs/Web/HTML.

[5] W3C. Cascading Style Sheets Level 2 Revision 2 (CSS2.2) Specification[EB/OL].（2016-04-12）[2022-05-14]. https://www.w3.org/TR/2016/WD-CSS22-20160412/.

[6] W3C. CSS Box Model Module Level 3[EB/OL].（2020-12-22）[2022-05-14]. https://www.w3.org/TR/2020/CR-css-box-3-20201222/.

[7] W3C. Media Queries Level 3[EB/OL].（2020-09-21）[2022-05-14]. https://drafts.csswg.org/mediaqueries-3/.

[8] W3C. CSS Flexible Box Layout Module Level 1[EB/OL].（2018-11-19）[2022-05-14]. https://www.w3.org/TR/css-flexbox/.

[9] W3C. CSS Grid Layout Module Level 1[EB/OL].（2018-12-18）[2022-05-14].https://www.w3.org/TR/css3-grid-layout/.

[10] MDN. CSS[EB/OL].（2020-12-19）[2022-05-14]. https://developer.mozilla.org/zh-CN/docs/Learn/CSS.

[11] ECMA.ECMAScript[EB/OL].（2017-08-17）[2022-05-14]. https://www.ecma-international.org/publications-and-standards/standards/ecma-262/.

[12] 周文洁 . HTML5 网页前端设计 [M]. 北京：清华大学出版社，2017.

[13] 黑马程序员 . 响应式 Web 开发项目教程 [M]. 北京：人民邮电出版社，2019.

[14] MDN. JavaScript[EB/OL].（2019-05-19）[2022-05-14]. https://developer.mozilla.org/zh-CN/docs/Learn/JavaScript.

表 A-1　HTML 结构标签

属　　性	描　　述
<!DOCTYPE>	定义文档类型
<html>	定义 HTML 文档
<head>	定义文档头部，包含文档
<title>	定义文档标题
<meta>	定义文档元数据
<style>	定义文档的 CSS 样式
<script>	定义文档的 JavaScript
<link>	定义链入文档的外部资源
<!-- -->	定义注释

表 A-2　区块

属　　性	描　　述
<div>	定义区域（块级元素）
<span>	定义区域（行级元素）
<header>	定义某块内容的头部区域
<footer>	定义某块内容的页脚区域
<main>	定义模块的主要内容区域
<nav>	定义导航栏区域
<section>	定义章节、页眉、页脚或者页面中的某个区域
<article>	定义文字区域
<code>	定义代码文字区域

表 A-3　文本

属　　性	描　　述
<h1>~<h6>	定义标题文本
<p>	定义段落文本
<a>	定义超链接

续表

属　　性	描　　述
\<ul\>	定义符号列表
\<ol\>	定义数字列表
\<li\>	定义列表项
\<br\>	定义段内换行
\<hr\>	定义水平线

表 A-4　图像

属　　性	描　　述
\<img\>	定义图像
\<map\>	定义图像映射
\<area\>	定义图像映射的区域
\<canvas\>	定义图形
\<svg\>	定义 svg 图像

表 A-5　表格

属　　性	描　　述
\<table\>	定义表格
\<caption\>	定义表格标题
\<tr\>	定义行
\<td\>	定义单元格
\<th\>	定义标题单元格
\<thead\>	定义表格中的表头
\<tbody\>	定义表格中的主体
\<tfoot\>	定义表格中的页脚

表 A-6　多媒体

属　　性	描　　述
\<audio\>	定义音频
\<video\>	定义视频
\<source\>	定义多媒体对象的媒体资源
\<object\>	定义嵌入的对象
\<embed\>	定义嵌入的多媒体对象

1. CSS 属性值定义语法

CSS 属性值定义语法在描述时会使用多种符号，这些符号分为基本符号、组合符号和数量符号三类。表 B-1~ 表 B-3 简要介绍了这些符号。

表 B-1　基本符号

符号	描　述	示　例
< >	类型值名称在描述时需要加上一对尖括号	\<interger>
'	表示字符串类型	'Time New Roman'
	表示引用其他 CSS 属性	\<'border-width'>
( )	某些属性值具有参数，参数部分需要放置在小括号内	url('hello.jpg')
/	某些属性需要配对使用时，使用 / 进行分割	2 / 3

表 B-2　组合符号

符号	描　述	示　例
空格	表示并置，各部分按照给定的顺序设置	a b
&&	表示与，符号前后的部分必须出现，但可以不按顺序	[center | [left | right] \<length-percentage>?] && [center | [top | bottom] \<length-percentage>?]
||	表示或，符号前后的部分至少出现一个，可以不按顺序	\<'flex-direction'> || \<'flex-wrap'>
|	表示互斥，符号前后的部分只能出现其中一个	auto | initial
[ ]	组合属性	[left | right]
	取值范围	\<number[0, ∞]

表 B-3　数量符号

符号	描　述	示　例
*	表示属性值可以设置任意个（包括不设置）	url(\<string> \<url-modifier>*)
+	表示属性值至少设置 1 个	\<transform-function>+
?	表示属性值可以不设置或设置 1 个	\<background-color>?

符　　号	描　　述	示　　例
{A,B}	表示属性值可以设置若干个。如果只有一个数字，表示需设置对应个数的属性值；如果包含两个数字，表示可以设置属性值个数的范围	<padding-width>{1,4}
#	一次或多次，但多次出现时必须以逗号分隔	<image>#

2. 属性值

CSS 样式的属性值较为复杂，根据不同的特点，可以分为以下类型。表 B-4~表 B-10 简要介绍了不同类型的属性值以及属性值对应的单位。

（1）数值。

表 B-4　数值

属　　性	描　　述	示　　例
<integer>	表示整数，配合 [A,B] 还可以指定范围	100、-55
<number>	表示一个实数，可以是整数，也可以是浮点数	1.2、-10
<percentage>	表示其他值的一部分，例如 50%。百分比值总是相对于另一个量，例如一个元素的长度相对于其父元素的长度	50%
<dimension>	带单位的数值，包括 <length>、<time>、<frequency>、<resolution> 等	参见对应类型介绍
<ratio>	表示比例，使用 1 或 2 个正实数构成（<number $[0, \infty]$>）	1、2/3

（2）文本。

表 B-5　文本

属　　性	描　　述	示　　例
预定义关键字	CSS 预先定义好的单词，用于描述方位、颜色、继承特性等	center、green、inherit、initial
<string>	使用字符串表示属性值，例如字体家族、网格区域模板	'Time New Roman'
<custom-ident>	自定义标志，例如网格线名称等	'c1'
<url>	表示统一资源地址，例如背景图像	url("foo.jpg")

（3）长度。

表 B-6 长度

属 性	分类	单位	描 述
<length>	绝对长度单位	cm	厘米，1 cm = 96px/2.54
		mm	毫米，1 mm = 1/10 cm
		Q	四分之一毫米，1 Q = 1/40 cm
		in	英寸，1 in = 2.54 cm = 96px
		pc	十二点活字，1pc = 1/6 in
		pt	点，1pt = 1/72 in
		px	像素，1px = 1/96 in
	相对长度单位	em	在 font-size 属性中表示相对于父元素的字体大小，其他属性中表示相对于当前元素的字体大小
		ex	字符 "x" 的高度
		ch	数字 "0" 的宽度
		rem	根元素的字体大小
		lh	元素的 line-height
		vw	视口宽度的 1%
		vh	视口高度的 1%
		vmin	视口高度和宽度中较小尺寸的 1%
		vmax	视口高度和宽度中较大尺寸的 1%

（4）颜色。

表 B-7 颜色

属 性	颜色模型	描 述	示 例
<color>	#rgb 或 #rrggbb	十六进制颜色	#ff0000
	#rgba 或 #rrggbbaa	带透明度的十六进制颜色	#ff000080
	rgb()	RGB 颜色	rgb(255, 0, 0)
	rgba()	RGBA 颜色	rgba(255, 0, 0, 0.3)
	hsl()	HSL 颜色	hsl(120, 100%, 50%)
	hsla()	HSLA 颜色	hsla(120, 100%, 50%, 0.3)
	预定义 / 跨浏览器颜色关键词	预定义 / 跨浏览器颜色关键词	blue

（5）图像。

表 B-8　图像

属　　性	子属性	描　　述	示　　例
<image>	<url>	url()，图像资源地址	url(img/cat.png)
	<gradient>	渐变色彩函数，包括 linear-gradient()、repeating-linear-gradient()、 radial-gradient()、repeating-radial-gradient() 等	linear-gradient(red,green)

（6）2D 坐标。

表 B-9　2D 坐标

属　　性	描　　述	示　　例
<position>	使用方位预定义关键词或者长度、百分比等方式表示坐标。 预定义关键词包括 left、right、center、top、bottom	left、50px

（7）其他类型。

表 B-10　其他类型

属　　性	单　　位	描　　述	示　　例
<angle>	deg	角度	360 deg
	grad	百分度	400 grad
	rad	弧度	3.14 rad
	turn	圈，1turn 等于 360deg	1 turn
<time>	s	秒	1 s
	ms	毫秒	1000 ms
<frequency>	Hz	赫兹	1000 Hz
	kHz	千赫兹	1 kHz
<resolution>	dpi	像素解析度，表示每英寸多少点	96 dpi
	dpcm	像素解析度，表示每厘米多少点	243 dpcm
	dppx	像素解析度，每像素多少点	1 dppx

（8）函数。

除了使用数值、关键词等方法表示属性值外，CSS 还支持使用函数表示 CSS 的属性值，这样可以表示更复杂的类型或调用特殊处理。前面介绍的颜色、统一资源地址、渐变图像等都支持函数表示。表 B-11 列出了除前面介绍的函数以外的函数。

表 B-11　其他函数

函　　数	描　　述	示　　例
calc()	加减乘除计算	calc(1rem - 1px)
attr()	引用其他属性的值	attr(length em)